Helmut Postel

Aufgabensammlung

zur Übung und Wiederholung

Schroedel

Hinweise für den Benutzer/die Benutzerin

Das Buch enthält Aufgaben zu zentralen Inhalten der Mittelstufe, und zwar zur Arithmetik, zum Sachrechnen, zur Algebra, zu Funktionen und zur berechnenden Geometrie. Die Beschränkung des Seitenumfangs machte eine Auswahl der Inhalte und zugehöriger Aufgabenkomplexe notwendig. Das Buch ist nach Lerninhalten und Lernschritten aufgebaut. Jeder Lernschritt wird durch eine Musteraufgabe eingeleitet, wobei nach Möglichkeit auch das Grundverständnis angesprochen wird.

Die Aufgaben dienen als zusätzliches Übungsmaterial parallel zum Unterricht sowie der gezielten Wiederholung an späterer Stelle, wenn im Unterricht auf bereits vermittelte Fertigkeiten und Fähigkeiten zurückgegriffen werden muss.

Das Buch wendet sich vorwiegend an die Schüler(innen) der Klassen 8 bis 10 der Realschulen und Gymnasien, der mittleren und höheren Leistungskurse in den Gesamtschulen sowie an die Schüler(innen) der Sekundarstufe II. Es kann lehrbuchunabhängig eingesetzt werden.

Im Anhang sind die Lösungen notiert; sie dienen dem Schüler/der Schülerin zur Selbstkontrolle.

© 1998 Bildungshaus Schulbuchverlage
Westermann Schroedel Diesterweg Schöningh Winklers GmbH, Braunschweig
www.schroedel.de

Das Werk und seine Teile sind urheberrechtlich geschützt. Jede Nutzung in anderen als den gesetzlich zugelassenen Fällen bedarf der vorherigen schriftlichen Einwilligung des Verlages. Hinweis zu § 52a UrhG: Weder das Werk noch seine Teile dürfen ohne eine solche Einwilligung gescannt und in ein Netzwerk eingestellt werden. Dies gilt auch für Intranets von Schulen und sonstigen Bildungseinrichtungen.

Zum Zeitpunkt der Aufnahme der Verweise auf Seiten im Internet in dieses Werk waren die entsprechenden Websites frei von illegalen Inhalten; Wir haben keinen Einfluss auf die aktuelle Gestaltung sowie die Inhalte dieser Websites. Daher übernehmen wir keinerlei Verantwortung für diese Sites. Für illegale, fehlerhafte oder unvollständige Inhalte und insbesondere für Schäden, die aus der Nutzung oder Nichtnutzung solcherart dargebotener Informationen entstehen, haftet allein der Anbieter der Site, auf welche verwiesen wurde.

Druck B ^{8} / Jahr 2006

Alle Drucke der Serie B sind im Unterricht parallel verwendbar.
Die letzte Zahl bezeichnet das Jahr dieses Druckes.

Umschlagentwurf: Jürgen Kochinke, Derneburg
Zeichnungen: Michael Wojczak, Barsinghausen
Satz: Druckhaus „Thomas Müntzer", Bad Langensalza
Druck: pva Druck und Mediendienstleistungen GmbH, Landau

ISBN: 978-3-507-73221-6
 alt: 3-507-73221-1

Inhaltsverzeichnis

1	**Maßeinheiten und ihre Umwandlung**	5
1.1	Längen	5
1.2	Flächeninhalte	5
1.3	Volumina (Rauminhalte)	6
1.4	Gewichte (Massen)	7
1.5	Zeitspannen	7
2	**Bruchzahlen**	8
2.1	Gewöhnliche Brüche – Rechnen mit gewöhnlichen Brüchen	8
2.2	Dezimalbrüche – Rechnen mit Dezimalbrüchen	14
3	**Prozentrechnung**	16
3.1	Prozentbegriff	16
3.2	Die drei Grundaufgaben der Prozentrechnung	16
3.3	Erhöhung und Verminderung des Grundwertes	19
4	**Zinsrechnung**	21
4.1	Die Grundaufgaben der Zinsrechnung	21
4.2	Zinseszinsrechnung	24
5	**Dreisatzrechnung**	25
5.1	Dreisatz bei proportionalen Zuordnungen	25
5.2	Dreisatz bei antiproportionalen Zuordnungen	28
6	**Positive und negative rationale Zahlen**	29
6.1	Anordnung rationaler Zahlen	29
6.2	Rechnen mit rationalen Zahlen	29
6.3	Berechnen von Termen – Vorrangregeln	32
7	**Umformen ganzrationaler Terme**	33
7.1	Wertgleiche Terme – Termumformung	33
7.2	Produkte und Potenzen	33
7.3	Zusammenfassen gleichartiger Glieder	35
7.4	Auflösen und Setzen von Klammern in einem Produkt	36
7.5	Auflösen und Setzen einer Minusklammer	38
7.6	Auflösen von zwei Klammern in einem Produkt	39
7.7	Anwendungen der binomischen Formeln	40
8	**Lösen linearer Gleichungen und Ungleichungen**	42
8.1	Umformungsregeln für Gleichungen	42
8.2	Lineare Gleichungen ohne Klammern	42
8.3	Lineare Gleichungen mit Klammern	43
8.4	Lineare Ungleichungen	45
9	**Umformen gebrochenrationaler Terme (Bruchterme)**	46
9.1	Bruchterme	46
9.2	Kürzen und Erweitern von Bruchtermen	46
9.3	Addition und Subtraktion von Bruchtermen	48
9.4	Multiplikation von Bruchtermen	50
9.5	Division von Bruchtermen	51
10	**Bruchgleichungen und Bruchungleichungen**	53
10.1	Lösen von Bruchgleichungen, die auf lineare Gleichungen führen	53
10.2	Lösen von Bruchungleichungen	55
11	**Lineare Funktionen**	56
12	**Systeme linearer Gleichungen**	58
12.1	Lineare Gleichungen mit zwei Variablen	58
12.2	Systeme von zwei linearen Gleichungen mit zwei Variablen	59
12.3	Verfahren zur Lösung linearer Gleichungssysteme	60
12.4	Systeme von drei linearen Gleichungen mit drei Variablen	62

13 Quadratwurzeln – Rechnen mit Quadratwurzeln 63
13.1 Quadratwurzelbegriff 63
13.2 Multiplizieren und Dividieren von Quadratwurzeln 64

14 Quadratische Gleichungen – Wurzelgleichungen 65
14.1 Quadratische Gleichungen 65
14.2 Wurzelgleichungen 68

15 Quadratische Funktionen 70

16 Potenzen mit natürlichen Exponenten (Hochzahlen) 73
16.1 Potenzbegriff 73
16.2 Potenzgesetze – Rechnen mit Potenzen 74

17 Potenzen mit ganzzahligen Exponenten 78
17.1 Potenzen mit Exponenten 0 und mit negativen Exponenten 78
17.2 Potenzgesetze – Rechnen mit Potenzen mit ganzzahligen Exponenten 79

18 Potenzen mit rationalen Exponenten – Wurzeln 81
18.1 Begriff der n-ten Wurzel 81
18.2 Begriff der Potenz mit rationalen Exponenten 82
18.3 Potenzgesetze für rationale Zahlen als Exponenten 83
18.4 Wurzelrechnung 84

19 Logarithmen 86
19.1 Begriff des Logarithmus 86
19.2 Logarithmengesetze 87

20 Potenzfunktionen – Wurzelfunktionen 88

21 Exponentialfunktionen – Logarithmusfunktionen 90

22 Längenverhältnis zweier Strecken – Strahlensätze 92
22.1 Längenverhältnis zweier Strecken 92
22.2 Projektionssatz – Teilung einer Strecke 93
22.3 Strahlensätze 94

23 Flächensätze am rechtwinkligen Dreieck 95

24 Berechnungen an Vielecken und am Kreis 98
24.1 Berechnungen an Vielecken 98
24.2 Berechnungen am Kreis 102

25 Berechnungen an Körpern 104
25.1 Berechnungen am Quader 104
25.2 Berechnungen am Würfel 105
25.3 Berechnungen am Prisma 106
25.4 Berechnungen am Zylinder 107
25.5 Berechnungen an der Pyramide 108
25.6 Berechnungen am Kegel 109
25.7 Berechnungen an der Kugel 110

26 Trigonometrie 111
26.1 Sinus, Kosinus, Tangens für den Bereich $0° \leq \alpha \leq 360°$ 111
26.2 Berechnungen am rechtwinkligen Dreieck 112
26.3 Berechnungen am gleichschenkligen Dreieck 114
26.4 Berechnungen an beliebigen Dreiecken 115

27 Trigonometrische Funktionen 119
27.1 Bogenmaß eines Winkels 119
27.2 Sinus- und Kosinusfunktion 119

Lösungen 122

1 Maßeinheiten und ihre Umwandlung

1.1 Längen

$$1\,\text{km} \xrightarrow{:1000} 1\,\text{m} \xrightarrow{:10} 1\,\text{dm} \xrightarrow{:10} 1\,\text{cm} \xrightarrow{:10} 1\,\text{mm}$$

$$1\,\text{km} = 1000\,\text{m}$$
$$1\,\text{m} = 10\,\text{dm}$$
$$1\,\text{dm} = 10\,\text{cm}$$
$$1\,\text{cm} = 10\,\text{mm}$$

1. Schreibe in der in Klammern angegebenen Maßeinheit.

$$12\,\text{cm} = 120\,\text{mm}$$

a) 7 m (dm) **b)** 560 cm (dm) **c)** 72 dm (mm)
  6 km (m)   940 mm (cm)   37 m (mm) **d)** 6 300 mm (dm)
  5 dm (cm)   7 000 m (km)   29 km (cm)   76 000 mm (m)

2. Schreibe mit Komma in der in Klammern angegebenen Maßeinheit.

$$8\,\text{m}\ 9\,\text{cm} = 8,09\,\text{m}$$

a) 47 cm 7 mm (cm) **b)** 12 km 625 m (km) **c)** 48 cm (m)
  6 m 26 cm (m)   8 km 57 m (km)   6 mm (cm) **d)** 6 m 5 dm (m)
  12 m 3 cm (m)   6 km 8 m (km)   750 m (km)   13 mm (cm)

3. Schreibe ohne Komma in einer kleineren Maßeinheit.

$$5,4\,\text{km} = 5\,400\,\text{m}$$

a) 4,81 m **b)** 12,7 km **c)** 0,69 m **d)** 0,1 cm
  6,7 m   5,03 m   0,8 m   0,56 km **e)** 6,004 km **f)** 9,341 m
  4,964 km   8,3 cm   0,7 km   0,05 dm   3,25 dm   0,659 m

1.2 Flächeninhalte

$$1\,\text{km}^2 \xrightarrow{:100} 1\,\text{ha} \xrightarrow{:100} 1\,\text{a} \xrightarrow{:100} 1\,\text{m}^2 \xrightarrow{:100} 1\,\text{dm}^2 \xrightarrow{:100} 1\,\text{cm}^2 \xrightarrow{:100} 1\,\text{mm}^2$$

$$1\,\text{km}^2 = 100\,\text{ha} \qquad\qquad 1\,\text{m}^2 = 100\,\text{dm}^2$$
$$1\,\text{ha} = 100\,\text{a} \qquad\qquad 1\,\text{dm}^2 = 100\,\text{cm}^2$$
$$1\,\text{a} = 100\,\text{m}^2 \qquad\qquad 1\,\text{cm}^2 = 100\,\text{mm}^2$$

Die Umwandlungszahl ist 100

1. Schreibe in der in Klammern angegebenen Maßeinheit.

$$47\,\text{a} = 4\,700\,\text{m}^2$$

a) 34 dm² (cm²) **b)** 39 a (m²)   **c)** 700 m² (a)
  57 m² (dm²)   41 cm² (mm²)   3 800 a (ha) **d)** 500 dm² (m²)
  7 km² (ha)   94 ha (a)   1 900 ha (km²)   2 700 mm² (cm²)
  16 ha (m²)   7 km² (m²)   2 700 m² (a)   60 000 cm² (m²)

6

2. Schreibe mit Komma in der in Klammern angegebenen Maßeinheit.

$$8 \text{ m}^2 \text{ } 25 \text{ dm}^2 = 8{,}25 \text{ m}^2$$

a) 6 m² 23 dm² (m²) **b)** 13 km² 86 ha (km²)
  17 a 7 m² (a)   7 dm² 3 cm² (dm²) **c)** 9 ha 1 a (ha)
  46 ha 56 a (ha)   36 cm² 75 mm² (cm²)   65 dm² 12 cm² (dm²)
  31 km² 6 ha (km²) 4 a 53 m² (a)   13 m² 2 dm² (m²)
  9 cm² 50 mm² (cm²) 64 m² 2 dm² (m²)   6 ha 76 a (ha)

3. Schreibe ohne Komma in einer kleineren Maßeinheit.

$$3{,}05 \text{ km}^2 = 305 \text{ ha}$$

a) 3,57 ha **b)** 9,08 km² **c)** 15,6 ha **d)** 36,4 km²
  26,4 a   4,5 cm²   43,8 m²   8,37 a   **e)** 0,64 a   **f)** 0,04 m²
  4,52 m²   12,23 dm²   37,14 cm²   51,9 dm²   0,27 ha   0,8 dm²
  19,7 km² 46,64 m²   6,03 ha   13,7 a   0,94 km²   0,15 cm²
  9,50 cm² 73,8 ha   8,08 km²   28,09 m²   0,3 km²   0,4 m²

1.3 Volumina (Rauminhalte)

$$1 \text{ m}^3 \xrightarrow{:1000} 1 \text{ dm}^3 \xrightarrow{:1000} 1 \text{ cm}^3 \xrightarrow{:1000} 1 \text{ mm}^3$$

1 m³	= 1 000 dm³	1 cm³ = 1 ml
	1 dm³ = 1 000 cm³	1 dm³ = 1 l
	1 cm³ = 1 000 mm³	1 l = 1 000 ml

Die Umwandlungszahl ist 1 000.

1. Schreibe in der in Klammern angegebenen Maßeinheit.

$$5 \text{ m}^3 = 5 000 \text{ dm}^3$$

a) 12 dm³ (cm³) **b)** 8 000 dm³ (m³)
  8 cm³ (mm³)   7 000 cm³ (dm³)   **c)** 4 l (ml)   **d)** 6 dm³ (l)
  27 m³ (dm³)   15 000 mm³ (cm³)   27 l (ml)   25 m³ (l)
  32 cm³ (mm³)   99 000 mm³ (cm³)   3 000 ml (l)   43 cm³ (ml)
  52 m³ (dm³)   5 000 dm³ (m³)   60 000 ml (l)   93 cm³ (ml)
  314 m³ (dm³)   580 000 cm³ (dm³)   93 000 ml (l)   7 dm³ (l)

2. Schreibe mit Komma in der in Klammern angegebenen Maßeinheit.

$$4 \text{ } l \text{ } 8 \text{ ml} = 4{,}008 \text{ } l$$

a) 6 m³ 483 dm³ (m³) **b)** 7 l 342 ml (l)
  2 m³ 35 dm³ (m³)   4 l 73 ml (l)   **c)** 344 dm³ 505 cm³ (dm³) **d)** 775 dm³ (m³)
  12 m³ 9 dm³ (m³)   9 l 5 ml (l)   19 dm³ 7 cm³ (dm³)   325 ml (l)
  18 m³ 71 dm³ (m³)   14 l 77 ml (l)   1 dm³ 75 cm³ (dm³)   50 ml (l)
  5 m³ 92 dm³ (m³)   18 l 108 ml (l)   575 dm³ 68 cm³ (dm³)   3 ml (l)
  80 m³ 7 dm³ (m³)   66 l 273 ml (l)   53 dm³ 310 cm³ (dm³)   250 l (m³)

3. Schreibe ohne Komma in einer kleineren Maßeinheit.

$$18{,}65 \text{ m}^3 = 18 650 \text{ dm}^3$$

a) 4,255 m³ **b)** 15,49 m³ **c)** 3,5 m³ **d)** 0,25 m³
  20,412 dm³   4,35 dm³   7,4 m³   0,4 dm³   **e)** 17,425 l **f)** 5,59 l
  17,540 cm³   45,59 cm³   2,7 cm³   0,005 cm³   8,354 l   0,125 l
  31,809 m³   9,06 dm³   13,3 m³   0,418 m³   0,786 l   6,4 l
  15,819 m³   41,47 cm³   43,9 dm³   0,8 cm³   5,364 l   9,7 l

1.4 Gewichte (Massen)

> $1 \text{ t} \xrightarrow{: 1000} 1 \text{ kg} \xrightarrow{: 1000} 1 \text{ g} \xrightarrow{: 1000} 1 \text{ mg}$
> $1 \text{ t} = 1\,000 \text{ kg}$
> $\quad\quad 1 \text{ kg} = 1\,000 \text{ g}$
> $\quad\quad\quad\quad 1 \text{ g} = 1\,000 \text{ mg}$
> Die Umwandlungszahl ist 1 000.

1. Schreibe in der angegebenen Maßeinheit.

> $7 \text{ g} = 7\,000 \text{ mg}$

a) in mg	b) in g	c) in g	d) in kg	e) in kg	f) in t
12 g	66 kg	6 000 mg	19 t	9 000 g	6 000 kg
7,2 g	4,5 kg	6 200 mg	0,4 t	4 500 g	5 200 kg
0,6 g	0,5 kg	560 mg	12,5 t	400 g	470 kg

2.

a)	b)	c)	d)
24 kg = ▮ g	6 300 kg = ▮ t	10 000 g = ▮ kg	5,2 t = ▮ kg
2,6 kg = ▮ g	900 g = ▮ kg	10 400 kg = ▮ t	0,6 g = ▮ mg
0,4 g = ▮ mg	450 mg = ▮ g	900 mg = ▮ g	0,1 kg = ▮ g
6,1 t = ▮ kg	1 200 kg = ▮ t	520 g = ▮ mg	700 kg = ▮ t

3. Schreibe in der Maßeinheit, die in Klammern steht.

a) 92 kg (g); 17 g (mg); 96 t (kg); 4 500 g (kg); 17 200 kg (t); 4 300 mg (g); 4,3 t (kg).

b) 650 g (kg); 670 kg (t); 9 200 mg (g); 0,6 g (mg); 7,06 kg (g); 7,89 t (kg); 1,5 g (mg).

c) 19,5 g (mg); 3 450 mg (g); 23,1 t (kg); 7 500 kg (t); 3,5 kg (g); 9 450 g (kg); 125 g (kg).

1.5 Zeitspannen

> $1 \text{ d} = 24 \text{ h}; \quad 1 \text{ h} = 60 \text{ min}; \quad 1 \text{ min} = 60 \text{ s}$ (d bedeutet *Tag*, h bedeutet *Stunde*)

1. Schreibe in der Maßeinheit, die in Klammern steht.

> $8 \text{ min} = 480 \text{ s}$
> $480 \text{ s} = 8 \text{ min}$

a) 6 min (s)	c) 4 h (min)	e) 4 d (h)	g) 8 min (s)	
15 min (s)	13 h (min)	12 d (h)	12 h (min)	
24 min (s)	18 h (min)	7 d (h)	5 d (h)	
b) 540 s (min)	d) 240 min (h)	f) 48 h (d)	h) 420 min (h)	i) 5 h (s)
180 s (min)	300 min (h)	144 h (d)	180 s (min)	12 h (s)
840 s (min)	720 min (h)	216 h (d)	168 h (d)	7 d (min)

2. Gib in der kleineren Maßeinheit an.

> $5 \text{ min } 12 \text{ s} = 300 \text{ s} + 12 \text{ s}$
> $= 312 \text{ s}$

a) 7 min 19 s	b) 8 h 24 min	c) 2 d 17 h	d) 12 min 39 s
16 min 53 s	11 h 45 min	6 d 18 h	17 h 3 s
25 min 7 s	16 h 37 min	14 d 7 h	12 d 11 h

3. Schreibe mit zwei Maßeinheiten (in Klammern angegeben).

> $94 \text{ s} = 1 \text{ min } 34 \text{ s}$
> $30 \text{ h} = 1 \text{ d } 6 \text{ h}$

a) 145 s (min; s)	b) 83 min (h; min)	c) 55 h (d; h)
199 s (min; s)	156 min (h; min)	80 h (d; h)
250 s (min; s)	340 min (h; min)	100 h (d; h)

2 Bruchzahlen

2.1 Gewöhnliche Brüche – Rechnen mit gewöhnlichen Brüchen

$\frac{1}{2}, \frac{1}{4}, \frac{3}{4}, \frac{1}{8}, \frac{5}{8}, \frac{1}{3}, \frac{2}{3}, \frac{1}{10}, \frac{3}{10}, \frac{1}{100}, \frac{7}{100}$ sind **gewöhnliche Brüche**.
Der Nenner des Bruches (rechts dargestellt: $\frac{3}{4}$) gibt an, in wie viele gleich große Teile (hier: 4) das Ganze (hier: ein Rechteck, ein Kreis) zerlegt wird.
Der Zähler (hier: 3) gibt an, wie viele solche Teile dann genommen werden.

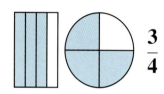

1. Das Ganze ist ein Rechteck [ein Kreis; eine Strecke]. Stelle folgende Brüche dar:

   a) $\frac{3}{4}; \frac{5}{8}; \frac{2}{3}; \frac{1}{10}; \frac{4}{5}; \frac{5}{6}$ b) $\frac{4}{4}; \frac{5}{5}; \frac{3}{3}; \frac{2}{2}$ c) $\frac{5}{4}; \frac{9}{8}; \frac{5}{3}; \frac{11}{6}$

Gemischte Schreibweise

$2\frac{3}{4}$ bedeutet $2 + \frac{3}{4}$.

Beispiele: $2\frac{3}{4} = 2 + \frac{3}{4} = \frac{8}{4} + \frac{3}{4} = \frac{11}{4}$

$\frac{13}{5} = \frac{10}{5} + \frac{3}{5} = 2 + \frac{3}{5} = 2\frac{3}{5}$

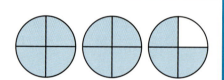

2. Verwandle die gemischte Schreibweise in einen Bruch.

   a) $1\frac{3}{5}; 1\frac{4}{7}; 2\frac{1}{4}; 1\frac{8}{9}; 2\frac{10}{13}; 3\frac{5}{8}; 4\frac{2}{9}; 8\frac{6}{7}$ c) $4\frac{3}{5}; 2\frac{7}{8}; 3\frac{4}{7}; 8\frac{1}{2}; 9\frac{3}{4}; 10\frac{3}{5}; 7\frac{5}{9}; 5\frac{5}{6}; 3\frac{7}{11}$

   b) $16\frac{1}{2}; 18\frac{2}{3}; 13\frac{5}{6}; 25\frac{4}{5}; 15\frac{3}{7}; 12\frac{5}{8}; 5\frac{11}{18}$ d) $12\frac{3}{4}; 6\frac{27}{40}; 11\frac{3}{8}; 13\frac{4}{5}; 14\frac{6}{7}; 18\frac{7}{8}; 19\frac{1}{6}$

3. Verwandle in die gemischte Schreibweise.

   a) $\frac{5}{2}; \frac{9}{2}; \frac{10}{3}; \frac{100}{3}; \frac{5}{4}; \frac{17}{4}; \frac{23}{5}; \frac{19}{5}; \frac{23}{8}; \frac{43}{8}$ c) $\frac{13}{2}; \frac{51}{3}; \frac{59}{4}; \frac{78}{5}; \frac{91}{6}; \frac{102}{7}; \frac{125}{8}; \frac{125}{9}; \frac{156}{10}$

   b) $\frac{23}{13}; \frac{51}{7}; \frac{19}{12}; \frac{28}{5}; \frac{36}{7}; \frac{97}{4}; \frac{37}{9}; \frac{90}{11}; \frac{107}{15}; \frac{319}{20}$ d) $\frac{50}{14}; \frac{63}{15}; \frac{68}{17}; \frac{147}{20}; \frac{147}{25}; \frac{158}{30}; \frac{225}{50}; \frac{236}{40}; \frac{316}{60}$

Kürzen und Erweitern

Ein Bruch wird *gekürzt*, indem man *Zähler und Nenner* durch dieselbe natürliche Zahl *dividiert*.

Beispiel: $\frac{8}{12} = \frac{8:4}{12:4} = \frac{2}{3}$

Ein Bruch wird *erweitert*, indem man *Zähler und Nenner* mit derselben natürlichen Zahl *multipliziert*.

Beispiel: $\frac{2}{3} = \frac{2 \cdot 4}{3 \cdot 4} = \frac{8}{12}$

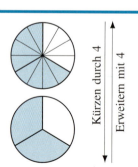

9

4. Kürze so weit wie möglich.

$$\frac{30}{45} = \frac{\overset{3}{10}}{\overset{}{15}} = \frac{\overset{5}{2}}{3}$$

a) $\frac{2}{4}$; $\frac{6}{8}$; $\frac{4}{10}$; $\frac{4}{12}$; $\frac{7}{14}$; $\frac{10}{16}$

b) $\frac{4}{6}$; $\frac{9}{12}$; $\frac{3}{9}$; $\frac{8}{18}$; $\frac{21}{27}$; $\frac{15}{27}$

c) $\frac{12}{14}$; $\frac{12}{15}$; $\frac{12}{16}$; $\frac{12}{18}$; $\frac{12}{20}$; $\frac{12}{21}$

d) $\frac{30}{32}$; $\frac{18}{32}$; $\frac{17}{34}$; $\frac{15}{35}$; $\frac{2}{36}$; $\frac{6}{36}$

e) $\frac{10}{4}$; $\frac{30}{8}$; $\frac{15}{6}$; $\frac{18}{6}$; $\frac{30}{12}$; $\frac{40}{12}$

f) $\frac{27}{45}$; $\frac{45}{30}$; $\frac{64}{32}$; $\frac{52}{65}$; $\frac{72}{18}$; $\frac{72}{24}$

g) $\frac{14}{36}$; $\frac{21}{36}$; $\frac{50}{12}$; $\frac{40}{15}$; $\frac{75}{30}$; $\frac{60}{15}$

5. Kürze so weit wie möglich.

a) $\frac{792}{936}$ b) $\frac{448}{832}$ c) $\frac{324}{594}$ d) $\frac{560}{728}$ e) $\frac{513}{855}$ f) $\frac{702}{864}$ g) $\frac{714}{840}$ h) $\frac{495}{675}$

6. Erweitere $\frac{1}{2}$, $\frac{2}{3}$, $\frac{3}{5}$, $\frac{5}{8}$, $\frac{4}{9}$, $\frac{10}{3}$, $\frac{11}{8}$, $\frac{12}{5}$ mit

a) 2;   b) 3;   c) 7;   d) 9;   e) 10;   f) 11;   g) 12;   h) 25;   i) 100.

7. Ergänze den fehlenden Zähler.

a) $\frac{1}{2} = \frac{\blacksquare}{4}$ b) $\frac{2}{3} = \frac{\blacksquare}{6}$ c) $\frac{3}{4} = \frac{\blacksquare}{8}$ d) $\frac{2}{5} = \frac{\blacksquare}{15}$ e) $\frac{4}{3} = \frac{\blacksquare}{12}$ f) $\frac{7}{5} = \frac{\blacksquare}{25}$

$\frac{1}{2} = \frac{\blacksquare}{8}$ $\frac{2}{3} = \frac{\blacksquare}{24}$ $\frac{3}{4} = \frac{\blacksquare}{12}$ $\frac{2}{5} = \frac{\blacksquare}{55}$ $\frac{4}{3} = \frac{\blacksquare}{36}$ $\frac{7}{5} = \frac{\blacksquare}{45}$

$\frac{1}{2} = \frac{\blacksquare}{24}$ $\frac{2}{3} = \frac{\blacksquare}{45}$ $\frac{3}{4} = \frac{\blacksquare}{80}$ $\frac{2}{5} = \frac{\blacksquare}{150}$ $\frac{4}{3} = \frac{\blacksquare}{93}$ $\frac{7}{5} = \frac{\blacksquare}{80}$

8. Ergänze den fehlenden Nenner.

a) $\frac{1}{3} = \frac{3}{\blacksquare}$ b) $\frac{3}{5} = \frac{12}{\blacksquare}$ c) $\frac{5}{2} = \frac{30}{\blacksquare}$ d) $\frac{6}{7} = \frac{36}{\blacksquare}$ e) $\frac{7}{8} = \frac{49}{\blacksquare}$ f) $\frac{11}{9} = \frac{121}{\blacksquare}$

$\frac{1}{3} = \frac{7}{\blacksquare}$ $\frac{3}{5} = \frac{33}{\blacksquare}$ $\frac{5}{2} = \frac{55}{\blacksquare}$ $\frac{6}{7} = \frac{72}{\blacksquare}$ $\frac{7}{8} = \frac{77}{\blacksquare}$ $\frac{11}{9} = \frac{99}{\blacksquare}$

$\frac{1}{3} = \frac{25}{\blacksquare}$ $\frac{3}{5} = \frac{60}{\blacksquare}$ $\frac{5}{2} = \frac{80}{\blacksquare}$ $\frac{6}{7} = \frac{180}{\blacksquare}$ $\frac{7}{8} = \frac{140}{\blacksquare}$ $\frac{11}{9} = \frac{132}{\blacksquare}$

9. Mache gleichnamig.

$\frac{3}{4}$; $\frac{4}{15}$

60 ist ein gemeinsames Vielfaches von 4 und 15.

$\frac{45}{60}$; $\frac{16}{60}$

a) $\frac{2}{3}$; $\frac{7}{12}$

b) $\frac{3}{5}$; $\frac{8}{15}$

c) $\frac{3}{4}$; $\frac{5}{6}$

d) $\frac{3}{4}$; $\frac{1}{6}$

e) $\frac{2}{3}$; $\frac{11}{18}$

f) $\frac{3}{4}$; $\frac{4}{5}$

g) $\frac{2}{7}$; $\frac{1}{2}$

h) $\frac{3}{8}$; $\frac{7}{10}$

i) $\frac{3}{4}$; $\frac{11}{12}$

j) $\frac{2}{3}$; $\frac{3}{4}$

k) $\frac{5}{6}$; $\frac{3}{8}$

l) $\frac{3}{10}$; $\frac{5}{12}$

Ordnen von Bruchzahlen

Bruchzahlen lassen sich leicht nach der Größe ordnen, wenn die Brüche gleichnamig sind.

Beispiel: $\frac{5}{8} < \frac{7}{8}$

Sonst muss man die Brüche gleichnamig machen.

Beispiel: $\frac{3}{4} < \frac{5}{6}$, denn $\frac{9}{12} < \frac{10}{12}$

---

10. Vergleiche und setze das passende Zeichen $<$, $>$ bzw. $=$ ein.

a) $\frac{5}{8} \blacksquare \frac{3}{8}$; $\frac{5}{12} \blacksquare \frac{11}{12}$; $\frac{4}{9} \blacksquare \frac{11}{9}$; $\frac{7}{5} \blacksquare \frac{3}{5}$; $\frac{7}{15} \blacksquare \frac{11}{15}$ c) $\frac{3}{4} \blacksquare \frac{5}{6}$; $\frac{7}{8} \blacksquare \frac{5}{6}$; $\frac{8}{9} \blacksquare \frac{11}{12}$; $\frac{7}{12} \blacksquare \frac{4}{5}$; $\frac{5}{7} \blacksquare \frac{7}{9}$

b) $\frac{3}{4} \blacksquare \frac{5}{8}$; $\frac{11}{12} \blacksquare \frac{3}{4}$; $\frac{2}{3} \blacksquare \frac{5}{6}$; $\frac{8}{6} \blacksquare \frac{4}{3}$; $\frac{2}{5} \blacksquare \frac{7}{15}$ d) $\frac{19}{21} \blacksquare \frac{5}{6}$; $\frac{2}{3} \blacksquare \frac{17}{25}$; $\frac{11}{20} \blacksquare \frac{14}{25}$; $\frac{6}{11} \blacksquare \frac{7}{13}$; $\frac{11}{15} \blacksquare \frac{11}{20}$

Berechnen der Größe des Bruchteils bei gegebenem Anteil

Ein Grundstück ist 700 m² groß. Davon sind $\frac{3}{5}$ Rasen.
Wie groß ist die Rasenfläche?

Ansatz: $\frac{3}{5}$ von 700 m² = x   *Rechnung:* x = $\frac{3}{5}$ von 700 m²

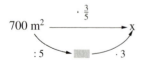
$$= 700 \text{ m}^2 \cdot \frac{3}{5}$$
$$= 700 \text{ m}^2 : 5 \cdot 3$$
$$= 420 \text{ m}^2$$

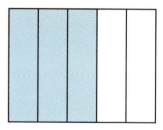

Ergebnis: Die Rasenfläche ist 420 m² groß.

11. Berechne: a) $\frac{5}{7}$ von 35 km;   b) $\frac{5}{8}$ von 24 kg;   c) $\frac{5}{4}$ von 60 min;   d) $\frac{2}{5}$ von 150 m.

12. Notiere wie im Beispiel in der angegebenen Maßeinheit
und in einer kleineren Maßeinheit.

$\frac{3}{4}$ von 1 kg   = $\frac{3}{4}$ kg
$\frac{3}{4}$ von 1 000 g = 750 g

a) $\frac{3}{8}$ von 1 kg   c) $\frac{5}{6}$ von 1 h   e) $\frac{5}{8}$ von 1 km
b) $\frac{4}{5}$ von 1 m   d) $\frac{3}{2}$ von 1 l   f) $\frac{5}{4}$ von 1 m²

13. Gib in der angegebenen Maßeinheit an.

a) g: $\frac{1}{2}$ kg; $\frac{3}{2}$ kg; $\frac{1}{4}$ kg; $\frac{5}{4}$ kg; $\frac{1}{8}$ kg; $\frac{5}{8}$ kg; $\frac{7}{8}$ kg; $\frac{11}{8}$ kg; $\frac{3}{125}$ kg.
b) cm: $\frac{1}{4}$ m; $\frac{3}{4}$ m; $\frac{2}{5}$ m; $\frac{3}{5}$ m; $\frac{6}{5}$ m; $\frac{9}{10}$ m; $\frac{7}{20}$ m; $\frac{3}{25}$ m; $\frac{7}{50}$ m.

14. a) 210 € · $\frac{2}{7}$ b) 144 m · $\frac{7}{12}$ c) 72 l · $\frac{5}{9}$ d) 90 min · $\frac{2}{3}$ e) 96 kg · $\frac{9}{8}$

Berechnen des Ganzen bei gegebenem Anteil

Zum ICE-Super-Sparpreis von 132 € kann man mit der Bahn in der 2. Klasse von Bremen
nach Frankfurt/M. (und zurück) fahren. Das sind rund $\frac{3}{4}$ des normalen Fahrpreises.
Wie hoch ist der normale Fahrpreis?

Ansatz: $\frac{3}{4}$ von x = 132 €   *Rechnung:* $\frac{3}{4}$ · x = 132 €
$$x = 132 \text{ €} \cdot \frac{4}{3}$$
$$= 132 \text{ €} : 3 \cdot 4$$
$$= 176 \text{ €}$$

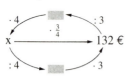

Ergebnis: Der normale Fahrpreis beträgt 176 €.

15. Berechne die Größe x.

a) $\frac{3}{5}$ von x = 90 min   c) $\frac{3}{2}$ von x = 45 l   e) $\frac{7}{2}$ von x = 420 €   g) $\frac{3}{8}$ von x = 132 m³
b) $\frac{3}{4}$ von x = 48 min   d) $\frac{7}{8}$ von x = 63 kg   f) $\frac{2}{3}$ von x = 72 m²   h) $\frac{4}{5}$ von x = 600 g

16. Berechne die Größe x.

a) $\frac{3}{8}$ · x = 39 l   b) $\frac{4}{3}$ · x = 80 min   c) $\frac{4}{5}$ · x = 1 200 €   d) $\frac{7}{10}$ · x = 84 km

Berechnen des Anteils einer Größe an einem Ganzen

Herr Müller verdient monatlich 2 500 €. Er zahlt 600 € Miete. Welcher Anteil seines Gehalts ist das?

Ansatz: x von 2 500 € = 600 €   *Rechnung:* $x = \frac{600}{2500}$

$x = \frac{6}{25}$

Ergebnis: Herr Müller zahlt $\frac{6}{25}$ seines Gehalts für Miete.

17. Berechne den Anteil x.

a) x von 36 g = 15 g   d) x von 120 l = 72 l   g) x von 160 m² = 32 m²
b) x von 32 kg = 18 kg   e) x von 320 m = 256 m   h) x von 720 m³ = 540 m³
c) x von 80 € = 12 €   f) x von 120 min = 80 min   i) x von 20 a = 8 a

Addieren und Subtrahieren von Brüchen

Gleichnamige Brüche werden addiert (subtrahiert), indem man die Zähler addiert (subtrahiert) und den Nenner beibehält. Ungleichnamige Brüche werden zunächst gleichnamig gemacht.

Beispiele: $\frac{5}{12} + \frac{3}{12} = \frac{8}{12}$; $\frac{8}{12} - \frac{3}{12} = \frac{5}{12}$; $\frac{3}{4} + \frac{5}{6} = \frac{9}{12} + \frac{10}{12} = \frac{19}{12}$

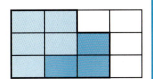

18. a) $\frac{1}{5} + \frac{3}{5}$ b) $\frac{5}{12} + \frac{7}{12}$ c) $\frac{4}{5} - \frac{3}{5}$ d) $\frac{11}{15} + \frac{2}{15}$ e) $\frac{16}{30} - \frac{13}{30}$ f) $\frac{27}{32} - \frac{23}{32}$

$\frac{2}{9} + \frac{5}{9}$ $\frac{3}{8} + \frac{5}{8}$ $\frac{16}{21} - \frac{4}{21}$ $\frac{13}{31} + \frac{12}{31}$ $\frac{17}{36} - \frac{13}{36}$ $\frac{17}{40} - \frac{11}{40}$

19. a) $\frac{2}{3} + \frac{5}{9}$ b) $\frac{4}{9} + \frac{5}{18}$ c) $\frac{1}{6} + \frac{1}{18}$ d) $\frac{17}{30} - \frac{2}{5}$ e) $\frac{10}{21} + \frac{17}{84}$ f) $\frac{16}{25} - \frac{2}{5}$

$\frac{3}{4} + \frac{7}{12}$ $\frac{6}{7} - \frac{9}{14}$ $\frac{19}{24} - \frac{3}{8}$ $\frac{31}{72} - \frac{5}{12}$ $\frac{23}{48} + \frac{7}{16}$ $\frac{15}{44} + \frac{3}{11}$

20. a) $\frac{5}{6} + \frac{3}{7}$ b) $\frac{3}{4} - \frac{4}{9}$ c) $\frac{2}{3} + \frac{3}{11}$ d) $\frac{11}{12} - \frac{4}{7}$ e) $\frac{4}{5} + \frac{3}{16}$ f) $\frac{12}{13} - \frac{5}{11}$

$\frac{7}{9} + \frac{1}{2}$ $\frac{5}{8} - \frac{1}{3}$ $\frac{3}{4} + \frac{2}{5}$ $\frac{11}{15} - \frac{1}{4}$ $\frac{7}{8} + \frac{10}{17}$ $\frac{3}{14} + \frac{7}{15}$

21. a) $\frac{7}{12} + \frac{5}{18}$ b) $\frac{20}{21} - \frac{4}{15}$ c) $\frac{7}{15} - \frac{3}{20}$ d) $\frac{7}{12} - \frac{7}{16}$ e) $\frac{11}{18} + \frac{7}{24}$ f) $\frac{21}{25} + \frac{9}{20}$

$\frac{7}{8} - \frac{3}{10}$ $\frac{13}{15} + \frac{5}{18}$ $\frac{15}{16} - \frac{7}{24}$ $\frac{5}{6} - \frac{4}{15}$ $\frac{25}{27} - \frac{11}{18}$ $\frac{25}{28} - \frac{11}{21}$

22. a) $9\frac{17}{30} + \frac{11}{30}$; $12\frac{5}{6} + \frac{4}{6}$; $4\frac{5}{21} + \frac{3}{21}$; $24\frac{25}{49} + 49\frac{21}{49}$

b) $3\frac{2}{5} + 2\frac{1}{5}$; $4\frac{3}{7} + 2\frac{2}{7}$; $3\frac{5}{9} + 2\frac{7}{9}$; $15\frac{7}{20} + 6\frac{3}{20}$

c) $8\frac{7}{9} + 3\frac{2}{27}$; $14\frac{4}{5} + 4\frac{8}{15}$; $9\frac{7}{10} + 2\frac{2}{9}$; $7\frac{11}{20} + 5\frac{7}{30}$

$2\frac{3}{7} + 4\frac{5}{7}$
$= 2 + \frac{3}{7} + 4 + \frac{5}{7}$
$= 6 + \frac{8}{7} = 6 + 1\frac{1}{7} = 7\frac{1}{7}$

23. a) $4\frac{4}{7} - \frac{2}{7}$; $6\frac{9}{10} - \frac{3}{10}$; $5\frac{3}{8} - 2\frac{1}{8}$; $6\frac{6}{11} - 4\frac{2}{11}$

b) $3\frac{3}{4} - \frac{5}{12}$; $4\frac{9}{10} - \frac{3}{5}$; $5\frac{1}{6} - 1\frac{1}{12}$; $24\frac{2}{3} - 1\frac{10}{33}$

c) $3\frac{3}{5} - \frac{2}{7}$; $5\frac{4}{5} - 2\frac{1}{3}$; $6\frac{7}{9} - \frac{4}{15}$; $8\frac{11}{12} - 3\frac{2}{9}$

$5\frac{11}{12} - 3\frac{7}{12}$
$= 5 + \frac{11}{12} - 3 - \frac{7}{12}$
$= 2 + \frac{4}{12} = 2\frac{4}{12} = 2\frac{1}{3}$

24. a) $7 - \frac{4}{5}$; $\quad 5 - \frac{2}{7}$; $\quad 7\frac{1}{5} - \frac{4}{5}$; $\quad 6\frac{1}{9} - 2\frac{4}{9}$

b) $17\frac{1}{12} - 8\frac{5}{6}$; $\quad 19\frac{5}{12} - 6\frac{3}{4}$; $\quad 29\frac{1}{3} - 18\frac{2}{3}$; $\quad 16\frac{2}{7} - 13\frac{25}{28}$

c) $31\frac{1}{11} - \frac{4}{15}$; $\quad 35\frac{3}{10} - 18\frac{5}{8}$; $\quad 17\frac{5}{12} - 7\frac{11}{14}$; $\quad 7\frac{7}{20} - 5\frac{11}{15}$

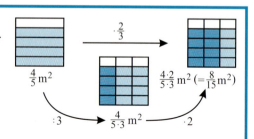

Multiplizieren von Brüchen

Brüche werden multipliziert, indem man Zähler mit Zähler und Nenner mit Nenner multipliziert.

Beispiele: $\frac{4}{5} \cdot \frac{2}{3} = \frac{4 \cdot 2}{5 \cdot 3} = \frac{8}{15}$

$\frac{5}{18} \cdot \frac{12}{25} = \frac{\overset{1}{\cancel{5}} \cdot \overset{2}{\cancel{12}}}{\underset{3}{\cancel{18}} \cdot \underset{5}{\cancel{25}}} = \frac{1 \cdot 2}{3 \cdot 5} = \frac{2}{15}$

25. a) $\frac{2}{3} \cdot \frac{2}{5}$; $\quad \frac{2}{5} \cdot \frac{2}{7}$; $\quad \frac{3}{10} \cdot \frac{7}{8}$; $\quad \frac{2}{5} \cdot \frac{3}{13}$ d) $\frac{2}{3} \cdot \frac{9}{10}$; $\quad \frac{3}{5} \cdot \frac{10}{21}$; $\quad \frac{3}{4} \cdot \frac{4}{9}$; $\quad \frac{15}{16} \cdot \frac{24}{25}$

b) $\frac{9}{10} \cdot \frac{7}{9}$; $\quad \frac{3}{7} \cdot \frac{7}{10}$; $\quad \frac{8}{13} \cdot \frac{3}{8}$; $\quad \frac{11}{15} \cdot \frac{15}{16}$ e) $\frac{2}{3} \cdot \frac{1}{4} \cdot \frac{3}{5}$; $\quad \frac{3}{5} \cdot \frac{5}{12} \cdot \frac{8}{15}$; $\quad \frac{5}{12} \cdot \frac{14}{15} \cdot \frac{5}{7}$

c) $\frac{3}{10} \cdot \frac{2}{5}$; $\quad \frac{3}{5} \cdot \frac{15}{16}$; $\quad \frac{3}{20} \cdot \frac{15}{16}$; $\quad \frac{20}{23} \cdot \frac{11}{14}$ f) $\frac{18}{25} \cdot \frac{26}{27} \cdot \frac{10}{13} \cdot \frac{7}{8}$; $\quad \frac{10}{27} \cdot \frac{15}{22} \cdot \frac{99}{100} \cdot \frac{7}{20}$

26. a) $5 \cdot \frac{3}{11}$; $\quad 4 \cdot \frac{2}{9}$; $\quad 2 \cdot \frac{8}{15}$; $\quad 6 \cdot \frac{3}{17}$; $\quad 7 \cdot \frac{4}{5}$

b) $3 \cdot \frac{4}{9}$; $\quad 5 \cdot \frac{3}{10}$; $\quad 4 \cdot \frac{7}{12}$; $\quad 6 \cdot \frac{5}{24}$; $\quad 9 \cdot \frac{7}{18}$ $\quad 8 \cdot \frac{7}{12} = \frac{8}{1} \cdot \frac{7}{12} = \frac{\overset{2}{\cancel{8}} \cdot 7}{\underset{3}{\cancel{12}}} = \frac{14}{3} = 4\frac{2}{3}$

c) $6 \cdot \frac{4}{15}$; $\quad 12 \cdot \frac{3}{20}$; $\quad 8 \cdot \frac{5}{12}$; $\quad 9 \cdot \frac{7}{12}$; $\quad 14 \cdot \frac{5}{28}$

d) $\frac{5}{6} \cdot 12$; $\quad \frac{5}{6} \cdot 24$; $\quad \frac{2}{3} \cdot 7$; $\quad \frac{3}{5} \cdot 12$; $\quad \frac{3}{4} \cdot 30$ $\quad 8 \cdot \frac{7}{12} = \frac{\overset{2}{\cancel{8}} \cdot 7}{\underset{3}{\cancel{12}}} = \frac{14}{3} = 4\frac{2}{3}$

27. a) $\frac{1}{3} \cdot 4\frac{1}{2}$; $\quad \frac{2}{3} \cdot 3\frac{1}{4}$; $\quad \frac{3}{4} \cdot 1\frac{1}{3}$; $\quad \frac{3}{5} \cdot 2\frac{3}{4}$

b) $2\frac{2}{5} \cdot 4\frac{1}{6}$; $\quad 2\frac{2}{3} \cdot 1\frac{1}{4}$; $\quad 4\frac{2}{7} \cdot 1\frac{13}{15}$; $\quad 3\frac{1}{3} \cdot 5\frac{3}{4}$ $\quad 4\frac{1}{5} \cdot 2\frac{2}{9} = \frac{21}{5} \cdot \frac{20}{9} = \frac{\overset{7}{\cancel{21}} \cdot \overset{4}{\cancel{20}}}{\underset{1}{\cancel{5}} \cdot \underset{3}{\cancel{9}}} = \frac{28}{3} = 9\frac{1}{3}$

c) $4\frac{2}{3} \cdot 5\frac{1}{2}$; $\quad 3\frac{1}{4} \cdot 3\frac{1}{2}$; $\quad 9\frac{7}{8} \cdot 11\frac{1}{2}$; $\quad 7\frac{3}{5} \cdot 7\frac{3}{4}$

d) $5 \cdot 6\frac{2}{7}$; $\quad 4 \cdot 11\frac{2}{3}$; $\quad 2 \cdot 12\frac{1}{2}$; $\quad 6 \cdot 7\frac{2}{5}$

Dividieren von Brüchen

Durch einen Bruch wird dividiert, indem man mit dem Kehrwert des Bruches multipliziert.

Beispiel:

$\frac{2}{5} : \frac{3}{10} = \frac{2}{5} \cdot \frac{10}{3} = \frac{2 \cdot \overset{2}{\cancel{10}}}{\underset{1}{\cancel{5}} \cdot 3} = \frac{4}{3} = 1\frac{1}{3}$

$: \frac{2}{3}$ bedeutet dasselbe wie $\cdot \frac{3}{2}$

28. a) $\frac{17}{18} : \frac{11}{18}$; $\quad \frac{19}{20} : \frac{13}{20}$; $\quad \frac{24}{25} : \frac{16}{25}$; $\quad \frac{20}{23} : \frac{15}{23}$ d) $2\frac{1}{7} : \frac{5}{14}$; $\quad 3\frac{3}{5} : \frac{3}{10}$; $\quad 7\frac{2}{3} : \frac{23}{30}$; $\quad 9\frac{1}{3} : \frac{21}{25}$

b) $\frac{4}{9} : \frac{6}{11}$; $\quad \frac{9}{11} : \frac{6}{13}$; $\quad \frac{14}{15} : \frac{7}{8}$; $\quad \frac{8}{11} : \frac{10}{13}$ e) $\frac{3}{4} : 1\frac{2}{3}$; $\quad \frac{5}{8} : 2\frac{2}{5}$; $\quad \frac{7}{11} : 8\frac{1}{2}$; $\quad \frac{21}{25} : 2\frac{9}{10}$

c) $\frac{4}{9} : \frac{5}{6}$; $\quad \frac{3}{25} : \frac{7}{20}$; $\quad \frac{7}{24} : \frac{5}{18}$; $\quad \frac{5}{14} : \frac{9}{20}$ f) $3\frac{4}{5} : 2\frac{3}{5}$; $\quad 5\frac{3}{7} : 7\frac{4}{7}$; $\quad 11\frac{5}{9} : 9\frac{1}{9}$; $\quad 4\frac{1}{7} : 1\frac{4}{7}$

29. a) $\frac{8}{11}:2;$ $\quad\frac{3}{5}:6;$ $\quad\frac{6}{7}:9;$ $\quad\frac{4}{5}:12;$ $\quad\frac{5}{4}:7$

b) $\frac{24}{37}:36;$ $\quad\frac{28}{33}:21;$ $\quad\frac{33}{47}:22;$ $\quad\frac{20}{41}:28;$ $\quad\frac{25}{31}:21$

c) $3\frac{2}{3}:5;$ $\quad 5\frac{2}{3}:7;$ $\quad 8\frac{4}{7}:4;$ $\quad 12\frac{5}{6}:4;$ $\quad 4\frac{3}{4}:5$

$$\frac{4}{7}:5=\frac{4}{7}:\frac{5}{1}=\frac{4}{7}\cdot\frac{1}{5}=\frac{4\cdot 1}{7\cdot 5}=\frac{4}{35}$$

$$\frac{4}{7}:5=\frac{4}{7\cdot 5}=\frac{4}{35}$$

30. a) $6:\frac{5}{7};$ $\quad 11:\frac{2}{3};$ $\quad 5:\frac{3}{4};$ $\quad 10:\frac{3}{7};$ $\quad 7:\frac{4}{3}$

b) $15:\frac{10}{19};$ $\quad 14:\frac{21}{31};$ $\quad 20:\frac{25}{31};$ $\quad 8:\frac{12}{19};$ $\quad 25:\frac{14}{17}$

c) $3:1\frac{1}{2};$ $\quad 6:1\frac{1}{5};$ $\quad 8:1\frac{3}{5};$ $\quad 21:3\frac{1}{2};$ $\quad 9:2\frac{3}{4}$

$$3:\frac{4}{5}=\frac{3}{1}:\frac{4}{5}=\frac{3}{1}\cdot\frac{5}{4}=\frac{3\cdot 5}{1\cdot 4}=\frac{15}{4}=3\frac{3}{4}$$

$$3:\frac{4}{5}=3\cdot\frac{5}{4}=\frac{3\cdot 5}{4}=\frac{15}{4}=3\frac{3}{4}$$

31. a) $21:35;$ $\quad 60:48;$ $\quad 45:81;$ $\quad 65:26;$ $\quad 42:14$

b) $36:66;$ $\quad 96:40;$ $\quad 75:135;$ $\quad 28:140;$ $\quad 153:102$

$$6:8=\frac{6}{1}:\frac{8}{1}=\frac{6}{1}\cdot\frac{1}{8}=\frac{6}{8}=\frac{3}{4}$$

32. Berechne. *Beachte:* Punktrechnung geht vor Strichrechnung.

a) $\frac{3}{4}\cdot\frac{2}{5}+\frac{8}{15}$ $\qquad$ **c)** $\frac{4}{5}\cdot 1\frac{7}{8}+2\frac{2}{9}\cdot 1\frac{1}{5}$ $\qquad$ **e)** $10\frac{3}{4}-1\frac{1}{5}\cdot 6\frac{1}{4}$ $\qquad$ **g)** $\frac{20}{39}\cdot 5\frac{5}{12}+3\frac{5}{9}$

b) $\frac{1}{2}-\frac{2}{9}\cdot\frac{6}{7}$ $\qquad$ **d)** $\frac{3}{5}\cdot 1\frac{1}{9}+1\frac{7}{8}\cdot 1\frac{1}{3}$ $\qquad$ **f)** $5\frac{2}{3}-1\frac{5}{16}\cdot 1\frac{1}{7}$ $\qquad$ **h)** $\frac{18}{77}\cdot 4\frac{7}{12}+3\frac{4}{21}$

33. Berechne. *Beachte:* Was in der Klammer steht, wird zuerst ausgerechnet.

a) $(3\frac{3}{5}+4\frac{1}{2})\cdot 1\frac{7}{9}$ $\qquad$ **c)** $(8\frac{5}{8}+3\frac{11}{12})\cdot 18$ $\qquad$ **e)** $24\cdot(9\frac{2}{9}-3\frac{5}{6})$ $\qquad$ **g)** $\frac{9}{129}\cdot(\frac{5}{12}+1\frac{3}{8})$

b) $(2\frac{2}{5}+2\frac{1}{2})\cdot 2\frac{2}{7}$ $\qquad$ **d)** $(7\frac{7}{9}+4\frac{5}{6})\cdot 12$ $\qquad$ **f)** $16\cdot(8\frac{5}{12}-2\frac{7}{8})$ $\qquad$ **h)** $3\frac{1}{3}\cdot(8\frac{3}{5}-5\frac{11}{15})$

34. Etwa $\frac{3}{4}$ des Gewichts einer Kartoffel ist Wasser. Wie viel kg Wasser enthalten

a) 24 kg; **b)** 96 kg; **c)** 144 kg; **d)** 248 kg; **e)** 372 kg; **f)** 496 kg; **g)** 516 kg?

35. Eine private Krankenkasse erstattet $\frac{4}{5}$ des Rechnungsbetrags. Sie erstattet

a) 152 €; $\qquad$ **b)** 232 €; $\qquad$ **c)** 460 €; $\qquad$ **d)** 392 €; $\qquad$ **e)** 1 524 €.
Wie hoch war der Rechnungsbetrag?

36. Eine Firma stellt ein 6-Korn-Getreide-Gemisch her. Eine 240-g-Packung enthält 48 g Roggen, 42 g Hafer, 60 g Weizen, 36 g Gerste, 30 g Grünkorn und 24 g Buchweizen.
Gib jeweils den Anteil an.

37. Zur Herstellung eines Erfrischungsgetränks werden gemischt:

a) $\frac{5}{8}$ l Orangensaft und $\frac{1}{8}$ l Mineralwasser; $\qquad$ **b)** $\frac{4}{5}$ l Apfelsaft und $\frac{1}{4}$ l Mineralwasser.
Wie viel l Flüssigkeitsmenge entsteht?

38. Von einem $4\frac{3}{5}$ km langen Radweg sind schon $3\frac{1}{4}$ km fertiggestellt.
Wie viel km müssen noch hergerichtet werden?

39. Für einen gedeckten Apfelkuchen werden u. a. $\frac{3}{8}$ kg Weizenmehl, $1\frac{1}{2}$ kg Äpfel, $\frac{3}{20}$ kg Butter und $\frac{9}{40}$ kg Zucker benötigt. Ein Bäcker will 16 [24; 30] solcher Kuchen herstellen.
Wie viel kg benötigt er von jeder Zutat?

40. Für eine Familienfeier mit 15 Personen kauft Herr Berg $3\frac{3}{8}$ kg Lachsfilet.
Wie viel kg rechnet er für jede Person?

41. $\frac{4}{7}$ einer Klasse sind Mädchen. $\frac{5}{6}$ der Mädchen können schwimmen.
Wie groß ist der Anteil der Schwimmerinnen (Nichtschwimmerinnen) in der Klasse?

2.2 Dezimalbrüche — Rechnen mit Dezimalbrüchen

Brüche und Dezimalbrüche

0,3; 0,02; 0,007; 4,375 sind **Dezimal-brüche**. Die Ziffern rechts vom Komma heißen **Dezimale**. Die erste Dezimale rechts vom Komma gibt die *Zehntel* an, die zweite Dezimale die *Hundertstel*, die dritte Dezimale die *Tausendstel* usw.

Beispiele: $0,3 = \frac{3}{10}$

$0,02 = \frac{2}{100}$

$0,007 = \frac{7}{1\,000}$

$4,375 = 4 + \frac{3}{10} + \frac{7}{100} + \frac{5}{1\,000} = 4\frac{375}{1\,000}$

---

1. Schreibe als Dezimalbruch.

a) $\frac{6}{10}$; $\frac{4}{100}$; $\frac{5}{1\,000}$; $\frac{2}{10\,000}$; $\frac{7}{100\,000}$

b) $\frac{23}{100}$; $\frac{89}{1\,000}$; $\frac{346}{1\,000}$; $\frac{167}{10\,000}$; $\frac{945}{100\,000}$

c) $\frac{37}{10}$; $\frac{349}{100}$; $\frac{1\,679}{1\,000}$; $\frac{7\,526}{10\,000}$; $\frac{73\,961}{100\,000}$

d) $3\frac{4}{10}$; $19\frac{12}{100}$; $5\frac{3}{100}$; $25\frac{575}{1\,000}$; $7\frac{76}{1\,000}$

2. Schreibe als Bruch. Kürze dann, falls möglich.

a) 0,9; 0,13; 0,07; 0,811; 0,051; 0,008

b) 9,51; 18,01; 3,003; 161,7; 14,25

c) 314,007 1; 0,701 204; 8,341 111; 12,125

$0,85 = \frac{85}{100} = \frac{17}{20}$

$3,25 = 3\frac{25}{100} = 3\frac{1}{4}$

3. Erweitere geeignet. Verwandle dann in einen Dezimalbruch.

a) $\frac{1}{2}$; $\frac{2}{5}$; $\frac{3}{4}$; $\frac{5}{8}$; $\frac{11}{20}$; $\frac{1}{40}$; $\frac{15}{16}$; $\frac{7}{4}$; $\frac{11}{8}$; $\frac{31}{20}$

b) $\frac{19}{25}$; $\frac{1}{50}$; $\frac{111}{125}$; $\frac{17}{200}$; $\frac{79}{80}$; $\frac{151}{250}$; $\frac{29}{25}$; $\frac{311}{125}$

$\frac{7}{8} \overset{125}{=} \frac{875}{1\,000} = 0,875$

4. Verwandle durch Dividieren in einen Dezimalbruch.

a) $\frac{3}{5}$; $\frac{1}{4}$; $\frac{3}{8}$; $\frac{7}{8}$; $\frac{9}{20}$; $\frac{3}{40}$; $\frac{19}{16}$; $\frac{23}{50}$; $\frac{17}{80}$

b) $\frac{17}{25}$; $\frac{3}{50}$; $\frac{109}{125}$; $\frac{19}{200}$; $\frac{59}{80}$; $\frac{99}{250}$; $\frac{51}{25}$; $\frac{409}{125}$

$\frac{7}{25} = 7 : 25 = 0,28$

Addieren und Subtrahieren von Dezimalbrüchen

Dezimalbrüche werden wie natürliche Zahlen stellenweise addiert (subtrahiert). Dabei muss Komma unter Komma stehen.

Beispiele:

```
   3,4165          237,409
 +17,078         −  91,68
 + 9,4            145,729
 + 0,8249
 +25,006
 ────────
  55,7254
```

---

5. a) 31,4 + 17,5   **b)** 128,36 + 76,59   **c)** 3,207 + 5,44 + 6,163 04 + 0,710 4
19,4 + 3,9   0,57 + 17,65   7,61 + 9,804 + 0,774 85 + 3,6
20,7 + 19,5   57,69 + 59,01   12,869 7 + 32,110 2 + 88,88 + 0,009 6
65,3 + 14,8   265,32 + 81,89   12,457 + 7,81 + 125,183 4 + 15

6. a) 1,4 − 0,6   **b)** 1,25 − 0,6   **c)** 156,76 − 87,49   **d)** 17   − 9,43
7,9 − 3,4   3,45 − 1,8   362,94 − 48,97   12,4 − 5,09
3,3 − 2,9   7,2 − 0,35   8,004 − 5,709   40,3 − 12,451
9,4 − 4,8   6,3 − 2,84   13,146 − 7,639   62,47 − 39,9

Multiplizieren von Dezimalbrüchen

Man multipliziert Dezimalbrüche zunächst wie natürliche Zahlen. Im Ergebnis trennt man mit dem Komma dann so viele Dezimalen ab, wie die Faktoren zusammen haben.

Beispiel: $1,15 \cdot 0,7 = 0,805$

$$\frac{115}{100} \cdot \frac{7}{10} = \frac{115 \cdot 7}{1\,000}$$

7.
a) $3,75 \quad \cdot 10$
$80,3 \quad\;\; \cdot 10$
$12,125 \cdot 10$

b) $3,75 \quad \cdot 100$
$80,3 \quad\;\; \cdot 100$
$12,125 \cdot 100$

c) $3,75 \quad \cdot 1\,000$
$80,3 \quad\;\; \cdot 1\,000$
$12,125 \cdot 1\,000$

d) $3,75 \quad \cdot 10\,000$
$80,3 \quad\;\; \cdot 10\,000$
$12,125 \cdot 10\,000$

e) $5,16 \cdot 100$
$14,75 \cdot 10$
$8,45 \cdot 1\,000$

8.
a) $2,6 \quad\;\; \cdot 4$
$25,105 \cdot 7$
$12 \quad\;\;\;\; \cdot 4,8$

b) $0,4 \;\; \cdot 0,7$
$0,3 \;\; \cdot 0,08$
$0,02 \cdot 0,008$

c) $17,45 \;\; \cdot 6$
$209,6 \quad \cdot 8$
$8,743 \cdot 23$

d) $12,85 \cdot \;\; 0,6$
$1,9 \;\; \cdot 20,6$
$0,85 \cdot \;\; 3,6$

e) $120,75 \cdot 1,75$
$39,5 \quad \cdot 3,62$
$8,71 \cdot 7,05$

Dividieren durch eine natürliche Zahl

Man dividiert einen Dezimalbruch durch eine natürliche Zahl, indem man die Zahlen wie natürliche Zahlen dividiert. Sobald während der Rechnung das Komma überschritten wird, setzt man es auch im Ergebnis.

Beispiel:
$$14,94 : 6 = 2,49$$
$-12 \quad$ Komma
$\quad 29 \quad$ setzen
-24
$\quad 54$
$\quad \underline{54}$
$\quad\;\; 0$

9.
a) $140,88 : 6;$ $\quad 22,96 : 7;$ $\quad 473,67 : 9;$ $\quad 1,476 : 6;$ $\quad 68,92 : 8$
b) $\;\; 44,31 : 3;$ $\quad 46,97 : 11;$ $\quad 158,58 : 12;$ $\quad 1,464 : 12;$ $\quad 22,56 : 8$

10.
a) $24,5 : 10;$ $\qquad 1,325 : 10;$ $\qquad 557,75 : 10;$ $\qquad 0,055 : 10;$ $\qquad 0,47 : 10$
b) $24,5 : 100;$ $\qquad 1,325 : 100;$ $\qquad 557,75 : 100;$ $\qquad 0,055 : 100;$ $\qquad 0,47 : 100$
c) $24,5 : 1\,000;$ $\quad 1,325 : 1\,000;$ $\quad 557,75 : 1\,000;$ $\quad 0,055 : 1\,000;$ $\quad 0,47 : 1\,000$

Dividieren von Dezimalbrüchen

Man dividiert einen Dezimalbruch durch einen Dezimalbruch, indem man das Komma in beiden Zahlen so viele Stellen nach rechts setzt, dass man durch eine natürliche Zahl dividiert.

$5,512 : 1,04 = 5,512 : \frac{104}{100}$
$\qquad\qquad\;\; = 5,512 \cdot \frac{100}{104}$
$\qquad\qquad\;\; = 5,512 \cdot 100 : 104$
$\qquad\qquad\;\; = 551,2 : 104$

11.
a) $63 \quad\;\; : 0,9;$ $\quad 36 : 0,6;$ $\quad 8,8 : 0,11;$ $\quad 4,5 : 1,5;$ $\quad 0,27 : 0,3;$ $\quad 0,056 : 0,7$
b) $\;\; 4,5 : 0,3;$ $\qquad 9 : 1,5;$ $\quad 4,5 : 0,15;$ $\quad 9,6 : 3,2;$ $\quad 12 \quad\;\; : 0,6;$ $\quad 14,4 \quad : 0,12$

12.
a) $9,36 : 1,8;$ $\qquad 6,35 : 0,5;$ $\qquad 3,81 \;\; : 0,25;$ $\qquad 2,673 : 0,09;$ $\qquad 2,527 \;\; : 0,007$
b) $67,2 : 0,32;$ $\quad 8,82 : 0,21;$ $\quad 0,496 : 1,6;$ $\qquad 19,32 \;\; : 3,45;$ $\qquad 1,1375 : 0,125$

13.
a) $358,60 \cdot \frac{1}{4}$
$254,08 \cdot \frac{3}{4}$

b) $101,20 \cdot \frac{5}{8}$
$367,12 \cdot \frac{7}{8}$

c) $317,75 \cdot \frac{2}{5}$
$483,15 \cdot \frac{3}{5}$

$$10,72 \cdot \frac{3}{8} = \frac{\overset{1,34}{\cancel{10,72}} \cdot 3}{\underset{1}{\cancel{8}}} = 4,02$$

3 Prozentrechnung

3.1 Prozentbegriff

Bedeutung von p %

p % bedeutet $\frac{p}{100}$.

Beispiele: $14\% = \frac{14}{100} = 0{,}14$

$6{,}5\% = \frac{6{,}5}{100} = 0{,}065$

$113\% = \frac{113}{100} = 1{,}13$

Grundschema der Prozentrechnung

$$G \xrightarrow{\cdot\, p\%} P$$

Grundwert Prozentsatz Prozentwert
(Ganzes)   (Anteil)   (Bruchteil)

1. Schreibe als Hundertstelbruch sowie als Dezimalbruch.
    a) 1%; 13%; 8%; 22%; 50%; 35%; 3%; 73%; 95%; 100%; 66%; 48%; 5%; 86%
    b) 110%; 150%; 200%; 105%; 250%; 104%; 300%; 125%; 175%; 340%; 425%
    c) 3,8%; 12,5%; 48,6%; 0,5%; 0,9%; 4,25%; 31,7%; 78,9%; 1,75%; 2,5%; 16,3%

2. Notiere in der Prozentschreibweise.
    a) 0,43; 0,17; 0,09; 0,33; 0,92; 0,41; 1,40; 2,31
    b) 0,574; 0,124; 0,276; 0,074; 0,0165; 0,0075
    c) 1,03; 1,3; 2,45; 3,6; 0,845; 1,255; 1,756; 2,314

$0{,}24 = \frac{24}{100} = 24\%$

$0{,}314 = \frac{31{,}4}{100} = 31{,}4\%$

$1{,}45 = \frac{145}{100} = 145\%$

3. Notiere in der Prozentschreibweise.
    a) $\frac{1}{2}; \frac{1}{4}; \frac{3}{4}; \frac{1}{5}; \frac{3}{5}; \frac{4}{5}; \frac{1}{10}; \frac{3}{10}; \frac{7}{10}; \frac{7}{20}; \frac{3}{20}; \frac{4}{50}; \frac{19}{50}$
    b) $\frac{1}{8}; \frac{3}{8}; \frac{5}{8}; \frac{7}{8}; \frac{1}{16}; \frac{3}{16}; \frac{7}{16}; \frac{9}{16}; \frac{7}{40}; \frac{11}{40}; \frac{1}{125}; \frac{6}{125}$
    c) $\frac{2}{3}; \frac{1}{6}; \frac{5}{6}; \frac{1}{7}; \frac{2}{7}; \frac{3}{7}; \frac{4}{7}; \frac{5}{7}; \frac{1}{9}; \frac{2}{9}; \frac{4}{9}; \frac{5}{9}; \frac{7}{9}; \frac{8}{9}; \frac{1}{12}$

$\frac{2}{5} = 2 : 5 = 0{,}4 = 40\%$

$\frac{5}{16} = 5 : 16 = 0{,}3125 = 31{,}25\%$

$\frac{1}{3} = 1 : 3 = 0{,}\overline{3} \approx 33{,}3\%$

3.2 Die drei Grundaufgaben der Prozentrechnung

Berechnung des Prozentwertes

$G \xrightarrow{p\%} P$

$P = G \cdot \frac{p}{100}$

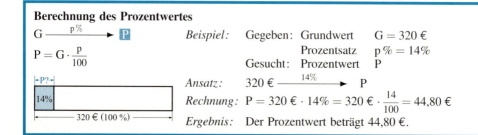

Beispiel: Gegeben: Grundwert $G = 320\ €$
Prozentsatz $p\% = 14\%$
Gesucht: Prozentwert P

Ansatz: $320\ € \xrightarrow{14\%} P$

Rechnung: $P = 320\ € \cdot 14\% = 320\ € \cdot \frac{14}{100} = 44{,}80\ €$

Ergebnis: Der Prozentwert beträgt 44,80 €.

1. Berechne
   a) 3%   b) 5%   c) 7%   d) 14%   e) 35%   f) 53%   g) 95%   h) 80%
   von 700 € [3 500 kg; 430 €; 380 m; 139,40 €; 43,2 kg; 0,850 m³; 826,34 m²].

2. Berechne
   a) 200%   b) 300%   c) 150%   d) 175%   e) 110%   f) 230%   g) 113%
   von 600 € [7 200 €; 36 kg; 480 m; 8,1 kg; 5,4 km; 19,2 l; 707,35 m²].

3. Berechne
   a) $\frac{1}{2}$%   b) $4\frac{1}{2}$%   c) $2\frac{1}{4}$%   d) $5\frac{3}{4}$%   e) 9,1%   f) 12,3%   g) 23,1%   h) 75,6%
   von 500 € [4 800 kg; 360 €; 72 €; 91,3 kg; 0,730 km; 7,485 m³; 859,34 m²].

4. Eine Schule hat 860 Schüler; davon sind 45% Jungen. Wie viele Schüler sind Jungen?

5. Seefisch enthält 89% Wasser, Kartoffeln 80%. Wie viel g Wasser enthalten 150 g Seefisch, wie viel 120 g Kartoffeln?

6. Eine Jahresfahrkarte für Auszubildende im öffentlichen Nahverkehr einer Stadt kostet 325 €. Der Preis soll um 5% erhöht werden. Um wie viel € wird die Karte teurer?

7. Ein Grundstück ist 707 m² groß; davon sind 27,6% bebaut. Wie viel m² des Grundstücks sind bebaut?

8. Frau Müller verdient monatlich 2 390 €. Ihr Lohn wird um 1,8% erhöht. Um wie viel € wird ihr Lohn erhöht?

Berechnung des Grundwertes

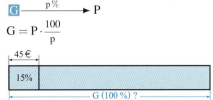

$G = P \cdot \frac{100}{p}$

Beispiel: Gegeben: Prozentwert $P = 45$ €
           Prozentsatz $p\% = 15\%$
Gesucht: Grundwert G

Ansatz: $G \xrightarrow{15\%} 45$ €

Rechnung: $G = 45 \text{ €} \cdot \frac{100}{15} = 300$ €

Ergebnis: Der Grundwert beträgt 300 €.

9. Berechne den Grundwert G.
   a) 50% von G = 300 €
      40% von G = 72 €
      25% von G = 94 €
      20% von G = 134 €
      75% von G = 342 €
   b) 5% von G = 11,8 kg
      12% von G = 115,56 kg
      29% von G = 932,06 kg
      37% von G = 241,98 kg
      54% von G = 460,08 kg
   c) 19% von G = 34 m²
      26% von G = 149 m²
      43% von G = 245 m²
      7% von G = 89 m²
      67% von G = 493 m²
   d) 200% von G = 214 €
      300% von G = 177 €
      150% von G = 531 €
      120% von G = 744 €
      250% von G = 810 €
   e) $33\frac{1}{3}$% von G = 762 €
      $66\frac{2}{3}$% von G = 924 €
      $\frac{1}{2}$% von G = 15 €
      $4\frac{1}{2}$% von G = 270 €
      $5\frac{3}{4}$% von G = 460 €
   f) 0,4% von G = 8 kg
      9,1% von G = 364 kg
      12,4% von G = 620 kg
      27,8% von G = 1 112 kg
      48,3% von G = 2 898 kg

10. Berechne den Grundwert.

   a) 10%   c) 25%   e) 5%   g) 150%   i) 200%   k) 7%   m) 98%
   b) 50%   d) 30%   f) 60% h) 125%   j) 143%   l) 15%   n) 105%
   vom Grundwert G betragen 60 € [200 g; 270 kg; 3 600 m; 840 kg; 1 260 l].

11. Bei einer Gruppenfahrt mit der Deutschen Bahn zahlt eine Gruppe von 6 Erwachsenen nur 75% des normalen Fahrpreises. Bei einer solchen Fahrt zahlt jedes Gruppenmitglied 93 €. Wie hoch ist der normale Fahrpreis?

12. An einem Konzert in einer Stadthalle nahmen 2 125 Personen teil. Die Veranstalter melden: Die Halle war nur zu 85% besetzt. Wie viele Plätze hat die Stadthalle?

13. Anne verkauft ihr Mountainbike für 380 €. Das ist nur noch 40% des Anschaffungspreises. Wie viel € hat das Mountainbike bei der Neuanschaffung gekostet?

14. Meerwasser hat einen Salzgehalt von 3,5%. Aus wie viel g [kg] Meerwasser kann man 250 g Salz gewinnen?

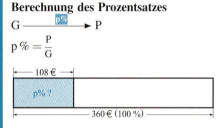

Berechnung des Prozentsatzes

$$p\% = \frac{P}{G}$$

Beispiel: Gegeben: Grundwert $G = 360$ €
Prozentwert $P = 108$ €
Gesucht: Prozentsatz $p\%$

Ansatz: $360\ € \xrightarrow{p\%} 108\ €$

Rechnung: $p\% = \frac{108\ €}{360\ €} = 0{,}30 = 30\%$

Ergebnis: Der Prozentsatz beträgt 30%.

15. Berechne den Prozentsatz.

   a) p% von 200 € = 40 €   b) p% von 800 € = 60 €   c) p% von 1 m = 7 cm
      p% von 400 € = 36 €   p% von 90 € = 60 €   p% von 5 m = 45 cm
      p% von 50 € = 12 €   p% von 60 € = 60 €   p% von 5 kg = 500 g
      p% von 680 € = 170 €   p% von 40 € = 60 €   p% von 51 g = 17 g

16. Wie viel Prozent sind

   a) 230 g [89 g; 1,2 kg; 822 g; 475 g; 53,2 g] von 920 g?
   b) 6 cm [7,5 cm; 3 dm; 28 mm; $4\frac{1}{2}$ cm; 34,2 mm] von 48 cm?
   c) 800 ml [450 ml; 2,15 l; 723 ml; 1,47 l] von 3,2 l?

17. Eine Schule hat 1 148 Schüler; 287 Schüler kommen mit dem Fahrrad zur Schule. Wie viel Prozent der Schüler kommen mit dem Rad zur Schule?

18. Eine 135 km lange Autobahn wird gebaut; davon sind 81 km fertig. Wie viel Prozent der Gesamtlänge sind das?

19. Der Hersteller gibt den Preis für ein Fernsehgerät mit 1 499 € an. In einem Elektrogeschäft ist das Gerät 75 € billiger. Wie viel Prozent Preisnachlass gibt das Geschäft?

3.3 Erhöhung und Verminderung des Grundwertes

Erhöhung des Grundwertes

Man erhält eine Erhöhung des Grundwertes um p%,
- wenn man zum Grundwert G den Prozentwert p% von G addiert;
- wenn man $(100 + p)\%$ vom Grundwert G berechnet.

Grundwert G 100% von G	Prozentwert P p% von G
Erhöhter Grundwert G + P $(100 + p)\%$ von G	

Beispiel: Ein Fahrradhelm kostet 65 €. Der Preis wird um 12% erhöht. Wie teuer ist der Helm dann?

Lösung:

1. Weg:

Alter Preis (Grundwert):	65,00 €
Preiserhöhung (Prozentwert):	+ 7,80 € (12% von 65 €)
Neuer Preis (erhöhter Grundwert):	72,80 €

2. Weg: $65 € \xrightarrow{(100+12)\%} x$

$x = 65 € \cdot \dfrac{112}{100} = 72,80 €$

Ergebnis: Nach der Preiserhöhung kostet der Helm 72,80 €.

Verminderung des Grundwertes

Man erhält eine Verminderung des Grundwertes um p%,
- wenn man vom Grundwert G den Prozentwert p% von G subtrahiert;
- wenn man $(100 - p)\%$ vom Grundwert G berechnet.

Grundwert G 100% von G	
Verminderter Grundwert G − P $(100 - p)\%$ von G	Prozentwert P p% von G

Beispiel: Ein Mountainbike kostet 950 €. Der Händler gibt bei Barzahlung 5% Rabatt. Wie viel € kostet das Mountainbike dann?

Lösung:

1. Weg:

Alter Preis (Grundwert):	950,00 €
Rabatt (Prozentwert):	− 47,50 € (5% von 950 €)
Neuer Preis (verminderter Grundwert):	902,50 €

2. Weg: $950 € \xrightarrow{(100-5)\%} x$

$x = 950 € \cdot \dfrac{95}{100} = 902,50 €$

Ergebnis: Bei Barzahlung kostet das Mountainbike 902,50 €.

---

1. Erhöhe [vermindere] 700 €; 480 €; 98 kg; 453 m²; 28,5 *l*; 9,750 m³; 82,3 m um

    a) 5%;   **b)** 10%;   **c)** 20%;   **d)** 8%;   **e)** 13%;   **f)** $33\frac{1}{3}\%$;   **g)** 4,5%;   **h)** 6,5%.

2. Eine Videokamera kostet ohne Mehrwertsteuer 1 760 €. Dazu kommen noch 16% Mehrwertsteuer. Wie viel € sind beim Kauf zu zahlen?

3. Eine Auszubildende in der Metallindustrie erhält eine monatliche Grundvergütung von 631,95 €. Nach einem Tarifabschluss wird die Vergütung um 2,3% erhöht.
    Wie viel € erhält sie dann?

4. Ein Minidisc-Rekorder kostet 249 €. Bei Barzahlung gibt der Händler 3% Rabatt.
    Gib den Verkaufspreis an.

5. Eine Jeans-Hose kostet 80 €. Beim Räumungsverkauf werden die Preise um 35% herabgesetzt. Wie viel € muss man dann für die Hose zahlen?

6. Eine Schule hat 1 200 Schüler. Im folgenden Schuljahr nimmt die Schülerzahl um 6,5% ab. Wie viele Schüler besuchen dann noch die Schule?

7. Ein Fernsehgerät kostet 1 290 €. Dazu kommen noch 16% Mehrwertsteuer. Bei Barzahlung gibt der Händler 2% Skonto. Wie viel € sind zu zahlen?

8. Ein Kleinwagen kostet 13 500 €. Der Preis wird zunächst um 5% erhöht und schließlich noch einmal um 4%. Wie viel € kostet dann das Auto?

9. Ein tragbarer Minidisc-Rekorder kostet 310 €. Der Preis wird um 10% erhöht. Dann gewährt der Händler 10% Preisnachlass. Wie viel € kostet dann das Gerät?

10. Ein Trekkingzelt für zwei Personen kostet einschließlich 16% Mehrwertsteuer 265 €.
    Wie viel € kostet das Trekkingzelt ohne Mehrwertsteuer?

11. Ein Kaufhaus senkt beim Räumungsverkauf alle Preise um 22%. Ein Hemd kostet dann 35,10 €. Wie viel € hat das Hemd ursprünglich gekostet?

12. In einem Einfamilien-Haus wurden in einem Jahr 7 643 m^3 Gas verbraucht. Das sind 6% weniger als im Vorjahr. Wie viel m^3 Gas wurden im Vorjahr verbraucht?

13. Ein Angestellter erhält nach einer Gehaltserhöhung um 2,1% ein Monatsgehalt von 1 607,45 €. Wie hoch war sein Gehalt vor der Erhöhung?

14. Ein Fahrradhändler hat in einem Jahr 221 Fahrräder verkauft, das sind 15% weniger als im Jahr davor. Wie viele Fahrräder waren es im Jahr davor?

15. Herr Müller zahlt für einen Tintenstrahldrucker 228,95 €. Er hat 5% Rabatt bekommen. Wie viel € hätte er ohne Rabatt zahlen müssen?

16. Die Einwohnerzahl einer Stadt ist von 287 400 auf 313 266 gestiegen. Um wie viel Prozent ist die Einwohnerzahl gestiegen?

17. Der Stromverbrauch ist in einem Haushalt im letzten Jahr von 5 784 kWh auf 6 149 kWh gestiegen. Um wie viel Prozent ist der Stromverbrauch gestiegen?

18. Beim Mahlen von Weizen gehen 35%, beim Mahlen von Roggen 30% als Kleie und Schwund von der ursprünglichen Getreidemenge ab. Eine Mühle soll 2 500 kg Weizenmehl und 3 000 kg Roggenmehl liefern.
    Wie viel kg Weizen und wie viel kg Roggen müssen gemahlen werden?

4 Zinsrechnung

4.1 Die Grundaufgaben der Zinsrechnung

Grundschema der Zinsrechnung

$$K \xrightarrow{p\%} Z_1 \xrightarrow{i} Z$$

↑ ↑ ↑ ↑ ↑
Kapital Zinssatz Jahreszinsen Zeitfaktor Zinsen
in Jahren

Berechnung der Zinsen

Beispiel: Gegeben: Kapital $K = 1\,200$ €
Zinssatz $p\% = 2$
Zeit 5 Monate (Zeitfaktor $i = \frac{5}{12}$)
Gesucht: Zinsen Z

Ansatz: $1\,200$ € $\xrightarrow{2\%}$ Jahreszinsen Z_1 $\xrightarrow{\frac{5}{12}}$ Zinsen Z

Rechnung: 1. Schritt: Jahreszinsen $Z_1 = 1\,200$ € $\cdot \frac{2}{100} = 24$ €

2\. Schritt: Zinsen $Z = 24$ € $\cdot \frac{5}{12} = 10$ €

Ergebnis: Die Zinsen nach 5 Monaten betragen 10 €.

---

1. Wie viel € Zinsen bringt in einem Jahr ein Kapital von

   a) 400 €   d) 3 000 €   g) 20 000 €   j) 550 €   m) 7 300 €   p) 5 430 €
   b) 900 €   e) 2 000 €   h) 30 000 €   k) 420 €   n) 6 100 €   q) 8 750 €
   c) 600 €   f) 5 000 €   i) 80 000 €   l) 790 €   o) 4 800 €   r) 9 160 €

   zu einem Zinssatz von 2% [1,5%; 3%; 3,25%; 4%; 4,25%; 3,75%; 5%]?

2. Herr Müller leiht sich bei einer Bank 6 000 € zu einem Zinssatz von 12%.
   Wie viel € Zinsen muss er nach 1 Jahr [2 Jahren; 3 Jahren; 5 Jahren] zahlen, falls in diesem Zeitraum nichts zurückgezahlt wird?

3. Frau Meyer leiht sich bei einer Sparkasse 5 000 € zu einem Zinssatz von 11,5%.
   Wie viel € Zinsen muss sie nach 1 Jahr [4 Jahren] zahlen?

4. Ein Konto wird mit 3 600 € überzogen, d. h. man leiht sich diesen Betrag bei der Bank. Der Zinssatz beträgt 11,25% [15,5%]. Berechne die Zinsen.

   a) 1 Jahr   e) $\frac{2}{3}$ Jahr   i) 11 Monate   m) 19 Tage
   b) $\frac{3}{4}$ Jahr   f) 5 Monate   j) 10 Monate   n) 42 Tage
   c) $\frac{1}{2}$ Jahr   g) 1 Monat   k) 22 Tage   o) 30 Tage
   d) $\frac{1}{3}$ Jahr   h) 7 Monate   l) 241 Tage   p) 1 Tag

   Bestimmen des Zeitfaktors:
   22 Tage = $\frac{22}{360}$ Jahre
   $i = \frac{22}{360}$

5. Für einen Autokauf leiht sich Frau Heine 3 400 €, die sie mit 11% verzinsen muss. Wie viel € muss sie nach 7 Monaten zurückzahlen?

6. Berechne die Zinsen

Kapital	3 500 €	7 850 €	5 200 €	720,75 €	6 500 €	7 850 €	429,75 €
Zinssatz	1,5%	2,2%	2%	11,25%	12%	15,75%	12,5%
Zeit	1. 7. bis 30. 9.	1. 1. bis 31. 10.	1. 3. bis 31. 12.	1. 3. bis 15. 6.	3. 5. bis 17. 7.	16. 4. bis 21. 9.	27. 4. bis 5. 11.

Berechnung des Zinssatzes

Beispiel: Gegeben: Kapital $K = 2\,500$ €

                  Zeit   4 Monate $\left(\text{Zeitfaktor } i = \dfrac{4}{12} = \dfrac{1}{3}\right)$

                  Zinsen $Z = 12{,}50$ €

               Gesucht: Zinssatz p %

Ansatz: $2\,500$ € $\xrightarrow{\;p\,\%\;}$ Jahreszinsen $Z_1 \xrightarrow{\;\frac{1}{3}\;}$ 12,50 €

Rechnung: 1. Schritt: Jahreszinsen $Z_1 = 12{,}50$ € $\cdot \dfrac{3}{1} = 37{,}50$ €

                 2. Schritt: Zinssatz $p\,\% = 37{,}50$ € $: 2\,500$ € $= 0{,}015 \; = 1{,}5\%$

Ergebnis: Der Zinssatz beträgt 1,5%.

---

7. Bei welchem Zinssatz bringen 6 000 € in einem Jahr

  a) 240 € Zinsen;   **c)** 180 € Zinsen;   **e)** 90 € Zinsen;   **g)** 210 € Zinsen;

  b) 360 € Zinsen;   **d)** 120 € Zinsen;   **f)** 195 € Zinsen;   **h)** 150 € Zinsen?

8. Herr Demer hat auf seinem Sparkonto am Jahresanfang ein Guthaben von 5 200 €. Am Ende des Jahres erhält er 156 € Zinsen. Wie hoch ist der Zinssatz?

9. Herr Borg hat ein Sparbuch mit einem Guthaben von 3 500 €; dafür erhält er 52,50 € Jahreszinsen. Frau Borg hat auf ihrem Sparkonto ein Guthaben von 4 200 €; dafür bekommt sie 84 € Jahreszinsen. Vergleiche die Zinssätze.

10. Bei welchem Zinssatz bringen

  a) 600 € in 7 Monaten 14 € Zinsen;   **c)** 900 € in 40 Tagen 5 € Zinsen;

  b) 400 € in 2 Monaten 4 € Zinsen;   **d)** 800 € in 21 Tagen 1,40 € Zinsen?

11. Herr Ziegler zahlt ein Darlehen von 9 000 € nach $\frac{1}{2}$ Jahr zurück. Die Zinsen betragen 540 €. Wie hoch ist der Zinssatz?

12. Tim benötigt für den Kauf eines Mopeds 600 € Darlehen. Er zahlt vierteljährlich 17,25 € Zinsen. Berechne den Zinssatz.

13. Heike legt am Jahresanfang ein Sparkonto mit 840 € an. Nach 11 Monaten hebt sie den gesamten Betrag einschließlich Zinsen ab. Sie erhält 855,40 €. Wie hoch ist der Zinssatz?

14. In einer Zeitungsanzeige steht: „Suche 8 000 €, zahle nach 7 Monaten 8 500 € zurück." Mit welchem Zinssatz will der Inserent das Geld verzinsen?

Berechnung des Kapitals

Beispiel: Gegeben: Zinssatz p % = 2,5%

Zeit $\frac{3}{4}$ Jahr $\left(\text{Zinsfaktor i} = \frac{3}{4}\right)$

Zinsen Z = 112,50 €

Gesucht: Kapital K

Ansatz: Kapital K $\xrightarrow{2,5\%}$ Jahreszinsen Z_1 $\xrightarrow{\frac{3}{4}}$ 112,50 €

Rechnung: 1. Schritt: Jahreszinsen $Z_1 = 112{,}50 \text{ €} \cdot \frac{4}{3} = 150 \text{ €}$

2. Schritt: Kapital K $= 150 \text{ €} \cdot \frac{100}{2{,}5} = 6\,000 \text{ €}$

Ergebnis: Das Kapital beträgt 6 000 €.

---

15. Welches Kapital bringt in einem Jahr bei

a) 3%iger Verzinsung 22,50 € Zinsen;   **d)** 3%iger Verzinsung 40,50 € Zinsen;

b) 2%iger Verzinsung 48 € Zinsen;   **e)** 3,75%iger Verzinsung 304,75 € Zinsen;

c) 2,5%iger Verzinsung 122,50 € Zinsen;   **f)** 3,25%iger Verzinsung 378,53 € Zinsen?

16. Welches Kapital bringt bei

a) 2%iger Verzinsung in $\frac{1}{4}$ Jahr $\left[\frac{1}{3}\text{ Jahr; } \frac{3}{4}\text{ Jahr}\right]$ 15 € Zinsen?

b) 3%iger Verzinsung in 2 Monaten [5 Monaten; 7 Monaten] 30 € Zinsen?

c) 1,5%iger Verzinsung in 4 Monaten [11 Monaten; 8 Monaten] 75 € Zinsen?

d) 2,5%iger Verzinsung in 20 Tagen [80 Tagen; 140 Tagen] 5 € Zinsen?

17. Ein Kaufmann nimmt ein Darlehen zu 9,5% auf. Vierteljährlich zahlt er 712,50 € Zinsen. Wie hoch ist das Darlehen?

18. Zum Bau eines Hauses nimmt Frau Harm ein Darlehen zu 6,7% auf. Sie muss monatlich 670 € Zinsen zahlen. Wie hoch ist das Darlehen?

Berechnung der Zeit

Beispiel: Gegeben: Kapital K = 5 400 €
Zinssatz p % = 2%
Zinsen Z = 27 €

Gesucht: Zeit

Ansatz: 5 400 € $\xrightarrow{2\%}$ Jahreszinsen Z_1 $\xrightarrow{i}$ 27 €

Rechnung: 1. Schritt: Jahreszinsen $Z_1 = 5\,400 \text{ €} \cdot \frac{2}{100} = 108 \text{ €}$

2. Schritt: Zeitfaktor i = 27 € : 108 € $= 0{,}25 = \frac{1}{4}$

Ergebnis: Die Zeit beträgt $\frac{1}{4}$ Jahr, also 3 Monate.

---

19. Michael hat auf seinem Sparkonto 1 440 €. Der Zinssatz beträgt 1,5%. Nach wie vielen Monaten bekommt er 12,60 € Zinsen?

20. Frau Blume hat 5 000 € zu 8,5% verliehen. Nach wie vielen Tagen erhält sie 300 € Zinsen?

21. Nach wie vielen Monaten wurden die Zinsen ausgezahlt?

Kapital	7 500 €	1 800 €	6 900 €	8 400 €	4 380 €
Zinssatz	2%	3%	2,5%	1,5%	3,25%
Zinsen	50 €	27 €	115 €	73,50 €	94,90 €

4.2 Zinseszinsrechnung

Grundschema der Zinseszinsrechnung

Die Zinsen werden am Ende eines jeden Jahres dem Kapital hinzugefügt und dann weiter mitverzinst. Das Kapital K_n nach n Jahren berechnet man wie folgt:

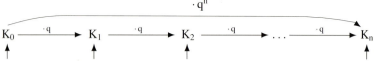

Bei einem Zinssatz von p % ist der Zinsfaktor $q = 1 + \frac{p}{100}$.

Berechnung des Endkapitals

Beispiel: Gegeben: Kapital K = 2 500 €
                Zinssatz p % = 3,25%
          Gesucht: Kapital nach 4 Jahren

Ansatz: 2 500 € $\xrightarrow{1{,}0325^4}$ K_4

Rechnung: $K_4 = 2\,500 \text{ €} \cdot 1{,}0325^4 = 2\,841{,}19 \text{ €}$

Ergebnis: Das Kapital nach 4 Jahren beträgt 2 841,19 €.

1. Berechne das Endkapital nach 2 Jahren.

Anfangskapital K_0	800 €	1 200 €	1 650 €	2 340 €	1 910 €	2 745 €
Zinssatz p %	2,5%	1,5%	2%	3,25%	2,75%	3%

2. Berechne das Endkapital.

Anfangskapital K_0	3 500 €	2 117 €	728 €	1 107 €	4 890 €	3 705 €
Zinssatz p %	4,5%	4%	4,25%	3%	3,5%	6,75%
Zeit	8 Jahre	5 Jahre	7 Jahre	4 Jahre	6 Jahre	13 Jahre

3. Michael hat 5 000 € geerbt. Das Geld wird auf ein Sparbuch eingezahlt und mit 4% verzinst. Wie groß ist das Guthaben nach 5 Jahren?

4. Auf welchen Betrag wachsen 1 000 € zu 5% mit Zinseszinsen in 20 [40] Jahren an?

5 Dreisatzrechnung

5.1 Dreisatz bei proportionalen Zuordnungen

Proportionale Zuordnungen

Für proportionale Zuordnungen gilt: Zum Doppelten (Dreifachen usw.) einer Größe gehört das Doppelte (Dreifache usw.) der zugeordneten Größe.

Zur Hälfte (zum dritten Teil usw.) einer Größe gehört die Hälfte (der dritte Teil usw.) der zugeordneten Größe.

Beispiel: Für ein indonesisches Reisgericht für 4 Personen benötigt man u. a. 120 g Langkornreis.

Wie viel g Reis benötigt man für 7 Personen?

Personen	Reismenge
4	120 g
1	30 g
7	210 g

Für 4 Personen benötigt man 120 g.
Für 1 Person benötigt man 30 g.
Für 7 Personen benötigt man 210 g.

Ergebnis: Für 7 Personen benötigt man 210 g Reis.

---

1. Für das indonesische Reisgericht für 4 Personen benötigt man ferner 320 g Hühnerbrust [200 g Paprika]. Wie viel g Hühnerbrust [Paprika] braucht man für 7 Personen?

2. Fülle die Tabelle aus. Die Zuordnung soll proportional sein.

a) Länge (m)	Preis (€)	**b)** Weglänge (km)	Zeit (min)	**c)** Gewicht (kg)	Preis (€)
6	168	5	60	5	3,40
3		10		20	
15		2		4	
5		8		8	
1		16		24	
10		4		12	

3. **a)** Für 3 kg Bananen werden 5,22 € gezahlt. Wie teuer sind 5 kg Bananen?
   b) Für 2 kg Äpfel werden 3,58 € gezahlt. Wie teuer sind 5 kg Äpfel?
   c) Für 6 kg Tomaten werden 12,54 € gezahlt. Wie teuer sind 4 kg Tomaten?

4. Zum Streichen einer 10 m² großen Wandfläche benötigt man 3 kg Farbe. Wie viel kg Farbe benötigt man für eine 45 m² große Wandfläche?

5. Ein Pkw verbraucht (durchschnittlich) auf der Autobahn 7 *l* Benzin für 100 km. Wie viel km kann er auf der Autobahn mit einem Tankinhalt von 56 *l* Benzin zurücklegen?

6. Für 7 Tapetenrollen zahlt man 90,65 €. Wie viel € kosten 11 Rollen derselben Sorte?

7. Für 5 m Gartenschlauch zahlt man 8,50 €. Wie viel kosten 12 m?

8. Für 12 Schulhefte zahlt man 7,20 €. Wie viele Hefte bekommt man für 4,20 €?

9. 22 m² eines Daches sollen neu eingedeckt werden. Für 25 m² rechnet man 350 Dachziegel. Wie viele Dachziegel werden benötigt?

10. Von 5 kg Möhren erhält man beim Pressen 3 *l* Saft. Wie viel kg Möhren benötigt man für 10 *l* Saft?

11. An einer Tankstelle kosten 45 *l* Benzin 49,00 €.

    a) Wie viel € kosten 50 *l*, 40 *l*, 30 *l*, 55 *l* Benzin?
    b) Wie viel Liter Benzin erhält man für 30 €, 50 €, 60 €?

12. Frau Holz zahlt 0,84 € für 6 Eier.

    a) Wie viel € kosten 10 Eier?   **b)** Wie viele Eier bekommt man für 2,10 €?

13. 12 Flaschen Apfelsaft kosten 10,68 €.

    a) Wie viel € kosten 20 Flaschen Apfelsaft?
    b) Wie viele Flaschen Apfelsaft bekommt man für 13,35 €?

14. Aus 6 kg Johannisbeeren erhält man 4 *l* Saft.

    a) Wie viel Liter Saft erhält man aus 25 kg Johannisbeeren?
    b) Wie viel kg Johannisbeeren benötigt man, um 10 *l* Saft zu bekommen?

15. In einer Kantine werden in 5 Tagen 150 kg Kartoffeln verbraucht.

    a) Wie viel kg Kartoffeln werden in 9 Tagen benötigt?
    b) Wie lange reichen 330 kg Kartoffeln?

16. Die Mieten in einem Häuserblock werden nach der Wohnfläche berechnet. Herr Meier zahlt für seine 60 m² große Wohnung 294 € Miete.

    a) Wie hoch ist in diesem Häuserblock die Miete für eine Wohnung mit 85 m² Wohnfläche?
    b) Frau Lange zahlt 352,80 € Miete. Wie groß ist ihre Wohnung?

17. Familie Möller hat im Urlaub für 14 Tage Übernachtung mit Frühstück in einem Gästehaus 770 € gezahlt.

    a) Wie viel € muß man dann für 21 Tage zahlen?
    b) Wie lange Urlaub kann man in diesem Gästehaus machen, wenn man für Übernachtung nur 550 € zur Verfügung hat?

18. Frau Soll hat für 15 Flaschen Wein einer bestimmten Sorte 67,50 € gezahlt.

    a) Wie teuer sind 24 Flaschen von dieser Sorte?
    b) Wie viele Flaschen Wein von dieser Sorte erhält man für 54 €?

19. In 12 Stunden umkreist ein Satellit die Erde 6-mal.

    a) Wie oft umkreist er die Erde in 30 Stunden?
    b) In welcher Zeit umkreist der Satellit die Erde 20-mal?

20. Ein Webstuhl stellt 40 m Stoff in 8 Stunden her.

    a) Wie viel m Stoff stellt er in 12 Stunden her?
    b) Wie viele Stunden benötigt der Webstuhl, um 100 m Stoff herzustellen?

21. Metzger Schmelz bietet 500 g Schmorbraten für 4,90 € an.

    a) Wie viel € kosten 750 g Schmorbraten?
    b) Wie viel g Schmorbraten erhält man für 12,25 €?

22. Fünf Schulhefte wiegen 900 g.

    a) Wie viel kg wiegen 31 Schulhefte?
    b) Wie viele Schulhefte wiegen 4,320 kg?

23. Ein Flugzeug legt eine Strecke von 2 700 km in ungefähr 3 Stunden zurück.

    a) Wie weit fliegt es in 5 Stunden?
    b) Wie lange braucht es für eine 4 050 km lange Strecke?

24. Für 80 € erhält man 122 Schweizer Franken.

    a) Wie viele Franken erhält man für 500 €?
    b) Wie viel € erhält man für 1 372,50 Franken?

25. **a)** 1 kg Schinken kostet 18 €. Wie viel € kosten $\frac{3}{4}$ kg $[1\frac{1}{2}$ kg; $3\frac{1}{4}$ kg] Schinken?

    b) $\frac{3}{4}$ kg Kalbfleisch kosten 10,35 €.
    Wie viel € kosten $1\frac{1}{4}$ kg $[1\frac{1}{2}$ kg; $2\frac{1}{4}$ kg]?
    c) $1\frac{1}{4}$ kg Putenschnitzel kosten 13,90 €.
    Wie viel € muss man für $2\frac{3}{4}$ kg $[\frac{3}{4}$ kg; $1\frac{1}{4}$ kg] zahlen?

Gewicht (kg)	Preis (€)
$\frac{3}{4}$	12,60
1	16,80
$2\frac{1}{2}$	42,00

26. **a)** 1 m Glattkantbretter kosten 1,60 €.
    Wie viel € kosten 0,9 m [3,5 m; 6,4 m; 8,7 m]?
    b) Ein 1,2 m langes Stahlrohr wiegt 4,3 kg.
    Wie schwer ist ein 0,7 m [1,5 m; 2,9 m] langes Stahlrohr?
    c) 0,75 m² Korkparkett kosten 7,90 €. Wie teuer sind 2,5 m² [12,5 m²; 14,3 m²] Korkparkett?

Länge (m)	Preis (€)
0,75	7,20
1	9,60
2,5	24,00

27. Eine Käsesorte wird zum Preis von 1,20 € für 100 g angeboten.

    a) Frau Schäfer kauft 310 g. Wie viel € muss sie zahlen?
    b) Herr Hirt zahlt 3,95 €. Wie viel g wiegt sein Stück?

28. 100 g Rotbarschfilet kosten 1,79 €.

    a) Wie viel € kosten 420 g [525 g; 275 g] Rotbarschfilet?
    b) Wie viel g Rotbarschfilet erhält man für 4,48 € [6,27 €]?

29. Ein quaderförmiger Block aus Gold (a = 17 cm; b = 12 cm; c = 9 cm) wiegt 35,435 kg. Wie schwer ist ein solcher Block mit den Maßen a = 8 cm, b = 6 cm, c = 4 cm?

5.2 Dreisatz bei antiproportionalen Zuordnungen

Antiproportionale Zuordnungen

Für antiproportionale Zuordnungen gilt: Zum Doppelten (Dreifachen usw.) einer Größe gehört die Hälfte (der dritte Teil usw.) der zugeordneten Größe.

Zur Hälfte (zum dritten Teil usw.) einer Größe gehört das Doppelte (das Dreifache usw.) der zugeordneten Größe.

Beispiel: Für eine Fahrt erhält eine Klasse aus der Elternspende einen Fahrtzuschuss.
Wenn alle 30 Schüler mitfahren, erhält jeder 15 €. Nun fahren aber nur 25 Schüler mit. Wie viel € erhält dann jeder?

Schülerzahl	Fahrtzuschuss
30	15 €
5	90 €
25	18 €

: 6   · 6
· 5   : 5

Ergebnis: Jeder Schüler erhält 18 €.

---

1. Fülle die Tabelle aus. Die Zuordnung soll antiproportional sein.

a)

Schülerzahl	Fahrtzuschuss (€)
25	36
5	▩
20	▩
40	▩

b)

Länge (cm)	Breite (cm)
45	16
9	▩
18	▩
36	▩

c)

Stückzahl	Flächeninhalt (m²)
18	8
6	▩
12	▩
4	▩

2. Die Lebensmittelvorräte in einem Basislager einer Expedition reichen bei 16 Mitgliedern 18 Tage. Wie lange reichen dieselben Vorräte bei 12 [18] Mitgliedern?

3. Der Hafervorrat eines Reitstalls reicht bei 12 Pferden für 20 Tage. Wie lange reicht derselbe Vorrat bei 10 [16] Pferden?

4. Lisa hat für ihre Urlaubsreise Taschengeld gespart. Wenn sie täglich 8 € ausgibt, reicht das Geld für 18 Tage. Wie lange reicht das Geld, wenn sie täglich 6 € [12 €] ausgibt?

5. Ein Gehweg soll gepflastert werden. 6 Arbeiter benötigen dazu 20 Stunden. Wie lange brauchen 8 [4] Arbeiter?

6. Ein Graben wird von 8 Baggern in 21 Tagen ausgehoben. Wie lange hätten 7 [14] Bagger gearbeitet?

7. Der Kartoffelvorrat von Familie Schäfer reicht 36 Wochen bei einem wöchentlichen Verbrauch von 5 kg.

a) Wie lange reicht der Vorrat, wenn wöchentlich 6 kg Kartoffeln benötigt werden?
b) Wie hoch ist der wöchentliche Verbrauch, wenn der Vorrat 45 Wochen reicht?

8. Drei Lastwagen fahren den Erdaushub eines Baugeländes ab. Jeder Wagen muss 36-mal fahren.

a) Wie oft muss jeder fahren, wenn vier Lastwagen eingesetzt werden?
b) Jeder Wagen fuhr 12-mal. Wie viele Wagen standen zur Verfügung?

6 Positive und negative rationale Zahlen

6.1 Anordnung rationaler Zahlen

Zahlengerade – Anordnung der rationalen Zahlen

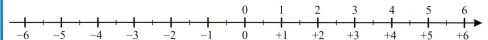

Auf der Zahlengeraden liegt die kleinere von zwei Zahlen stets links.

Beispiele: $-4 < +1$; $-6 < -2$; $-2{,}5 < 0$; $0 < +1\frac{1}{2}$

Zahl und Gegenzahl liegen auf der Zahlengeraden symmetrisch zu 0.

Beispiele: -3 *ist Gegenzahl zu* $+3$; $+3$ *ist Gegenzahl zu* -3
$+5$ *ist Gegenzahl zu* -5; -5 *ist Gegenzahl zu* $+5$

---

1. Vergleiche und setze für ▨ das jeweils zutreffende Zeichen $<$ bzw. $>$.

a) $-9\;▨\;7$; $-12\;▨\;-9$; $+25\;▨\;+11$; $0\;▨\;-12$; $-10\;▨\;-100$
b) $-2{,}8\;▨\;+3{,}4$; $-4{,}9\;▨\;-4{,}8$; $-6{,}7\;▨\;0$; $+4{,}5\;▨\;-2{,}5$; $-8{,}7\;▨\;+0{,}2$
c) $-5{,}24\;▨\;-2{,}35$; $12{,}39\;▨\;-19{,}51$; $0\;▨\;-0{,}15$; $+8{,}75\;▨\;7{,}58$; $-9{,}75\;▨\;+0{,}75$

2. Ordne die Zahlen nach der Größe. Beginne mit der kleinsten Zahl.

a) -6; $+5$; -12; 0; -1; -2 b) $-7{,}3$; $+5{,}2$; $-1{,}25$; 0; $+3{,}85$; $-5{,}3$

6.2 Rechnen mit rationalen Zahlen

Addieren rationaler Zahlen

(1) Summanden mit gleichen Vorzeichen.   *(2) Summanden mit verschiedenen Vorzeichen.*

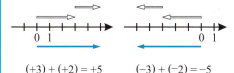   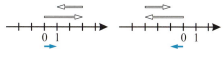

$(+3)+(+2)=+5$ $(-3)+(-2)=-5$ $(+3)+(-2)=+1$ $(-3)+(+2)=-1$

Man addiert die Beträge.
Das Ergebnis hat das gemeinsame Vorzeichen.

Man subtrahiert vom größeren Betrag den kleineren. Das Ergebnis hat das Vorzeichen der Zahl mit dem größeren Betrag.

---

1. a) $(-9)+(-5)$ b) $(-22)+(+17)$ c) $(-138)+(-56)$ d) $(-124)+(-256)$
   $(-9)+(+7)$ $(+38)+(-58)$ $(-63)+(+157)$ $(-375)+(+194)$
   $(+7)+(-11)$ $(-27)+(-47)$ $(-169)+(+95)$ $(+407)+(-618)$
   $(-7)+(+9)$ $(-72)+(+95)$ $(+58)+(-134)$ $(-226)+(+256)$

2. a) $(-3,5) + (+4,1)$ **b)** $(+82,3) + (-96,4)$ **c)** $(-58,43) + (+27,38)$ **d)** $(+2\frac{1}{2}) + (-1\frac{3}{4})$
$(-9,3) + (+7,2)$ $(-64,0) + (+86,1)$ $(+81,45) + (-72,05)$ $(+8\frac{3}{4}) + (-7\frac{1}{4})$
$(-7,8) + (-5,4)$ $(-43,4) + (-75,7)$ $(-65,87) + (-27,15)$ $(-\frac{3}{8}) + (-\frac{14}{16})$
$(+8,4) + (-4,9)$ $(+87,9) + (-27,3)$ $(+38,89) + (-60,47)$ $(-\frac{5}{6}) + (+\frac{2}{3})$

3. a) $(-76) + (+57) + (-91) + (+19)$ **c)** $(-134) + (-89) + (-56) + (-314)$
b) $(+82) + (-71) + (-54) + (+33)$ **d)** $(-17,8) + (+23,9) + (+53,4) + (-78,4)$

Subtrahieren rationaler Zahlen

Man subtrahiert eine rationale Zahl, indem man ihre Gegenzahl addiert.

Beispiele: $(+5) - (+9) = (+5) + (-9) = -4;$ $(+5) - (-9) = (+5) + (+9) = +14$

---

4. a) $(-8) - (+5)$ **b)** $(-38) - (+23)$ **c)** $(-164) - (-94)$ **d)** $(+675) - (+474)$
$(-5) - (-7)$ $(-43) - (-19)$ $(+81) - (-156)$ $(+345) - (-419)$
$(+6) - (-8)$ $(-56) - (-24)$ $(+111) - (+57)$ $(-615) - (+271)$
$(+8) - (-3)$ $(+74) - (-86)$ $(-75) - (+137)$ $(-687) - (-219)$

5. a) $(-5,4) - (+3,8)$ **b)** $(-13,5) - (+15,6)$ **c)** $(+67,14) - (-76,91)$ **d)** $(-5\frac{1}{2}) - (-1\frac{3}{4})$
$(-5,6) - (-7,8)$ $(-36,9) - (-27,3)$ $(+58,43) - (-29,76)$ $(-\frac{7}{8}) - (-\frac{3}{4})$
$(+6,1) - (-8,3)$ $(-51,3) - (+19,3)$ $(-76,57) - (-96,17)$ $(+4\frac{1}{3}) - (-5\frac{2}{3})$
$(+6,1) - (-3,8)$ $(+26,7) - (-56,4)$ $(-56,63) - (-36,84)$ $(-1\frac{3}{4}) - (+2\frac{5}{8})$

6. a) $(-19) - (+27) + (-31) - (-46)$ **c)** $(+156) - (-257) + (-219) - (-98)$
b) $(-68) + (-56) - (-26) - (+41)$ **d)** $(+46,8) + (-51,4) - (+76,3) - (-84,3)$

Verkürzte Schreibweise: Bei einer positiven Zahl darf man Vorzeichen und Klammer weglassen. Bei einer negativen Zahl darf man die Klammer nur weglassen, wenn diese Zahl am Anfang steht.

Beispiele: $(-5) + (+8) = -5 + 8;$ $(-5) + (-8) = (-5) - (+8) = -5 - 8$

---

7. a) $-13 - 24$ **b)** $-81 - 92$ **c)** $3,7 - 7,2$ **d)** $-3,5 - 7,4 + 8,7$
$-30 + 48$ $-57 - 54$ $-7,2 - 8,4$ $-1,7 - 4,2 - 6,3$
$46 - 87$ $-41 + 63$ $-7,6 + 8,4$ $4,5 - 12,4 - 5,8$
$-56 + 26$ $-76 + 51$ $-6,9 - 9,6$ $-7,4 + 1,9 - 4,4$

8. a) $-4 + 10 - 36 + 28 - 8$ **b)** $-58 - 65 + 83 - 77$ **c)** $-4,5 - 7,3 + 10,5$
$18 - 50 - 15 + 39 + 3$ $-23 - 47 + 37 - 60$ $14,7 - 21,3 - 4,7$
$-300 + 198 - 250 + 17 - 30$ $46 - 82 + 66 + 24$ $-2,4 - 4,7 - 6,1$
$-415 - 314 + 94 - 112 + 9$ $-64 - 81 - 19 + 104$ $-17,5 - 34,7 + 91,4$

9. Setze für ▨ das passende Zeichen >, < bzw. = ein.

a) $(+24) + (-18)$ ▨ $+ 24$ **c)** 0 ▨ $(-15) + (-15)$ **e)** $(-0,7) + (7,2)$ ▨ $+ 7,2$
b) $(-2,9) + (-0,8)$ ▨ $- 2,9$ **d)** 0 ▨ $(-3,2) + (+3,2)$ **f)** $(-0,66) + (+\frac{2}{3})$ ▨ 0

Multiplizieren rationaler Zahlen

(1) Beide Faktoren haben gleiche
   Vorzeichen.

$(+3) \cdot (+2) = +6; \quad (-3) \cdot (-2) = +6$

Man multipliziert die Beträge.
Das Ergebnis hat das Vorzeichen $+$.
Plus mal plus ergibt plus.
Minus mal minus ergibt plus.

(2) Beide Faktoren haben verschiedene
   Vorzeichen.

$(+3) \cdot (-2) = -6; \quad (-3) \cdot (+2) = -6$

Man multipliziert die Beträge.
Das Ergebnis hat das Vorzeichen $-$.
Plus mal minus ergibt minus.
Minus mal plus ergibt minus.

---

10. **a)** $(+7) \cdot (-3)$ **b)** $(-11) \cdot (-5)$ **c)** $(+35) \cdot (-3)$ **d)** $(-56) \cdot (-78)$ **e)** $(+19) \cdot (-25)$
$\quad$ $(-7) \cdot (+3)$ $\quad$ $(+11) \cdot (-5)$ $\quad$ $(-14) \cdot (-5)$ $\quad$ $(-54) \cdot (+34)$ $\quad$ $(-23) \cdot (-14)$
$\quad$ $(-7) \cdot (-3)$ $\quad$ $(+5) \cdot (-11)$ $\quad$ $(-26) \cdot (-4)$ $\quad$ $(+37) \cdot (-26)$ $\quad$ $(-36) \cdot (+71)$
$\quad$ $(+7) \cdot (+3)$ $\quad$ $(+5) \cdot (+11)$ $\quad$ $(+12) \cdot (+7)$ $\quad$ $(-21) \cdot (-68)$ $\quad$ $(-56) \cdot 0$

11. **a)** $(-3{,}2) \cdot 4$ **b)** $(-1{,}5) \cdot (-0{,}7)$ **c)** $(-2{,}4) \cdot 0{,}03$ **d)** $845 \cdot (-0{,}26)$
$\quad$ $14 \cdot (-0{,}5)$ $\quad$ $(-0{,}3) \cdot 0{,}3$ $\quad$ $1{,}3 \cdot (-0{,}5)$ $\quad$ $(-84) \cdot (-1{,}2)$
$\quad$ $(-0{,}4) \cdot (-5)$ $\quad$ $0{,}4 \cdot (-1{,}6)$ $\quad$ $(-1{,}9) \cdot (-3{,}41)$ $\quad$ $(-14{,}1) \cdot 0{,}15$

12. **a)** $4{,}75 \cdot (-11{,}8)$ **b)** $47{,}8 \cdot (-27{,}4)$ **c)** $\frac{3}{5} \cdot \left(-\frac{7}{8}\right)$ **d)** $\left(-\frac{27}{28}\right) \cdot \left(-\frac{14}{45}\right)$
$\quad$ $(-3{,}6) \cdot (-5{,}45)$ $\quad$ $(-5{,}7) \cdot (-8{,}94)$ $\quad$ $\left(-\frac{4}{5}\right) \cdot \frac{7}{8}$ $\quad$ $\left(+\frac{12}{65}\right) \cdot \left(-\frac{45}{36}\right)$
$\quad$ $(-7{,}25) \cdot 12{,}25$ $\quad$ $(-4{,}58) \cdot (+7{,}66)$ $\quad$ $\left(-\frac{3}{4}\right) \cdot \left(-\frac{7}{8}\right)$ $\quad$ $\left(-\frac{33}{45}\right) \cdot \left(+\frac{27}{44}\right)$

13. **a)** $(-4)^2$ **b)** $(-3)^4$ **c)** $(-1)^9$ **d)** $(-0{,}6)^2$ **e)** $(-1{,}2)^3$ **f)** $(-0{,}5)^3$ **g)** $\left(-\frac{3}{4}\right)^2$
$\quad$ $(-5)^3$ $\quad$ $(-2)^5$ $\quad$ $(-1)^{14}$ $\quad$ $(-0{,}2)^3$ $\quad$ $(-1{,}5)^3$ $\quad$ $(-0{,}3)^4$ $\quad$ $\left(-\frac{1}{2}\right)^5$

Dividieren rationaler Zahlen

Man dividiert zwei rationale Zahlen, indem man die Beträge dividiert und dann das Vorzeichen wie bei der Multiplikation bestimmt.

Beachte bei Brüchen: Durch eine rationale Zahl wird dividiert, indem man mit dem Kehrwert multipliziert.

Beispiele: $(-21) : (-7) = +3; \quad (-3{,}5) : 7 = -0{,}5; \quad \frac{5}{8} : \left(-\frac{2}{3}\right) = \frac{5}{8} \cdot \left(-\frac{3}{2}\right) = -\frac{15}{16}$

---

14. **a)** $(-121) : 11$ **b)** $(-75) : (-15)$ **c)** $234 : (-18)$ **d)** $(-5980) : 65$
$\quad$ $(-64) : (-8)$ $\quad$ $(-144) : 9$ $\quad$ $(-806) : (-26)$ $\quad$ $4592 : (-56)$
$\quad$ $56 : (-7)$ $\quad$ $152 : (-8)$ $\quad$ $(-630) : 35$ $\quad$ $(-5742) : (-58)$

15. **a)** $(-1{,}6) : (-4)$ **b)** $(-7{,}2) : (-0{,}8)$ **c)** $\left(-\frac{7}{10}\right) : \frac{5}{3}$ **d)** $\left(-\frac{24}{25}\right) : \left(\frac{16}{35}\right)$
$\quad$ $3{,}6 : (-12)$ $\quad$ $(-4{,}5) : 0{,}05$ $\quad$ $\frac{3}{4} : \left(-\frac{3}{5}\right)$ $\quad$ $\left(-\frac{18}{39}\right) : \left(-\frac{45}{26}\right)$
$\quad$ $(-0{,}54) : 9$ $\quad$ $0{,}48 : 0{,}3$ $\quad$ $\left(-\frac{3}{5}\right) : \left(-\frac{7}{9}\right)$ $\quad$ $\frac{15}{32} : \left(-\frac{25}{16}\right)$

16. **a)** $(-72) : (-8)$ **b)** $42 \cdot (-7)$ **c)** $(-45) + 9$ **d)** $(-2{,}4) + (-0{,}6)$ **e)** $\frac{3}{4} : \left(-\frac{2}{3}\right)$
$\quad$ $(-72) \cdot (-8)$ $\quad$ $42 + (-7)$ $\quad$ $(-45) - 9$ $\quad$ $(-2{,}4) \cdot (-0{,}6)$ $\quad$ $\frac{3}{4} \cdot \left(-\frac{2}{3}\right)$
$\quad$ $(-72) + (-8)$ $\quad$ $42 : (-7)$ $\quad$ $(-45) : 9$ $\quad$ $(-2{,}4) : (-0{,}6)$ $\quad$ $\frac{3}{4} + \left(-\frac{2}{3}\right)$
$\quad$ $(-72) - (-8)$ $\quad$ $42 - (-7)$ $\quad$ $(-45) \cdot 9$ $\quad$ $(-2{,}4) - (-0{,}6)$ $\quad$ $\frac{3}{4} - \left(-\frac{2}{3}\right)$

6.3 Berechnen von Termen — Vorrangregeln

Vorrangregeln für das Berechnen von Termen

(1) Das Innere einer Klammer wird zuerst berechnet.

(2) Bei verschachtelten Klammern wird die innere Klammer zuerst berechnet.

(3) Wo keine Klammer steht, geht Punktrechnung vor Strichrechnung.

(4) Das Berechnen einer Potenz geht noch vor Punkt- und Strichrechnung.

(5) Sonst wird von links nach rechts gerechnet.

---

1. a) $(-9,4 - 7,2) \cdot (-2,3)$
$(12,4 + 8,2) : (-2)$
$(6,9 - 9,6) : 0,3$
$(-14,5 + 19,1) \cdot 5,7$
$(-12,4 + 7,9) \cdot (-1,2)$

b) $-9,4 - 7,2 \cdot (-2,3)$
$12,4 + 8,2 : (-2)$
$6,9 - 9,6 : 0,3$
$-14,5 + 19,1 \cdot 5,7$
$-12,4 + 7,9 \cdot (-1,2)$

> **Klammern zuerst**
> $17,2 + 5 \cdot (7,9 - 3,4)$
> $= 17,2 + 5 \cdot 4,5$ Punkt vor Strich
> $= 17,2 + 22,5$
> $= 39,7$

2. a) $[(-9) - (+12)] \cdot (-8)$
$(-9) - (+12) \cdot (-8)$

c) $(12,5 - 21,4) \cdot (-2,5)$
$12,5 - 21,4 \cdot (-2,5)$

e) $[30 + (-12)] : (-6)$
$30 + (-12) : (-6)$

b) $(-7) \cdot (-6) + (-15)$
$(-7) \cdot (-6) - (-15)$

d) $6,1 \cdot (-5,3 - 4,2)$
$6,1 \cdot (-5,3) - 4,2$

f) $[-45 - (-18)] : (-9)$
$-45 - (-18) : (-9)$

3. a) $8,4 - 6 \cdot 1,5^2$
$7 \cdot 1,4^2 - 5,92$
$-3,1 + 8,1 \cdot (-2,5)^2$
$-9,4 - (-6) \cdot (3,5)^2$
$5,7 - (-4) \cdot (-1,5)^2$

b) $(8,4 - 3,7)^2 + 8,21$
$14,9 - (-5,2 + 2,8)^2$
$-25,1 - (-6,1 + 4,3)^2$
$6,4 + (0,5 \cdot (-3))^2$
$8,7 - (-(-5)^2 \cdot (-2))^2$

> $3,5 + 6 \cdot (-0,5)^2$ Potenz zuerst
> $= 3,5 + 6 \cdot 0,25$
> $= 3,5 + 1,5$
> $= 5$

4. a) $(8,6 - 1,4)^2 - 5,8 : (-2)$
$7,2 : 1,2 + 3^2 \cdot 4,3$
$5,4 \cdot 2^3 - 6 \cdot (-1,2 + 7,8)$

c) $-0,45 - [1,56 + (0,7 \cdot 2)^2]$
$5,6 : [(-1,2) : (-8,8 + 9,1)]$
$2,4^2 + [(-4,1 - 3,8) + 5 \cdot 2,2]$

b) $-12[-5 - (2 - 7)] + 3$
$[-60 + (-8 - 2)^2] : (-8)$
$[-480 : (-8 \cdot 5)] : (-3)$

d) $3,25 - [-3,6 + (2,5 \cdot (-1,5))^2]$
$-8,4 + [(-2) \cdot 1,8 - (1,7)^2]^2$
$(-2,5) \cdot [(-7,3 + 2,4) \cdot (-2) - 1,9^2]$

Man kann jeden Quotienten als Bruch schreiben und umgekehrt. Ein Bruchstrich wirkt wie Klammern um den Zähler und um den Nenner.

Beispiel: $\dfrac{2,5 \cdot (-8)}{-7 + 11} = \dfrac{-20}{4} = (-20) : 4 = -5$

---

5. Berechne:

a) $\dfrac{(-36) + 63}{-9}$

b) $\dfrac{(-8) \cdot (-7)}{-12 + 4}$

c) $\dfrac{(-3)^2 - (-5)^2}{(-0,5) \cdot (-8)}$

d) $\dfrac{-\frac{48}{27}}{\frac{60}{18}}$

e) $\dfrac{-\frac{24}{65}}{-4}$

7 Umformen ganzrationaler Terme

7.1 Wertgleiche Terme — Termumformung

> **Wertgleichheit von Termen**
>
> Die Terme $2 \cdot a + 2 \cdot b$ und $2 \cdot (a + b)$ sind verschieden aufgebaut, aber sie sind *wertgleich*, d. h. für *jede* Einsetzung von Zahlen a und b erhält man bei beiden Termen *denselben* Wert.
>
> | a | b | $2 \cdot a$ | $2 \cdot b$ | $2 \cdot a + 2 \cdot b$ | $a + b$ | $2 \cdot (a + b)$ |
> |---|---|---|---|---|---|---|
> | 2 | 3 | 4 | 6 | 10 | 5 | 10 |
> | 0,5 | 2,5 | 1 | 5 | 6 | 3 | 6 |
> | 0 | 4 | 0 | 8 | 8 | 4 | 8 |
> | -5 | 7 | -10 | 14 | 4 | 2 | 4 |
> | -3 | -1 | -6 | -2 | -8 | -4 | -8 |
>
> Wertgleiche Terme verbindet man mit einem Gleichheitszeichen: $2 \cdot a + 2 \cdot b = 2 \cdot (a + b)$. Bei einer **Termumformung** wird ein Term in einen wertgleichen Term umgeformt.

1. Die beiden Terme sind wertgleich. Prüfe dies — wie in der Tabelle — an 5 Zahlenbeispielen.

    a) $x + x + x + x$; $\ 4 \cdot x$ **b)** $3 \cdot c + 8 \cdot c$; $\ 11 \cdot c$ **c)** $a \cdot (a - 1) - (1 - a)$; $\ a^2 - 1$

2. Zu welchem der folgenden Terme ist $2 \cdot a + b$ wertgleich? Prüfe dies an 5 Zahlenbeispielen.

    (1) $a + 2 \cdot b$ **(2)** $a + a + b$ **(3)** $a + b + b$ **(4)** $a + b + a$ **(5)** $b + a + a$

7.2 Produkte und Potenzen

> **Produkt als Summe aus gleichen Summanden**
>
> $a + a + a = 3 \cdot a$; $b + b + b + b + b + c + c = 5 \cdot b + 2 \cdot c$
>
> Malpunkte dürfen weggelassen werden, wenn keine Missverständnisse möglich sind:
>
> $3a$ statt $3 \cdot a$; $5b + 2c$ statt $5 \cdot b + 2 \cdot c$;   aber *nicht* $3\frac{1}{2}$ statt $3 \cdot \frac{1}{2}$

1. Vereinfache die Terme.

    a) $a + a + a + a$ **b)** $a + a + b + b + b$ **c)** $a + b + b + b + a$
       $x + x$ $x + x + x + x + y + y + y$ $r + r + s + r + s + s$
       $r + r + r + r + r$ $y + x + x + x$ $x + y + y + x + x + y + x$

2. Schreibe ausführlich als Summe.

    a) $5c$ **b)** $8d$ **c)** $7z$ **d)** $2x + 5y$ **e)** $6a + 7b$ **f)** $2r + 4s + 5t$

Multiplizieren eines Produktes mit einer Zahl

Man multipliziert ein Produkt mit einer Zahl, indem man *nur* *einen* Faktor mit der Zahl multipliziert.

Beispiel:
$$5 \cdot 3a = 5 \cdot (3 \cdot a)$$
$$= (5 \cdot 3) \cdot a = 15a$$

Dividieren eines Produktes durch eine Zahl

Man dividiert ein Produkt durch eine Zahl, indem man *nur* *einen* Faktor durch die Zahl dividiert.

Beispiel:
$$6x : 2 = 6x \cdot \tfrac{1}{2} = 3x$$

---

3. Vereinfache die Terme.

a) $9 \cdot 7x$
$4 \cdot 11a$
$13 \cdot 5z$

b) $5y \cdot 6$
$15b \cdot 4$
$8z \cdot 11$

c) $3 \cdot 4a \cdot 5$
$7 \cdot 5x \cdot 6$
$1 \cdot 9z \cdot 4$

d) $8 \cdot 20cd$
$7 \cdot 12xy$
$6st \cdot 8$

e) $13ab \cdot 9$
$6 \cdot bc \cdot 7$
$12 \cdot 3ef \cdot 2$

4. a) $\tfrac{1}{2} \cdot 4a$
$\tfrac{2}{3} \cdot 9x$
$\tfrac{4}{5} \cdot 10bc$

b) $\tfrac{3}{5} \cdot \tfrac{1}{2}c$
$\tfrac{7}{10} \cdot \tfrac{3}{4}z$
$\tfrac{6}{7} \cdot \tfrac{2}{3}rs$

c) $0,4 \cdot 3y$
$1,2 \cdot 4a$
$0,15 \cdot 6cd$

d) $0,3 \cdot 0,7x$
$1,2 \cdot 0,5a$
$0,15 \cdot 0,4de$

e) $0,3a \cdot 1,5$
$2,4x \cdot 0,2$
$0,25xy \cdot 1,5$

5. Vereinfache die Terme. Beachte: $-4a = (-4) \cdot a$.

a) $5 \cdot (-8x)$
$7 \cdot (-12a)$
$11 \cdot (-4z)$

b) $(-6) \cdot 5y$
$(-3) \cdot 9s$
$(-12) \cdot 8a$

c) $(-4) \cdot (-7a)$
$(-12) \cdot (-4x)$
$(-13) \cdot (-7z)$

$$7 \cdot (-3a) = 7 \cdot (-3) \cdot a$$
$$= (-21) \cdot a$$
$$= -21a$$

6. Vereinfache die Terme. Beachte: $-x = (-1) \cdot x$.

$$7a \cdot 4b = (7 \cdot 4) \cdot (a \cdot b)$$
$$= 28ab$$

a) $3x \cdot 8y$
$9a \cdot 12b$
$r \cdot 15s$

c) $4x \cdot 6y \cdot 5$
$2a \cdot 5b \cdot 7$
$3c \cdot 9d \cdot e$

e) $0,3r \cdot 1,2s$
$1,5 \cdot 0,4b$
$0,4y \cdot 0,2$

b) $12c \cdot 40d$
$17y \cdot 9z$
$15a \cdot 8d$

d) $\tfrac{4}{7}a \cdot \tfrac{3}{2}b$
$\tfrac{1}{2}x \cdot \tfrac{5}{6}z$
$\tfrac{2}{3}c \cdot \tfrac{7}{9}a$

f) $3a \cdot (-4b)$
$(-x) \cdot (-5y)$
$(-4c) \cdot 5d$

g) $4a \cdot (-b) \cdot (-5c)$
$(-2x) \cdot 3y \cdot (-4z)$
$(-5r) \cdot (-3s) \cdot (-7t)$

7. Vereinfache die Terme.

a) $8x : 4$
$12y : 3$
$48z : 12$

b) $-15z : 5$
$-24x : 8$
$-72a : 9$

c) $36b : (-6)$
$56z : (-8)$
$144y : (-12)$

d) $-32x : (-4)$
$-15c : (-3)$
$-26z : (-13)$

e) $42x : (-7)$
$-63y : (-9)$
$-66z : 11$

Potenz als Produkt aus gleichen Faktoren

$$a \cdot a \cdot a \cdot a \cdot a = a^5; \qquad x \cdot x \cdot x \cdot y \cdot y = x^3 \cdot y^2$$

---

8. Schreibe jeweils als Potenz.

a) $x \cdot x \cdot x$
$b \cdot b \cdot b \cdot b \cdot b$
$r \cdot r \cdot r \cdot r \cdot r \cdot r$

b) $a \cdot a \cdot b \cdot b \cdot b$
$r \cdot r \cdot r \cdot r \cdot s \cdot s \cdot s$
$c \cdot c \cdot c \cdot d$

c) $a \cdot a \cdot b \cdot a \cdot b \cdot b$
$x \cdot y \cdot y \cdot y \cdot y \cdot x \cdot x$
$r \cdot r \cdot s \cdot t \cdot t \cdot s \cdot r \cdot t$

9. Schreibe ausführlich als Produkt.

    a) a^4 **b)** u^7 **c)** x^{10} **d)** $y^3 \cdot x^5$ **e)** $a^5 \cdot b^2$ **f)** $u^2 \cdot v^5 \cdot w^4$

Multiplikation von Potenzen

Man multipliziert Potenzen mit gleicher Basis, indem man die Hochzahlen (Exponenten) addiert.

$Beispiel:$ $x^2 \cdot x^3 = (x \cdot x) \cdot (x \cdot x \cdot x)$
$$= x \cdot x \cdot x \cdot x \cdot x$$
$$= x^5$$

10.

a) $a^2 \cdot a^5$	**c)** $4a^3 \cdot 3a^7$	**e)** $0{,}3b^4 \cdot 1{,}2b^2$	**g)** $a^3 \cdot b^4 \cdot a^5$
$a^4 \cdot a^5$	$7x^4 \cdot 4x^2$	$1{,}5a^3 \cdot 0{,}7a^3$	$x \cdot y^3 \cdot x^5$
$b^3 \cdot b$	$9c \cdot 6c^6$	$0{,}6x^5 \cdot 0{,}5x^6$	$7z^2 \cdot 5x \cdot 3z^4$
$r^7 \cdot r^8$	$6z^2 \cdot 8z^5$	$4z^7 \cdot 1{,}3z^2$	$7b \cdot (-4c) \cdot (2b^8)$

b) $3 \cdot x^3 \cdot x^2$	**d)** $\frac{2}{3}z^2 \cdot \frac{3}{4}z^3$	**f)** $7a^2 \cdot (-4a^5)$	**h)** $2ab \cdot 9ab$
$7 \cdot y^5 \cdot y$	$\frac{7}{5}a \cdot \frac{3}{2}a^4$	$(-9r^4) \cdot (6r^3)$	$3x^2 \cdot 8xy$
$a^8 \cdot 4 \cdot a^2$	$\frac{6}{7}c^3 \cdot \frac{3}{5}c^9$	$(-3x^2) \cdot (-4x^5)$	$4u^2v^2 \cdot 7u^4v$
$z \cdot 5 \cdot z^6$	$\frac{5}{6}x^7 \cdot \frac{8}{15}x^4$	$5b^5 \cdot (-5b^5)$	$3x \cdot 2xy^4 \cdot x^2y$

11.

a) $(3x)^2$	**b)** $(-2a)^2$	**c)** $\left(\frac{1}{2}y\right)^2$	**d)** $(ab)^2$
$(4y)^2$	$(-5x)^2$	$\left(\frac{2}{3}a\right)^2$	$(xy)^2$
$(7z)^2$	$(-6z)^2$	$\left(\frac{4}{5}z\right)^2$	$(rs)^2$
$(11a)^2$	$(-12b)^2$	$\left(\frac{7}{6}b\right)^2$	$(a^2)^2$

> $(5a)^2 = (5a) \cdot (5a)$
> $= 5 \cdot 5 \cdot a \cdot a$
> $= 25a^2$

7.3 Zusammenfassen gleichartiger Glieder

Zusammenfassen gleichartiger Glieder

Man addiert (subtrahiert) gleichartige Glieder, indem man die Zahlfaktoren (Koeffizienten) addiert (subtrahiert).

$Beispiele:$ $3a + 4a = a + a + a + a + a + a + a$
$$= 7a$$
$$5a - 2a = a + a + a + a + a - a - a$$
$$= a + a + a$$
$$= 3a$$

1.

a) $3a + 4a$	**b)** $12a - 5a$	**c)** $4x + 7x + 5x$	**d)** $5c + 8c - 9c + 4c$
$9x + 5x$	$9b - 3b$	$9a + 3a + 7a$	$13x + 5x - x - 6x$
$7r + 6r$	$19r - 11r$	$12u - 3u + 8u$	$18a - 7a + 7a - 5a$
$13u + 12u$	$7x - 7x$	$22b + 11b - 13b$	$27b - 6b - 5b - 4b$
$8b + b$	$7c - c$	$30z - 12z - 9z$	$42y - 5y - 15y + 8y$

2.

a) $8a + 5a + 2b$	**b)** $7x - 2x + 4y$	
$7y + 9x + 5x$	$9r - 2s - 2r$	
$14u + 7v + 7u$	$13a + 13b - 7b$	**c)** $4x + 7x + 5y + 9y$
$6r + 11 - 2r$	$18z + 14z - 7$	$16a + 13b - 6a - 7b$
$3r + 4r - 5s$	$21c - 12d - 9c$	$80e + 35e - 45f + 11$

> $5x + 12y + 6x = 11x + 12y$

36

3. a) $\frac{2}{7}x + \frac{6}{7}x$ **b)** $\frac{3}{8}b + \frac{1}{2}b + \frac{1}{8}c$ **c)** $\frac{4}{5}r + \frac{5}{2}r + \frac{7}{8}s + \frac{3}{4}s$

$\frac{11}{8}u - \frac{3}{8}u$ $\frac{3}{2}y + \frac{1}{2}z - \frac{1}{4}y$ $\frac{3}{4}z + 3\frac{1}{2}z + 2\frac{1}{3}x - \frac{2}{3}x$

$3{,}7a + 9{,}2a$ $4{,}2u - 1{,}9u + 2{,}8v$ $7\frac{1}{5}a + 7\frac{5}{6}b - 2\frac{3}{10}a - 2\frac{5}{12}b$

$12{,}4z - 3{,}7z$ $5{,}7a - 2{,}3a - 4{,}6b$ $4\frac{1}{3}u + \frac{3}{4}v + \frac{2}{3}v - 2\frac{5}{6}u$

> $\frac{3}{8}a + \frac{7}{8}a$
> $= \left(\frac{3}{8} + \frac{7}{8}\right) \cdot a$
> $= \frac{10}{8}a = \frac{5}{4}a$

4. a) $9x - 17x$ **b)** $8a - 12a + a$ **c)** $0{,}7x - 1{,}2x - 5x$

$5z - 12z$ $23x - 17x - 14x$ $-3{,}4a + 1{,}3a - 0{,}9a$

$-7b + 15b$ $-7y - 11y - 13y$ $6y - 18y + 8z$

$-8y + 17y$ $-19b - 6b + 7b$ $-14r + 6r - 10s$

$-6a - 4a$ $-37r + 17r - 16r$ $8b - 12a + 5a - 11b$

> $7a - 11a$
> $= (7 - 11) \cdot a$
> $= (-4) \cdot a$
> $= -4a$

5. a) $4a^2 + 5a^2$ **c)** $7a^2 + 5a^2 - 3a^2$

$7x^3 + x^3$ $14xy + 6xy - 9xy$

$12y^2 - 7y^2$ $7r^2 - 11r^2 - 6r^2$

$7r^2 - 12r^2$ $\frac{3}{4}ab^2 + \frac{11}{4}ab^2 - \frac{3}{8}ab^2$

> (1) $9ab - 2ab + 5ab = 12ab$
> (2) $11x^2y + 9x^2y - 7x^2y = 13x^2y$
> (3) $7(x + y) + 8(x + y) = 15(x + y)$

b) $5xy + 3xy$ **d)** $7(a + b) + 4(a + b)$ **e)** $3x^2 + 9x^2 + 12y^2 + 5y^2$

$19ab^2 + 7ab^2$ $17(b + c) - 9(b + c)$ $14xy - 8xy + 18rs - 6rs$

$13rs - 19rs$ $23(r - s) + 11(r - s)$ $4{,}2a^2 + 1{,}5a^2 + 5{,}3b^2 - 2{,}7b^2$

$2{,}1x^2y^3 - 0{,}8x^2y^3$ $25(x - y) - 7(x - y)$ $12{,}3a^2b - 8{,}4a^2b + 19{,}4cd^2 - 7{,}5cd^2$

6. a) $461x + 133x - 555x + 567x + 257x + 268x$ **c)** $2{,}3ab + 0{,}5cd + 3y^2 + cd + 0{,}7ab + 1{,}5y^2$

b) $325z^2 + 714y^2 + 900 + 218z^2 + 300 + 427z^2$ **d)** $53{,}3xy^2 + 3{,}75a^2c^2 + 14{,}7a^2c^2 + 48{,}2xy^2$

7. Multipliziere erst, fasse dann zusammen.

a) $x^2x^3 + 3x \cdot x^4 - 2x^5 + 2x \cdot (-4)x^4$ **c)** $6r \cdot 2s + 2sr + (-3)r \cdot (-5)s$

b) $7a^3a^4 + 5a^4a^3 + 4a^2a^5 + 11a \cdot a^6$ **d)** $(a^2b)(bc^2) + (ab^2)(ac^2) + 3(ab)(abc^2)$

7.4 Auflösen und Setzen von Klammern in einem Produkt

> **Auflösen und Setzen von Klammern in einem Produkt**
>
> Man multipliziert jedes Glied der Klammer mit dem Faktor.
> Die Zeichen + und − werden nach der Vorzeichenregel gesetzt.
>
> (1) $a \cdot (b + c) = a \cdot b + a \cdot c$
>
> $5 \cdot (3x + 2y) = 5 \cdot 3x + 5 \cdot 2y$
> $\quad\quad\quad\quad = 15x + 10y$
>
> (2) $a \cdot (b - c) = a \cdot b - a \cdot c$
>
> $3x \cdot (5y - 7z) = 3x \cdot 5y - 3x \cdot 7z$
> $\quad\quad\quad\quad = 15xy - 21xz$

1. Multipliziere aus.

a) $7(a + b)$ **b)** $(a + b) \cdot 5$ **c)** $x(a + b)$ **d)** $a(1 + b)$ **e)** $(-3) \cdot (x + y)$

$5(4 + c)$ $(3 + v) \cdot 4$ $z(x + y)$ $x(y + 2)$ $(-2) \cdot (a + b)$

$9(x + 4)$ $(w + 7) \cdot 3$ $(c + d) \cdot s$ $z(y + 0)$ $(-5) \cdot (c - d)$

$3(a - b)$ $(x - y) \cdot 4$ $y(c - d)$ $x(1 - y)$ $(-4) \cdot (3 - x)$

$15(3 - y)$ $(7 - a) \cdot 11$ $a(x - y)$ $a(b - 0)$ $\frac{3}{4} \cdot (r + s)$

2. a) $5(4x + 3)$
$(4 + 5a) \cdot 7$
$4(3a - 7)$
$(5 - 7c) \cdot 8$
$(-3)(7z + 5)$
$(-6)(8c - 2)$

b) $9(3a + 4b)$
$(7x + 5y) \cdot 11$
$12(3r - 7s)$
$(6c - 8d) \cdot 10$
$(-5)(4x + 7y)$
$(-4)(11a - 12b)$

c) $x(7a + 5)$
$c(3a + 14b)$
$(6x + 4) \cdot z$
$(7r + 5s) \cdot u$
$a(15b - 3)$
$b(12c - 13d)$

d) $2a(3x + 4y)$
$(7y + z) \cdot 6x$
$5x(2a - 4b)$
$(9r - 3s) \cdot 7b$
$(-2x)(y + 20z)$
$(-15a)(4b - c)$

3. a) $7(x + y + z)$
$9(x - y + z)$
$(-3) \cdot (a - b + 4)$
$(r - s - 4) \cdot 9$

b) $12(2x + 3y + 4z)$
$8(5a - 9b + 10c)$
$(-6)(7x - 9y - 3)$
$(r + 7s - 8t) \cdot 12$

c) $x(4a + 7b + 8c)$
$(3u + 5v + 2w) \cdot 7x$
$11c(4r + 5s - t)$
$5a(12x - 13y - 14z)$

d) $\frac{2}{3}\left(\frac{9}{14}a + \frac{15}{26}b\right)$
$\frac{4}{5}\left(\frac{10}{7}x - \frac{7}{12}y\right)$
$\frac{3}{4}a(12r + 16s)$
$\frac{5}{9}x\left(\frac{6}{25}x - \frac{18}{25}y\right)$

4. a) $7x^2(17x - 3y + 5z)$
$3a(6a^2 + 4b^2 + 12c^2)$
$4r(9r + 7s - 5t)$
$(12x^2 - 11y^2 - 13z^2) \cdot 5y$

b) $8ab(9a + 7b - 12)$
$11pq(4p - 9q + 5pq)$
$7xy(5x + 8y + 3z)$
$(3a^2 - 7b^2 - 4c^2)\,2abc$

c) $(-3x)(4a + 6b - 3c)$
$(10x - 12y - 13z) \cdot (-2a)$
$(-5a) \cdot (a + 4b + 12c)$
$(-7rs) \cdot (11r^2 - 12rs - 13s^2)$

5. Löse die Klammern auf, fasse dann zusammen.

a) $9a + 15(7a + 5b)$
$7(4x - 9y) + 10x$
$3(7c + 12d) - 8d$
$35s + 6(3r - 5s)$

c) $6(a + b) + 4(a - b)$
$15(x + y) + 12(y - x)$
$a(b - c) + b(3 - a)$
$x(y + z) + x(y - z)$

$$\begin{aligned}
&6(2a + 3b) \quad + 4(5a - 7b)\\
&= 6 \cdot 2a + 6 \cdot 3b + 4 \cdot 5a - 4 \cdot 7b\\
&= 12a \;+ 18b \;+ 20a \;- 28b\\
&= 32a - 10b
\end{aligned}$$

b) $7x^2 + 3x(2x - 5y)$
$2a(4b + 6c) - 3ab$
$9r(6s - 5r) + 8r^2$
$5z^2 + 4(7y + 2z^2)$

d) $x(4a - 6) + 4x(6 - a)$
$5x(8y + 11z) + 4y(9x - 5z)$
$8r(2s + 3t) + (7s - 3t) \cdot 4r$
$7(5a^2 + 3b^2) + 8a(4a - 5b)$

e) $3a(7x - 5) + 2a(4 - 3x)$
$6a(13b - 18c) + 7b(11a + 14c)$
$7a(3b - 8c) + (4c - 9b) \cdot 11a$
$6x(4x - 5x^2) + 8(7x^2 - 9x)$

Ausklammern eines gemeinsamen Faktors

$$a \cdot b \;+ a \cdot\; c = a(b\; +\; c)$$

(1) $4xy + 5xz = x \cdot 4y + x \cdot 5z = x(4y + 5z)$ (2) $7x^2 + x = x \cdot 7x + x \cdot 1 = x(7x + 1)$

---

6. Klammere einen gemeinsamen Faktor aus.

a) $5x + 5y$
$1{,}2a + 1{,}2b$
$\frac{7}{3}r + \frac{7}{3}s$
$8x - 8y$
$3{,}2u - 3{,}2v$

b) $8a + 8bc$
$5xy - 5z$
$2{,}1cd + 2{,}1e^2$
$1{,}5 - 1{,}5z$
$\frac{1}{2}x^2 + \frac{1}{2}$

c) $5x + xy$
$7a - ab$
$ab + a^2$
$ab - ac$
$u^2 - uv$

d) $x + 3xy$
$a^2 - 4ab$
$6xy - 7yz$
$x^2y + 1{,}5y^2$
$\frac{2}{3}uv - \frac{1}{5}u$

e) $\frac{3}{7}y - \frac{3}{7}z$
$7u + 7$
$2{,}4x + x^2$
$u^2 + u$
$5xy - 6xz$

7. Klammere so weit wie möglich aus.

a) $7xy + 7xz$
$0{,}5a^2 - 0{,}5ab$
$\frac{3}{5}cd - \frac{3}{5}c$
$12xy + xyz$
$5a^2b - 3ab^2$

b) $3ab + 12bc$
$18xy - 9yz$
$24uv + 36vw$
$15a^2 - 25ab$
$24xy^2 + 18yz^2$

c) $20abc + 24ab$
$45a^2b - 36ab^2$
$48xyz - 72yz$
$24u^3v^2 + 18u^2v^2$
$\frac{3}{10}x^2 - \frac{9}{10}xy$

d) $ax + bx + cx$
$3a^2 + 7ab - 8ab^2$
$44ay^2 - 55by + 66cy^2$
$10u^2 - 25uv - 35u^3v^2$
$12a^3bx^2 - 30abx - 6ab^2x^2$

38

7.5 Auflösen und Setzen einer Minusklammer

Auflösen einer Minusklammer

Steht ein Minuszeichen vor einer Klammer, so heißt die Klammer **Minusklammer.**
Das Minuszeichen vor einer Klammer kann als Multiplikation mit (-1) aufgefasst werden.
Man löst eine Minusklammer auf, indem man jedes Glied der Klammer mit (-1) multipliziert.

$$
\begin{aligned}
(1)\quad -(2a + 3b) &= (-1) \cdot (2a + 3b) \\
&= (-1) \cdot 2a + (-1) \cdot 3b \\
&= -2a + (-3b) \\
&= -2a - 3b
\end{aligned}
\qquad
\begin{aligned}
(2)\quad -(3x - 5y) &= (-1) \cdot (3x - 5y) \\
&= (-1) \cdot 3x - (-1) \cdot 5y \\
&= -3x - (-5y) \\
&= -3x + 5y
\end{aligned}
$$

1.

a) $-(4 + a)$ b) $-(a + b)$ c) $-(3x + 7y)$ d) $-(3ab + 11cd)$ e) $-(4a + 5b - 7c)$
$-(b - 3)$ $-(x - y)$ $-(12u - 13v)$ $-(8a^2 - 13b^2)$ $-(17x - 9y - 12z)$
$-(-x + 5)$ $-(-r + s)$ $-(-5a + 3b)$ $-(-7x^2 + 8xy)$ $-(-8r + 9s - 6t)$
$-(-a + 7)$ $-(-c - d)$ $-(-2c - 4d)$ $-(-6rs - 9r^2)$ $-(-4c - 5d - 7e)$

Subtraktionsregel

Subtrahieren bedeutet das Addieren der Gegenzahl.
Die Gegenzahl erhält man durch Multiplikation mit (-1).

$$
\begin{aligned}
(1)\quad a - (b + c) &= a + (-1) \cdot (b + c) \\
&= a + (-b - c) \\
&= a - b - c
\end{aligned}
\qquad
\begin{aligned}
(2)\quad 5a - (7b - 3c) &= 5a + (-1) \cdot (7b - 3c) \\
&= 5a + (-7b + 3c) \\
&= 5a - 7b + 3c
\end{aligned}
$$

2.

a) $x - (y + z)$ b) $4a - (a - b)$ c) $9x - (4y + 5x)$ d) $12 - (4 - x + y)$
$a - (b - c)$ $7x - (-x + 3y)$ $7a - (12a - 6b)$ $a - (4a + b - 3c)$
$z - (6 - y)$ $9u - (-u - v)$ $11r - (-5r + 8s)$ $13x - (-y + 4x + 7)$
$r - (-s - t)$ $c - (8 + 3c)$ $17u - (-7u + 3v)$ $8r - (4s - 7t - 5r)$
$x - (-7 + y)$ $6r - (5s - 8r)$ $23c - (-9d + 8c)$ $29c - (-7d - 3c - 5e)$

3.

a) $(x - y) - (x + y)$ b) $(5 - x) - (x - 7)$ c) $(9x - 4y) - (5x + 8y)$
$(r + s) - (r - s)$ $(2a - 4) - (3a + 7)$ $(21a + 13b) - (-5a + 7b)$
$(c - d) - (c - d)$ $-(8 - s) + (s - 8)$ $-(4,8r + 2,4s) + (1,6s - 2,7r)$
$(x - y) - (-x - y)$ $-(4x - 7) - (10 - 3x)$ $\left(\frac{3}{4}u - \frac{4}{5}v\right) - \left(-\frac{1}{2}u - \frac{6}{5}v\right)$

4. Löse erst die Klammern auf und fasse dann zusammen.

a) $75x - (18x - 9y) - (3y - 4x)$ d) $6,4a + (2,6b - 3,8c) - (1,9b - 5,3c + 2,5a)$

b) $45a + (41a + 39b) - (8b + 52a)$ e) $8,7a^2 - (5,5b^2 - 1,3a^2) + (9,5b^2 + 7,6c^2)$

c) $72u - (26v - 18u) - (56u - 71v)$ f) $(50x + 69y) - (60y + 37x) + (53x - 9y)$

g) $(58a + 83b) - (43a - 37b) - (67b + 100a)$

h) $\left(\frac{1}{4}u + \frac{1}{2}v + \frac{1}{8}w\right) + \left(3\frac{1}{5}u - \frac{2}{5}v\right) - \left(\frac{3}{4}u - 5\frac{1}{6}w\right)$

i) $(21,6a + 19,7b) - (5,1c - 9,7b) - (10,4a - 11,1b - 14,9c)$

j) $(8,5x + 10,7y + 21,4z) - (3,6x - 0,4y - 9,7z) - (0,1x - 0,9y - 3,1z)$

k) $(7,5r - 4,3s - 9,1t) - (-5,2s + 3,8r - 2,4t) - (8,7t - 1,9s + 6,6r)$

l) $\left(\frac{3}{4}a + \frac{2}{3}b - \frac{4}{5}c\right) + \left(\frac{1}{3}b - \frac{5}{4}a + \frac{3}{5}c\right) - \left(-\frac{1}{5}c - \frac{5}{3}b - \frac{7}{4}a\right)$

Setzen einer Minusklammer

Das Setzen einer Minusklammer kann als Ausklammern des Faktors (-1) aufgefasst werden.

$$5a - 3b = (-1) \cdot (-5a) + (-1) \cdot 3b$$
$$= (-1)(-5a + 3b)$$
$$= -(-5a + 3b)$$

5. Setze den Term in eine Minusklammer.

a) $-4 - x$ **b)** $-a + b$ **c)** $x - a$ **d)** $-3a - 2b$ **e)** $4a + 5b - 6z$

$-a - b$ $-3 + x$ $r - s$ $-4x + 5y$ $x - 3{,}4 + y$

$-7y - 4$ $-6z + 2$ $8a - 5$ $7r - s$ $-\frac{2}{3}u + \frac{1}{5}v - \frac{5}{6}w$

7.6 Auflösen von zwei Klammern in einem Produkt

Auflösen von zwei Klammern in einem Produkt

Jedes Glied der einen Klammer wird mit jedem Glied der anderen Klammer multipliziert. Die Zeichen $+$ und $-$ werden nach der Vorzeichenregel bestimmt.

$$(a + b) \cdot (c + d) = a \cdot c + a \cdot d + b \cdot c + b \cdot d$$

1. Löse die Klammern auf.

a) $(a + b)(c - d)$ **b)** $(a + 3)(b + 8)$ **c)** $(3a - 2)(4b + 8)$ **d)** $(5a + 3b)(4c + 7d)$

$(a - b)(c - d)$ $(b + 5)(c - 3)$ $(4x - 5)(7z + 7)$ $(12u + 8v)(6x - 4y)$

$(x + y)(y + z)$ $(x - 8)(y - 4)$ $(11u + 6)(9 - 5v)$ $(5r - 2s)(3u + 4v)$

$(x + y)(y - z)$ $(y - 7)(4 - z)$ $(9y - 4)(5z - 1)$ $(3a - 4b)(5c - 6d)$

$(x - y)(y - z)$ $(-a - 6)(11 - b)$ $(2a - 10)(-b - 13)$ $(4a + 6b)(-2x - 7y)$

2. Löse erst die Klammern auf, fasse dann zusammen.

a) $(a - 4)(a + 5)$ **b)** $(a + 3b)(a + b)$

$(z + 7)(z - 6)$ $(3x + 2y)(x + 4y)$

$(x - 8)(x - 9)$ $(4u + 5v)(3u - 9v)$

$(10 - b)(7 + b)$ $(7a - 3b)(4a - 6b)$

$(1 - x)(x - 1)$ $(-x - 2y)(-x + y)$

> $(3a + 4b)(6a - 3b)$
> $= 3a \cdot 6a - 3a \cdot 3b + 4b \cdot 6a - 4b \cdot 3b$
> $= 18a^2 \quad - 9ab \quad + 24ab \quad - 12b^2$
> $= 18a^2 \quad + 15ab \quad - 12b^2$

c) $(3y + 7z)(5z + 4y)$ **d)** $(8a^2 + 3b)(5a^2 - 11b)$ **e)** $(7x^2 - 4y)(5x + 8y^2)$

$(4a + 5b)(9a - 3b)$ $(6x^2 - 8y)(7x^2 - 9y)$ $(4r^2 + 2s^2)(9r - 6s)$

$(6r - 7s)(4r + 3s)$ $(9u^2 - 7v^2)(5u^2 + 8v^2)$ $(3a^2 - 7b^2)(5b^2 - 4a^2)$

$(8u - 4v)(11v - 12u)$ $(15r^2 + 11s^2)(7r^2 + 2s^2)$ $(12u^2 - 13v^2)(8u^2 + 5v^2)$

$(\frac{1}{2}x - \frac{3}{2}y)(\frac{5}{4}x + \frac{3}{4}y)$ $(\frac{2}{3}a^2 - \frac{1}{4}b^2)(\frac{3}{5}b^2 - \frac{5}{6}a^2)$ $(0{,}3z - 1{,}2y^2)(0{,}7z^2 - 1{,}2y)$

3. **a)** $(a + b)(a^2 - ab + b^2)$ **b)** $(5a - 6b + 3c)(7a - 5c)$ **c)** $(2a + 3b - 5c)(15a - 12b)$

$(a - b)(a^2 - ab + b^2)$ $(10u - 5v + 8)(20u - 13v)$ $(6x^2 + 5x - 9)(3x^2 - 7x)$

$(2a + 3b)(5a - 6b + 1)$ $(a^2 + 4a - 2)(2a + 3)$ $(2y^2 + 3y - 4)(5y^2 - 7y)$

$(3x + 2y)(9x - 2y - 3z)$ $(2x^2 - 6x - 7)(4x^2 - 5)$ $(4 - 3b - 5b^2)(2 + 3b)$

40

4. **a)** $(7a + 4b)(6a - 5b) + (a - b)(3a - 2b)$ **e)** $(4a + 3c)(a - 3c) + (2a + 4c)(14a - 13c)$
     b) $(x + y)(x - 2y) - (16x + 20y)(5x + 9y)$ **f)** $(4y - 3z)(2y - 5z) - (3y + 7z)(4y - 3z)$
     c) $(3u + 4v)(9u + 6v) + (7u - 6v)(4v - u)$ **g)** $(6s - 7t)(11t - 3s) - (4s - 8t)(2t - 5s)$
     d) $(8s - 2r)(4r + s) - (9r + 11s)(12r - 3s)$ **h)** $(2u^2 - 3v^2)(9u + 8v) + (6u - 7v)(-4u^2)$

5. Klammere gemeinsame Faktoren aus.

> $2x(a + b) - 3y(a + b) = (a + b)(2x - 3y)$

     a) $5(7x - 3y) + 3a(7x - 3y)$ **b)** $a(2a + b) - 3ab(2a + b)$ **c)** $3(a - 4) - (a - 4)^2$
        $6a(u - 3) - 4b(u - 3)$ $12x^2(x - y) - 2x(x - y)$ $(x + y)^3 - (x + y)^2$
        $2x(x - 2) + x^2(x - 2)$ $a^2(-2b + c) + 3b^2(-2b + c)$ $x^2(x - y) + y^2(y - x)$
        $3c(2a + 3b) - 4d(2a + 3b)$ $3t(3u - 5v) + 7t^2(3u - 5v)$ $5c^2(a - b)^2 + (a - b)$

6. Schreibe als Produkt.

> $2x + xy + 2z + yz$
> $= x(2 + y) + z(2 + y)$
> $= (2 + y)(x + z)$

     a) $3a + 3b + xa + xb$ **d)** $2a^3 - 3a^2b + 6ab - 9b^2$
     b) $9ab + 3b + 6a + 2$ **e)** $2u^3 + 9v^2 - 3u^2v - 6uv$
     c) $5y - 2xy - 20 + 8x$ **f)** $8r^2 - 6rs + 4rs - 3s^2$

7.7 Anwendungen der binomischen Formeln

> **Binomische Formeln**
>
> (1) $(a + b)^2 = a^2 + 2ab + b^2$
> (2) $(a - b)^2 = a^2 - 2ab + b^2$
> (3) $(a + b)(a - b) = a^2 - b^2$

1. **a)** $(x + y)^2$ **b)** $(c + d)^2$ **c)** $(e + f)^2$ **d)** $(r + s)^2$
        $(x - y)^2$ $(c - d)^2$ $(e - f)^2$ $(r - s)^2$
        $(x + y)(x - y)$ $(c + d)(c - d)$ $(e - f)(e + f)$ $(r - s)(r + s)$

2. Wende die binomischen Formeln an.

> $(a + b)^2 = a^2 + 2 \cdot a \cdot b + b^2$
>
> $(x + 5)^2 = x^2 + 2 \cdot x \cdot 5 + 5^2$
> $ = x^2 + 10x + 25$

     a) $(b + 7)^2$ **b)** $(6 + y)^2$
        $(u - 2)^2$ $(4 - d)^2$
        $(r - 3)(r + 3)$ $(7 + c)(7 - c)$
        $(z - \frac{1}{2})^2$ $(\frac{3}{4} - a)^2$

3. Wende die binomischen Formeln an.

> $(a + b)^2 = a^2 + 2 \cdot a \cdot b + b^2$
>
> $(3x + 2y)^2 = (3x)^2 + 2 \cdot 3x \cdot 2y + (2y)^2$
> $ = 9x^2 + 12xy + 4y^2$

     a) $(3a + b)^2$ **c)** $(7 - 5a)^2$
        $(7x - y)^2$ $(12 + 3x)^2$
        $(5r - 6)(5r + 6)$ $(9 + 2z)(9 - 2z)$
        $(\frac{1}{2}r - \frac{3}{4})^2$ $(\frac{2}{3} - \frac{3}{2}y)^2$

     b) $(5a + 6b)^2$ **d)** $(5r - 4s)^2$ **e)** $(11x - 12y)(11x + 12y)$
        $(9y - 7z)^2$ $(10u + 7v)(7v - 10u)$ $(7r - 3s)^2$
        $(7a + 8b)^2$ $(4r + 3s)(4r - 3s)$ $(4a + \frac{1}{2}b)^2$
        $(\frac{1}{3}x + \frac{1}{5}y)^2$ $(0{,}3u - 0{,}4v)(0{,}3u + 0{,}4v)$ $(1{,}2c - 1{,}5d)^2$

4.

a) $(-4+x)^2$ b) $(-3x+2y)^2$ c) $(-6u-3v)^2$

$(a+(-7))^2$ $(-4a-5b)^2$ $(-4z+2y)^2$

$(-3-z)^2$ $(7r+(-3)s)^2$ $(9a-(-8)b)^2$

$(-5+a)^2$ $(-5c+6d)^2$ $(-5c-6d)^2$

$$(-3+a)^2 = (-3)^2 + 2\cdot(-3)\cdot a + a^2$$
$$= \quad 9 \quad - \quad 6a \quad + a^2$$

5.

a) $(a+b)^2 - c^2$ b) $9a^2 + (x-3y)^2$ c) $(a-b)^2 + (c+d)^2$ d) $(3a-2b)^2 - (7c+5d)^2$

$(a-b)^2 - c^2$ $1+(r+2s)^2$ $(a+b)^2 + (c-d)^2$ $(6x+5y)^2 + (4r-8s)^2$

$u^2 - (v+w)^2$ $7x^2 - (a-5b)^2$ $(a-b)^2 - (c+d)^2$ $(6r-7s)^2 + (a-2b)^2$

$x^2 - (y-z)^2$ $3-(u+7v)^2$ $(a+b)^2 - (c-d)^2$ $(9a+8b)^2 - (11x+12y)^2$

$a^2 + (b-c)^2$ $4u+(2a-3b)^2$ $(a-b)^2 - (c-d)^2$ $(5x-4y)^2 - (6a-7b)^2$

$r^2 + (s+t)^2$ $6y-(-x+4z)^2$ $(a-b)^2 + (c-d)^2$ $(7c+6d)^2 + (8a-9b)^2$

6. Wende erst binomische Formeln an. Fasse dann zusammen.

a) $(a+3)^2 - (a-1)^2$

$(5x-3y)^2 + (2x+y)^2$

$(3r-4s)^2 - (5s-2r)^2$

$(5a+6b)^2 + (7b+4a)^2$

c) $(9x-7y)^2 - (2x+3y)(2x-3y)$

$(12u+5v)(12u-5v) + (3u-8v)^2$

$(11a-12b)^2 + (9a-8b)^2$

$(9x-5y)^2 - (15y-16x)^2$

b) $(13r+11s)^2 - (15r-20s)^2$

$(8a+3b)^2 - (2+5a)(2-5a)$

$(7x-6y)(7x+6y) + (5x-9y)^2$

$(12u-14v)^2 + (13u-11v)^2$

d) $(6a-7b)^2 + (9b+12a)^2 - (4b-8a)^2$

$(5x+9y)(5x-9y) - (12y-13x)(12y+13x)$

$(8r+11s)^2 - (20r-25s)^2 - (3s-7r)^2$

$(17c-19d)^2 - (8c+7d)^2 + (2c-9d)(2c+9d)$

7. Faktorisiere mithilfe der dritten binomischen Formel.

$$a^2 \; - \; b^2 \; = (a\;+b)\;(a\;-\;b)$$
$$16x^2 - 25y^2 = (4x)^2 - (5y)^2 = (4x+5y)(4x-5y)$$

a) $r^2 - s^2$ b) $b^2 - 9$ c) $0{,}36 - a^2$ d) $a^2 - 4b^2$ e) $81x^2 - 64y^2$

$u^2 - v^2$ $d^2 - 1$ $x^2 - 1{,}44$ $9x^2 - v^2$ $225a^2 - 169b^2$

$c^2 - d^2$ $1 - a^2$ $r^2 - \frac{81}{25}$ $z^2 - 16x^2$ $25r^2 - 16s^2$

$y^2 - z^2$ $81 - x^2$ $\frac{9}{16} - c^2$ $u^2 - \frac{4}{9}w^2$ $0{,}09u^2 - 0{,}49v^2$

$b^2 - a^2$ $36 - y^2$ $0{,}81 - z^2$ $y^2 - \frac{25}{36}x^2$ $144c^2 - 121d^2$

8. Wende die erste oder zweite binomische Formel an.

$$a^2 + 2\cdot a\cdot b + b^2 = (a+b)^2$$
$$x^2 + 12x + 36 = x^2 + 2\cdot x\cdot 6 + 6^2 = (x+6)^2$$

a) $u^2 + 2uv + v^2$ b) $x^2 + 10x + 25$ c) $9a^2 + 6ab + b^2$ d) $36a^2 - 48ab + 16b^2$

$c^2 - 2cd + d^2$ $r^2 - 8r + 16$ $64y^2 - 16yz + z^2$ $16r^2 + 24rs + 9s^2$

$a^2 + 2a\cdot 8 + 64$ $z^2 + 6z + 9$ $x^2 + 8xz + 16z^2$ $49x^2 - 70xy + 25y^2$

$z^2 - 2z\cdot 12 + 144$ $y^2 - 14y + 49$ $r^2 - 16rs + 64s^2$ $81x^2 - 144xy + 64y^2$

$y^2 - 2y\cdot 7 + 49$ $a^2 + 12a + 36$ $4z^2 - 4yz + y^2$ $4a^2 + 40ab + 100b^2$

$36 - 2\cdot 6b + b^2$ $81 - 18z + z^2$ $36r^2 + 12rs + s^2$ $36r^2 + 36rs + 9s^2$

$25 + 2\cdot 5u + u^2$ $\frac{4}{9} + \frac{4}{3}c + c^2$ $a^2 - 10ab + 25b^2$ $0{,}16a^2 + 0{,}48ab + 0{,}36b^2$

$r^2 - 2\cdot 9r + 81$ $c^2 - 14c + 49$ $c^2 + 6cd + 9d^2$ $25c^2 + 80cd + 64d^2$

$9 + 2\cdot 3x + x^2$ $4 + 4d + d^2$ $49y^2 - 14yx + x^2$ $144z^2 - 360zy + 225y^2$

8 Lösen linearer Gleichungen und Ungleichungen

8.1 Umformungsregeln für Gleichungen

Additions- und Subtraktionsregel

Addiert oder subtrahiert man auf beiden Seiten der Gleichung dieselbe Zahl, so ändert sich die Lösungsmenge nicht.

$$-7\left(+7\left(\quad \begin{array}{c} x - 7 = 13 \end{array}\quad\right)+7\right)-7$$
$$x - 7 + 7 = 13 + 7$$
$$x = 20$$
$$L = \{20\}$$

Multiplikations- und Divisionsregel

Multipliziert (dividiert) man beide Seiten einer Gleichung mit derselben Zahl (durch dieselbe Zahl) ungleich 0, so ändert sich die Lösungsmenge nicht.

$$\cdot 5\left(:5\left(\quad \begin{array}{c} 5x = 35 \end{array}\quad\right):5\right)\cdot 5$$
$$5x : 5 = 35 : 5$$
$$x = 7$$

---

1. Welche Regel ist bei der Umformung angewendet worden?

a) $x - 6 = 18$
$x = 24$

b) $x + 5 = 17$
$x = 12$

c) $3x = 27$
$x = 9$

d) $\frac{1}{5}x = 4$
$x = 20$

2. Bestätige die Umformungsregeln anhand folgender Tabelle. Setze 0, 1, 2, 3, 4 für x.

x	$2 \cdot x = 6$	w | f	$2 \cdot x + 1 = 6 + 1$	w | f	$2 \cdot x - 3 = 6 - 3$	w | f	$8 \cdot x = 24$
0	$2 \cdot 0 = 6$	f	$2 \cdot \blacksquare + 1 = 6 + 1$		$2 \cdot \blacksquare - 3 = 6 - 3$		$8 \cdot \blacksquare = 24$
1	$2 \cdot \blacksquare = 6$		$2 \cdot \blacksquare + 1 = 6 + 1$				
2	$2 \cdot \blacksquare = 6$		$2 \cdot \blacksquare + 1 = 6 + 1$		$2 \cdot \blacksquare - 3 = 6 - 3$		$8 \cdot \blacksquare = 24$

8.2 Lineare Gleichungen ohne Klammern

1. Bestimme die Lösungsmenge. Mache auch die Probe.

a) $x + 7 = 10$
$x + 11 = 11$
$x + 25 = 9$
$x + 0{,}6 = 1{,}3$
$x + \frac{1}{8} = \frac{3}{8}$
$x + \frac{2}{3} = \frac{1}{6}$

b) $x - 6 = 18$
$x - 13 = -25$
$x - 5 = -5$
$x - 2\frac{1}{2} = 5\frac{3}{4}$
$x - 12{,}5 = 45{,}7$
$x - \frac{5}{6} = \frac{1}{3}$

$$\begin{aligned} 3x - 7 &= 8 && | +7 \\ 3x - 7 + 7 &= 8 + 7 && | \text{Termumformung (T)} \\ 3x &= 15 && | :3 \\ 3x : 3 &= 15 : 3 && | \text{T} \\ x &= 5 \end{aligned}$$
Lösungsmenge: $L = \{5\}$

2. a) $4x = 48$

$7x = -56$

$-6x = 42$

$-11x = -88$

$0,9 \cdot x = 8,1$

b) $\frac{1}{6}x = 3$

$\frac{1}{7}x = -5$

$-\frac{1}{3}x = 7$

$-\frac{1}{4}x = -12$

$\frac{1}{5}x = \frac{7}{10}$

c) $y - 7 = 19$

$z + 3 = 42$

$5u = -55$

$\frac{1}{2}v = \frac{3}{4}$

$-4r = -32$

d) $a + 9 = 4$

$\frac{2}{3}z = \frac{4}{5}$

$-\frac{7}{9}y = -\frac{14}{3}$

$r - 3,4 = -1,1$

$\frac{3}{4}x = -\frac{5}{8}$

3. a) $3x + 11 = 20$
b) $9x - 7 = 11$
c) $8x + 9 = 41$
d) $15 + 7x = 15$
e) $6x - 5 = 31$
f) $17 - 2x = 27$

g) $5x + 43 = 13$
h) $4x - 56 = -16$
i) $19 - 4x = -9$
j) $\frac{1}{2}x + 6 = 10$
k) $-8x + 30 = 6$
l) $\frac{1}{5}x - 5 = -12$

m) $10 - \frac{1}{3}x = 6$
n) $5 - 12x = 5$
o) $-5x - 3 = 7$
p) $11x + 8 = 19$
q) $\frac{1}{3}x - 3 = 0$
r) $17 - 9x = 26$

s) $8x + 17 = 21$
t) $15 - 4x = 12$
u) $3x - 7 = -9$
v) $-3x + 12 = 13$
w) $5x - 3 = 1$
x) $6x + 11 = 16$

4. a) $7 - y = 3$
b) $15 - z = 0$

c) $2y - 5 = 17$
d) $72 - 8b = 64$

e) $11 - 3r = 2$
f) $5 = 4a - 19$

g) $7\frac{3}{4} - u = 1\frac{1}{2}$
h) $3,3 - v = 1,6$

5. Bestimme die Lösungsmenge.

a) $2x + 7x = 45$
b) $13x + 2x = 60$
c) $2,9x + 1,4x = 21,5$
d) $5x - 3x = 18$
e) $1\frac{3}{4}x + \frac{1}{2}x = 18$
f) $11x = 4x + 35$

$$
\begin{aligned}
10x &= 5x + 40 && \mid -5x \\
10x - 5x &= 5x + 40 - 5x && \mid T \\
5x &= 40 && \mid :5 \\
5x : 5 &= 40 : 5 \\
x &= 8 \\
L &= \{8\}
\end{aligned}
$$

g) $9x = 39 - 4x$
h) $17x = 75 - 8x$
i) $45x = 16x - 87$

j) $8x + 3 = 5x + 24$
k) $11x + 6 = 5x + 54$
l) $21x + 17 = 2x + 72 + 8x$

m) $7x + 18 + 20x = 93 + 16x - 4x$
n) $2,4x + 31,5 = 0,5x + 69,5$
o) $12\frac{5}{6}x + 18\frac{1}{2} = 3\frac{1}{3}x + 28$

8.3 Lineare Gleichungen mit Klammern

1. Bestimme die Lösungsmenge. Mache auch die Probe.

a) $16x + 19 = 5(4 + 3x)$
b) $13x + 10 = 2(6x + 7)$
c) $3(17 + 8x) = 70x - 87$
d) $5(2x + 17) = 7x + 112$
e) $25 + 13(x + 4) = 4x + 122$
f) $15 + 7(8 + 3x) = 15x + 182$
g) $5(2x + 15) - 9x = 69$
h) $3(7 - 2x) + 7x = 20$
i) $13x + 4(5 - 3x) = 18$
j) $7x + (x + 8) \cdot 3 = 4x$
k) $(3x + 2) \cdot 2 - 6x = 4$
l) $(5x - 3) \cdot 4 - 8x = 0$
m) $(12x + 7) \cdot 3 + 5x = 7$
n) $(2 - 3x) \cdot 8 + 4x = 6$
o) $(15x - 2) \cdot 3 + 6x = -23$

$$
\begin{aligned}
8(6 - 2x) + 41 &= 9 && \mid \text{Klammern auflösen} \\
48 - 16x + 41 &= 9 && \mid \text{zusammenfassen} \\
89 - 16x &= 9 && \mid -89 \\
-16x &= -80 && \mid :(-16) \\
x &= 5 \\
L &= \{5\}
\end{aligned}
$$

p) $4(y - 3) - 2y = 5(3y + 1)$
q) $7(2z + 1) + 5z = 3(8z - 3)$
r) $18 + 5(3x - 2) = 2(7x + 1)$
s) $(13x - 5) \cdot 5 + 21 = (3 + 8x) \cdot 8$
t) $12a + 6(4 - 7a) = 9(2a + 4)$
u) $4x - 15(x - 1) = 2(6 - 3x)$
v) $(4x - 3) \cdot 5 - 6x = -4(5 + 9x)$

2.
a) $12 - (5 - x) = 10$
b) $18 - (16 - x) = 1$
c) $11x - 6(2x - 1) = 14$
d) $14x - (8 + 3x) \cdot 5 = 0$
e) $3(9x - 5) - 7(4x - 3) = 8$
f) $5(7x + 15) - 2(17x + 25) = 20$
g) $3(5 - 16x) - 7(9 - 7x) = 0$
h) $6(5 + 6x) - (5x + 6) \cdot 7 = 3$
i) $23x - 7(3x - 2) = x + 2$
j) $26x - 5(5x + 10) = x - 50$
k) $85x - (5 + 9x) \cdot 9 = 3x - 5$
l) $6(5x - 4) - 3(10x + 2) = 10$
m) $18 + 5(3x - 2) = 2(7x + 1)$
n) $(13x - 5) \cdot 5 = (3 + 8x) \cdot 8 - 21$
o) $5(9x - 8) - (8 + 3x) \cdot 15 = 13$
p) $5(x + 9) - 7(x - 9) = 11(x - 2)$

$$
\begin{aligned}
32 + 9x &= x - (2x + 8) &&| \text{ Minusklammern auflösen} \\
32 + 9x &= x - 2x - 8 &&| \text{ zusammenfassen} \\
32 + 9x &= -x - 8 &&| + x \\
32 + 10x &= -8 &&| - 32 \\
10x &= -40 &&| : 10 \\
x &= -4 \\
L &= \{-4\}
\end{aligned}
$$

q) $8(x - 1) - 3(x - 8) = 2(5 + x)$
r) $3(2x + 5) - 4(x - 5) = x + 5$
s) $5(7x - 6) - 9(8x - 3) = 2(8 - 9x)$
t) $7(z - 5) - 6(2 - 3z) = 12(z + 1)$
u) $(12y + 3) \cdot 4 - (9 - 7y) \cdot 5 = 8(3y - 5)$
v) $6(5a - 1) - 13(2a + 5) = 2(7 - 2a)$
w) $5(2c + 3) - 12(6 - c) = 11(4c + 7)$

3.
a) $100 + (x - 1) + (2x - 3) + (3x - 4) = 101 + (5x + 5)$
b) $(13x - 1) + (14x + 2) - (12x - 3) = (8x - 1) + (6x + 8)$
c) $2(3x - 12) - 6(5x - 37) + 3(7x + 16) = 10(2x + 4) + 2(6x - 37)$
d) $13 - (7x - 9) + (23x - 11) - (18x + 19) = 3x - (2x + 13)$
e) $525 - 3(2x - 3) + 3x = 7(3x - 21) + 42(3x - 1) - 4(x + 5) + 13$
f) $2 - 5(9x - 4) + 3(1 - 5x) + 12x - 6(x - 4) - 2(5 - 6x) = 46$
g) $25y - 1,5(4y - 7) - 2(5y + 8) = 30,5 + 2,5(2y - 8)$
h) $12(8z + 7) - 5(16z - 3) = 18(4z + 3) + 31$
i) $4,8(1,5a - 0,8) + 1,2(3,5a - 1,3) - 5(4,8a - 3,6) = 0$

4.
a) $(x + 5)(x - 4) = x^2 - 15$
b) $(8 - x)(x + 7) = 52 - x^2$
c) $(x - 3)(x + 2) = x^2 - 5$
d) $(x + 6)(x + 2) = x^2 + 7x + 15$
e) $(x - 4)(x - 7) = x^2 - 10x + 30$
f) $(x - 1)(x + 6) = x^2 + 4x + 4$
g) $(x + 3)(x + 5) - (x + 1)(x + 6) - 8 = 0$
h) $(x - 8)(x + 14) + 1 = (x + 3)(x + 2)$
i) $(x + 10)(x - 7) - (x + 1)(x + 3) = 2$

$$
\begin{aligned}
(x + 7)(x - 4) &= x^2 + 2 &&| \text{ Klammern auflösen} \\
x^2 - 4x + 7x - 28 &= x^2 + 2 &&| \text{ zusammenfassen} \\
x^2 + 3x - 28 &= x^2 + 2 &&| - x^2 \\
3x - 28 &= 2 &&| + 28 \\
3x &= 30 &&| : 3 \\
x &= 10 \\
L &= \{10\}
\end{aligned}
$$

5.
a) $(x - 3)^2 = x^2 - 3(x + 1)$
b) $(x + 1)^2 = x^2 + x + 6$
c) $x^2 + 1 = (x - 1)^2 + 3$
d) $(x + 2)^2 - (x - 4)^2 = 11x - 8$
e) $(x - 3)^2 + (x + 1)^2 + (3x - 5) = 2x^2$
f) $(x^2 - 4) + (2x - 1)^2 + (3x + 5) = 5x^2$
g) $(z - 4)^2 - (z + 8)^2 + 23z + 45 = 0$
h) $(a + 5)^2 - (a + 6)^2 + a + 14 = 0$

6.
a) $(x + 1)^2 + (x + 4)^2 = (x + 2)^2 + (x + 3)^2 - 2x$
b) $(z + 4)^2 - (z + 2)^2 + 2z = (z + 5)^2 - (z + 3)^2$
c) $2(y - 1)^2 - (y + 1)^2 = (y - 7)^2$
d) $(4x + 3)^2 + (3x + 5)^2 = (5x + 6)^2 + 10$
e) $(2z - 3)^2 + (6z + 1)^2 = (4z - 2)^2 + 2(12z^2 - 13)$
f) $(2y + 1)^2 - (3y - 2)^2 - 3 = (y - 3)^2 - (4y - 1)^2 + 10y^2$
g) $(x + 5)(x - 5) + (x - 2)^2 = (x + 5)^2 + (x^2 + 52)$
h) $9z(z + 5) - (3z + 2)(3z - 2) = (2z - 7)^2 - (2z + 5)(2z - 5) + 3$

8.4 Lineare Ungleichungen

Additions- und Subtraktionsregel

Addiert oder subtrahiert man auf beiden Seiten einer Ungleichung dieselbe Zahl, so ändert sich die Lösungsmenge nicht.

$$-3\left(+3\left(\begin{array}{c} x-3<12 \\ x-3+3<12+3 \end{array}\right)+3\right)-3$$
$$x<15$$
$$L=\{x\,|\,x<15\}$$

Multiplikations- und Divisionsregel

(1) Multipliziert (dividiert) man beide Seiten einer Ungleichung mit derselben *positiven* Zahl (durch dieselbe *positive* Zahl), so ändert sich die Lösungsmenge nicht.

$$\cdot 4\left(:4\left(\begin{array}{c} 4x>48 \\ 4x:4>48:4 \end{array}\right):4\right)\cdot 4$$
$$x>12$$
$$L=\{x\,|\,x>12\}$$

(2) Multipliziert (dividiert) man beide Seiten mit einer *negativen* Zahl, so ändert sich die Lösungsmenge nicht, wenn man außerdem die Ungleichheitszeichen umdreht.

$$\cdot(-3)\left(:(-3)\left(\begin{array}{c} -3x<27 \\ (-3x):(-3)>27:(-3) \end{array}\right):(-3)\right)\cdot(-3)$$
$$x>-9$$
$$L=\{x\,|\,x>-9\}$$

1.
a) $x+8>12$ b) $x-7<3$ c) $4x<24$ d) $\frac{1}{2}x>15$ e) $-3x<36$

$x+4<7$ $\qquad$ $x-12>6$ $\qquad$ $8x>96$ $\qquad$ $\frac{1}{4}x>-11$ $\qquad$ $-\frac{1}{5}x>4$

$x+5<1$ $\qquad$ $x-3>-5$ $\qquad$ $5x<-35$ $\qquad$ $\frac{1}{3}x<13$ $\qquad$ $-6x<-42$

$a+9>6$ $\qquad$ $z-6<-4$ $\qquad$ $7y>-56$ $\qquad$ $\frac{1}{8}c<-9$ $\qquad$ $-\frac{1}{6}r>-8$

2.
a) $2x+5>17$ f) $5x-6>14$ k) $\frac{1}{4}x+7>8$

b) $4x+2<18$ g) $9x-13>14$ l) $10-\frac{1}{4}y>11$

c) $3{,}2x+4>13{,}6$ h) $6-11x<50$ m) $-3z+8<29$

d) $3x+\frac{1}{2}>6\frac{1}{4}$ i) $3-4x>7$ n) $4a+13>16$

e) $4x-6<14$ j) $12x-2<6$ o) $5-3x<-4$

$3x-7<11$	$\mid +7$
$3x-7+7<11+7$	$\mid$ T
$3x<18$	$\mid :3$
$3x:3<18:3$	$\mid$ T
$x<6$	
$L=\{x\,|\,x<6\}$	

3.
a) $5x+2x<21$ e) $11x<66+5x$ i) $12y-15>40+7y$

b) $8x+3x<44$ f) $5x+24>-7x$ j) $5x+7<8x-4$

c) $2{,}4x+0{,}7x>62$ g) $7x+11<5x+15$ k) $3z-6>9z+7$

d) $4\frac{1}{3}x+2\frac{1}{3}x>13\frac{1}{3}$ h) $18z-10<3z+5$ l) $2y-5<7y-8$

4.
a) $5(7-2x)+22x<59$

b) $8(3x-5)-25x>5$

c) $5x+3(5-2x)>12$

d) $13x+2(7-6x)>11$

e) $4(7x-8)-3(13+9x)>2$

f) $(3x+2)\cdot 2-6x<4$

$5(x-3)+8(x+1)>45$	$\mid$ Auflösen der Klammern
$5x-15+8x+8>45$	$\mid$ zusammenfassen
$13x-7>45$	$\mid +7$
$13x>52$	$\mid :13$
$x>4$	
$L=\{x\,|\,x>4\}$	

5.
a) $23-(5-x)<12$ c) $7>11-(15+x)$ e) $12x-7(x+2)<36$

b) $23-(5+x)>12$ d) $\frac{3}{4}-(\frac{1}{2}-x)<\frac{1}{2}$ f) $75-12(13-5x)>39$

9 Umformen gebrochenrationaler Terme (Bruchterme)

9.1 Bruchterme

Terme wie $\dfrac{7}{x-3}$, $\dfrac{x+3}{x(x+2)}$, $\dfrac{2x+y}{x-y}$ heißen **Bruchterme** (kurz: *Brüche*).

Bruchterme sind definiert, falls der Nenner ungleich 0 ist.

Der Term $\dfrac{7}{x-3}$ ist für $x \neq 3$ definiert, weil dann der Nenner ungleich 0 ist.

Der Term $\dfrac{x+3}{x(x+2)}$ ist definiert für $x \cdot (x+2) \neq 0$, also für ($x \neq 0$ und $x \neq -2$).

Der Term $\dfrac{2x+y}{x-y}$ ist definiert für $x \neq y$.

---

1. Schreibe alle Quotienten als Bruch.

    a) $(a:7) \cdot (b:4)$ **b)** $(a+3):(b-4)$ **c)** $(x:3):(y:5)$

$$a:(b+c) = \frac{a}{b+c}$$

2. Schreibe alle Brüche als Quotienten.
   Beachte: Bruchstrich ersetzt Klammern.

    a) $\dfrac{x}{8} + \dfrac{y}{7}$ **b)** $\dfrac{5(x+y)}{7(x-y)}$ **c)** $\dfrac{x^2+y^2}{7}$ **d)** $\dfrac{a+b}{x-y}$

$$\frac{x+y}{z} = (x+y):z$$

3. Gib eine (möglichst) einfache Bedingung dafür an, dass der Term definiert ist.

    a) $\dfrac{8}{a+5}$ **c)** $\dfrac{0,5}{x+y}$ **e)** $\dfrac{x^2}{x(y-x)}$ **g)** $\dfrac{x^2-2xy+y^2}{x^2+2xy+y^2}$ **i)** $\dfrac{z}{z^2-25}$

    b) $\dfrac{-7}{2y-4}$ **d)** $\dfrac{4y+3x}{3x-3y}$ **f)** $\dfrac{3r}{(r-s)^2}$ **h)** $\dfrac{a}{a^2-b^2}$ **j)** $\dfrac{a-b}{a^2-ab}$

9.2 Kürzen und Erweitern von Bruchtermen

Erweitern bedeutet Zähler und Nenner eines Bruches mit derselben (von 0 verschiedenen) Zahl zu multiplizieren: $\dfrac{a}{b} = \dfrac{a \cdot c}{b \cdot c}$ (für $b \neq 0$, $c \neq 0$)

Kürzen bedeutet Zähler und Nenner eines Bruches durch dieselbe (von 0 verschiedene) Zahl zu dividieren: $\dfrac{a}{b} = \dfrac{a:c}{b:c}$ (für $b \neq 0$, $c \neq 0$)

---

1. Erweitere den Bruch $\dfrac{x}{y}$ mit

$$\frac{x}{y} = \frac{7x}{7y} \quad (y \neq 0)$$

    a) 5;   **b)** y;   **c)** $-x$;   **d)** 2x;   **e)** y^2;   **f)** 2xy;   **g)** $x+y$.

2. Erweitere den Bruch $\frac{3a}{7b}$ mit   **a)** 6;   **b)** -5;   **c)** b;   **d)** 20a;   **e)** $4b^2$;   **f)** $6a^2b$.

3. Erweitere den Bruch $\frac{7r+4s}{5r-3s}$ mit   **a)** 7;   **b)** 4r;   **c)** 9s;   **d)** $2r-s$;   **e)** $3r+4s$.

4. Bringe $\frac{a}{b}$ auf den Nenner   **a)** 3b;   **b)** $7b^2$;   **c)** $9a^2b$;   **d)** $3b(a-b)$;   **e)** $5b^2(2a-7b)$.

5. Bringe $\frac{3x}{7y}$ auf den Nenner   **a)** 28y;   **b)** 35y;   **c)** $7y^2$;   **d)** $28x^2y$;   **e)** $49x^2y^2$.

6. Bringe $\frac{6x-7y}{3x-2y}$ auf den Nenner   **a)** $9x-6y$;   **b)** $a(3x-2y)$;   **c)** $x^2(3x-2y)$.

7. Bringe den Bruch auf den Nenner $27x^2 - 27y^2$.

    a) $\frac{x+y}{x-y}$ **b)** $\frac{x-y}{x+y}$ **c)** $\frac{4xy}{3x^2-3y^2}$ **d)** $\frac{5y^2}{9(x^2-y^2)}$ **e)** $\frac{7x^3}{3x+3y}$

8. Mache die Brüche gleichnamig.

    a) $\frac{3x}{a}; \frac{7a}{5}$ **b)** $\frac{7y}{2z}; \frac{9x}{5z}$ **c)** $\frac{5x}{8r^2}; \frac{11y}{12r^2}$ **d)** $\frac{13}{2xy^2}; \frac{5}{2x^2y}$ **e)** $\frac{2x}{9a^2b}; \frac{4y}{15ab^2}$

9. Kürze den Bruch so weit wie möglich.

    a) $\frac{8x}{12y}$ **d)** $\frac{3z}{-z}$ **g)** $\frac{5a^2}{2a}$ **j)** $\frac{6a^2b^2c}{15abc}$

    b) $\frac{11a}{3a}$ **e)** $\frac{9a}{12ab}$ **h)** $\frac{-8y^2z^2}{6yz^2}$ **k)** $\frac{6{,}5r^2s}{2{,}6rs^2}$

    c) $\frac{6y}{y}$ **f)** $\frac{10rs}{-15rt}$ **i)** $\frac{21xyz}{42xyz^2}$ **l)** $\frac{27x^2yz^2}{45xy^2z}$

> $\dfrac{24x^2y}{36xy^2} = \dfrac{2x}{3y}$
> $(x \neq 0, y \neq 0)$
> Kürzungszahl: 12xy

10. **a)** $\frac{xy(a-b)}{3yx(r+s)}$ **c)** $\frac{6(x-y)}{7(x-y)}$ **e)** $\frac{12(x+y)^2}{18(x+y)}$ **g)** $\frac{3(4r-6s)}{7(4r-6s)}$ **i)** $\frac{ab^2(x-y)}{ab^2(x-y)}$

    b) $\frac{3(a+b)}{5(a+b)}$ **d)** $\frac{4(a-b)}{5(b-a)}$ **f)** $\frac{10(a-b)^2}{15(b-a)}$ **h)** $\frac{45a^2(x+y)}{5a(x+y)}$ **j)** $\frac{14xr^2a(y-3z)}{35x^2ra^2(y-3z)}$

11. Kürze; hier muss vorher ausgeklammert werden.

    a) $\frac{4a-4b}{12}$ **h)** $\frac{3a^2}{8a^2b^2-5a^2}$ **o)** $\frac{z^2+z}{z^2-z}$

    b) $\frac{20}{5x+5y}$ **i)** $\frac{2x}{x^2+xy}$ **p)** $\frac{2c+6d}{8c+24d}$

    c) $\frac{27}{18r-9s}$ **j)** $\frac{ab^2-a^2b}{5ab}$ **q)** $\frac{9a-36b}{3a-12b}$ **v)** $\frac{8a^3-40a^2}{6a^2-30a}$

    d) $\frac{24c+30d}{18}$ **k)** $\frac{21xyz+77y^2z}{7(3x+11y)}$ **r)** $\frac{az+bz}{ay+by}$ **w)** $\frac{40xy-24x^2}{27x^2-45xy}$

    e) $\frac{20ab+35ac}{15a}$ **l)** $\frac{35ab-100a}{5(7b-20)}$ **s)** $\frac{7x-14}{28x-56}$ **x)** $\frac{ab^2-b^2}{a^2b-ab}$

    f) $\frac{18xy-14xz}{20x}$ **m)** $\frac{4r^2+12r}{r+3}$ **t)** $\frac{3a^2-3b^2}{9a^2-9b^2}$ **y)** $\frac{14rs+21r^2}{18rs+12s^2}$

    g) $\frac{15rs-20rt}{25r}$ **n)** $\frac{a-5}{7a^2-35a}$ **u)** $\frac{12x^2+12y^2}{5x^2+5y^2}$ **z)** $\frac{10ax-15bx}{14ay-21by}$

> $\dfrac{6ax+18ay}{3bx+9by} = \dfrac{6a(x+3y)}{3b(x+3y)} = \dfrac{2a}{b}$
> $(b \neq 0, x+3y \neq 0)$
> Kürzungszahl: $3(x+3y)$

48

12. Kürze; hier muss vorher eine binomische Formel angewandt werden.

$$\frac{x^2 + 2xy + y^2}{y(x+y)} = \frac{(x+y)^2}{y(x+y)} = \frac{x+y}{y} \quad (y \neq 0,\ x \neq -y)$$

a) $\dfrac{a+3}{a^2 + 6a + 9}$

d) $\dfrac{b^2 - 36}{b^2 - 12b + 36}$

b) $\dfrac{x^2 - 10x + 25}{x - 5}$

e) $\dfrac{a^2 - b^2}{a^2 - 2ab + b^2}$

g) $\dfrac{yz - 5z}{y^2 - 10y + 25}$

i) $\dfrac{13a^2 - 26a + 13}{39(a - 1)}$

c) $\dfrac{z^2 - 16}{2(z + 4)}$

f) $\dfrac{x^2 - y^2}{y - x}$

h) $\dfrac{11x^2 - 22xy + 11y^2}{11(x - y)^2}$

j) $\dfrac{25x^2 - 25y^2}{5x - 5y}$

9.3 Addition und Subtraktion von Bruchtermen

Addieren (Subtrahieren) gleichnamiger Brüche

Man addiert (subtrahiert) gleichnamige Brüche, indem man die Zähler addiert (subtrahiert) und den gemeinsamen Nenner beibehält.

$$\frac{a}{c} + \frac{b}{c} = \frac{a+b}{c} \quad (\text{für } c \neq 0); \qquad \frac{a}{c} - \frac{b}{c} = \frac{a-b}{c} \quad (\text{für } c \neq 0)$$

Ungleichnamige Brüche werden zunächst gleichnamig gemacht.

---

1. a) $\dfrac{5x}{9} + \dfrac{6x}{9}$

b) $\dfrac{9}{x} - \dfrac{11}{x} - \dfrac{7}{x}$

$$\frac{4a}{5x^2} - \frac{7a}{5x^2} + \frac{5a}{5x^2} = \frac{4a - 7a + 5a}{5x^2} = \frac{2a}{5x^2} \quad (x \neq 0)$$

$\dfrac{41a}{11} - \dfrac{12a}{11}$

$\dfrac{45}{a^2} - \dfrac{22}{a^2} - \dfrac{7}{a^2}$

$\dfrac{23z}{7} + \dfrac{19z}{7} - \dfrac{8z}{7}$

$\dfrac{17}{3z} + \dfrac{29}{3z} - \dfrac{13}{3z}$

c) $\dfrac{3b}{5a} - \dfrac{b}{5a} + \dfrac{7b}{5a}$

d) $\dfrac{6x}{9y} + \dfrac{8x}{9y} - \dfrac{5x}{9y}$

$\dfrac{37r^2}{15} - \dfrac{8r^2}{15} - \dfrac{9r^2}{15}$

$\dfrac{31}{xy} + \dfrac{14}{xy} - \dfrac{27}{xy}$

$\dfrac{3y^2}{12z} - \dfrac{5y^2}{12z} - \dfrac{7y^2}{12z}$

$\dfrac{9y}{7a^2} + \dfrac{8y}{7a^2} - \dfrac{22y}{7a^2}$

$\dfrac{29x^3}{21} + \dfrac{5x^3}{21} - \dfrac{44x^3}{21}$

$\dfrac{5}{x^3} - \dfrac{2}{x^3} - \dfrac{7}{x^3}$

$\dfrac{6s}{-3r} + \dfrac{12s}{-3r} + \dfrac{3s}{-3r}$

$\dfrac{23z^2}{6c^2} - \dfrac{7z^2}{6c^2} - \dfrac{4z^2}{6c^2}$

2. a) $\dfrac{x+y}{4} + \dfrac{x-y}{4}$

b) $\dfrac{12a - 5b}{3} + \dfrac{7a + 4b}{3}$

c) $\dfrac{2a + b}{4x} - \dfrac{a - 3b}{4x}$

$\dfrac{a+b}{3} - \dfrac{a-b}{3}$

$\dfrac{18r + 19s}{4} - \dfrac{14r + 15s}{4}$

$\dfrac{5x}{9rs} - \dfrac{2x - 7y}{9rs}$

$\dfrac{z+7}{-2} + \dfrac{3}{-2} - \dfrac{z-5}{-2}$

$\dfrac{5z}{11} - \dfrac{2z - 3}{11} + \dfrac{7 - 3z}{11}$

$\dfrac{9y - 5z}{13a} - \dfrac{7y - 9z}{13a} - \dfrac{y - 2z}{13a}$

$\dfrac{5r+s}{-5} - \dfrac{r+s}{-5} + \dfrac{r - 5s}{-5}$

$\dfrac{(x+y)^2}{15} + \dfrac{(x-y)^2}{15} - \dfrac{x^2 - y^2}{15}$

$\dfrac{5x + 9y}{3z^2} + \dfrac{3x - 4y}{3z^2} - \dfrac{7x + 5y}{3z^2}$

$\dfrac{a + 3b}{7} - \dfrac{2a - 5b}{7} - \dfrac{7b - 4a}{7}$

$\dfrac{(a-1)^2}{5} - \dfrac{(a+1)^2}{5} - \dfrac{a^2 - 1}{5}$

$\dfrac{7r + 5s}{4ab} - \dfrac{9s - 6r}{4ab} + \dfrac{11r + 8s}{4ab}$

3. a) $\dfrac{30}{x+y} + \dfrac{18}{x+y}$

b) $\dfrac{8x}{z-5} - \dfrac{4 + 3x}{z-5}$

$$\frac{6x}{a-b} - \frac{9x}{a-b} = \frac{6x - 9x}{a-b} = \frac{-3x}{a-b} = -\frac{3x}{a-b}$$
$$(a - b \neq 0)$$

$\dfrac{13}{a-b} - \dfrac{19}{a-b}$

$\dfrac{8a + 3b}{a+b} + \dfrac{3a - b}{a+b}$

4.

a) $\dfrac{11}{3r-s}+\dfrac{7}{3r-s}$

b) $\dfrac{2x^2-5z}{a^2-b^2}-\dfrac{x^2-10z}{a^2-b^2}$

c) $\dfrac{8a+6b}{x^2-y^2}-\dfrac{7a-5b}{x^2-y^2}+\dfrac{a+10b}{x^2-y^2}$

$\dfrac{12}{3a+2b}-\dfrac{5}{3a+2b}$

$\dfrac{7r+3s}{5x-7y}+\dfrac{4s-10r}{5x-7y}$

$\dfrac{37r^2-8r-1}{r-1}+\dfrac{5-7r^2-14r}{r-1}-\dfrac{3-20r+29r^2}{r-1}$

5.

a) $\dfrac{x}{3}-\dfrac{y}{5}$

b) $\dfrac{7}{x}+\dfrac{5}{y}$

$\boxed{\dfrac{5a}{8x}+\dfrac{9b}{4y}=\dfrac{5ay}{8xy}+\dfrac{9b\cdot2x}{8xy}=\dfrac{5ay+18bx}{8xy}\quad(x\neq0,\;y\neq0)}$

$\dfrac{a}{7}+\dfrac{b}{2}$

$\dfrac{3}{a^2}-\dfrac{2}{b^2}$

$\dfrac{3x}{4}+\dfrac{4y}{3}-\dfrac{5z}{8}$

$\dfrac{6}{x}-\dfrac{8}{y}+\dfrac{9}{z}$

c) $\dfrac{2x}{3y}+\dfrac{3y}{2z}+\dfrac{4z}{5x}$

d) $\dfrac{a}{x^2}+\dfrac{b}{2x}-\dfrac{c}{8x}$

$\dfrac{4r}{12}-\dfrac{5s}{18}+\dfrac{7t}{36}$

$\dfrac{2}{5a}-\dfrac{3}{4b}+\dfrac{4}{3c}$

$\dfrac{3x}{18bc}-\dfrac{4y}{9ac}+\dfrac{7z}{8ab}$

$\dfrac{9r}{2y^3}-\dfrac{8s}{3y^2}-\dfrac{7t}{9y}$

6.

a) $\dfrac{x-y}{2}+\dfrac{x+4}{3}$

b) $\dfrac{2a+1}{a}+\dfrac{2a+3}{b}$

c) $\dfrac{2b-3c}{25b}-\dfrac{c+b}{15c}$

$\dfrac{9a-4b}{3}-\dfrac{2a+5b}{4}$

$\dfrac{3x+2y}{x}-\dfrac{4x-5y}{y}$

$\dfrac{5(a-x)}{12ax}+\dfrac{3(b+y)}{27by}$

$\dfrac{9r-8s}{12}+\dfrac{5s-4r}{16}-\dfrac{r-s}{8}$

$\dfrac{9a-8b}{a}-\dfrac{4a^2-9b^2}{ab}-\dfrac{3a-5b}{b}$

$\dfrac{4x+3z}{3y}-\dfrac{3y+2z}{2x}+\dfrac{5x-7y}{4z}$

$\dfrac{2y+1}{8}-\dfrac{3y-5}{3}+\dfrac{4y-7}{12}$

$\dfrac{9y-4z}{x}-\dfrac{5z+8x}{y}+\dfrac{7x-6y}{z}$

$\dfrac{5r-6s}{4a}-\dfrac{9s+7r}{8a^2}-\dfrac{11r+8s}{6a^3}$

7.

a) $\dfrac{2}{x+y}+\dfrac{3}{x-y}$

$\boxed{\begin{aligned}\dfrac{2x+3y}{x-y}-\dfrac{6x-5y}{x+y}&=\dfrac{(2x+3y)\,(x+y)}{(x-y)\,(x+y)}-\dfrac{(6x-5y)\,(x-y)}{(x+y)\,(x-y)}\\&=\dfrac{(2x^2+2xy+3xy+3y^2)-(6x^2-6xy-5xy+5y^2)}{x^2-y^2}\\&=\dfrac{2x^2+2xy+3xy+3y^2-6x^2+6xy+5xy-5y^2}{x^2-y^2}\\&=\dfrac{-4x^2+16xy-2y^2}{x^2-y^2}\end{aligned}}$

$\dfrac{2}{r+5}-\dfrac{1}{r-7}$

b) $\dfrac{5x}{3y+4z}+\dfrac{5}{3y}$

$\dfrac{9c}{c-5}-\dfrac{8c}{c+5}$

c) $\dfrac{2x+3y}{3a-3b}+\dfrac{3x+4y}{2a-2b}$

$\boxed{(x\neq y,\;x\neq-y)}$

$\dfrac{4r-5s}{3r-s}-\dfrac{3r+s}{4r+5s}$

8.

a) $\dfrac{1}{a+1}-\dfrac{1}{a+2}+\dfrac{1}{a+3}$

b) $\dfrac{3a}{x+y}-\dfrac{2axy}{x^2-y^2}-\dfrac{5a}{x-y}$

c) $\dfrac{3a-b}{a+1}+\dfrac{2a+b}{a-1}-\dfrac{b-a}{a+3}$

$\dfrac{1}{x-y}+\dfrac{3}{x+y}-\dfrac{2}{x^2-y^2}$

$\dfrac{5r}{r+2}-\dfrac{4r}{r+1}+\dfrac{3r}{r+4}$

$\dfrac{z-3}{z+3}-\dfrac{z-4}{z+4}+\dfrac{3-2z}{z^2+7z+12}$

9.

a) $x+\dfrac{y}{3}+\dfrac{z}{3}$

b) $\dfrac{(a+b)^2}{4ab}+1$

$\boxed{8x+\dfrac{y^2}{2x}=\dfrac{8x\cdot2x}{2x}+\dfrac{y^2}{2x}=\dfrac{16x^2+y^2}{2x}\quad(x\neq0)}$

$a-\dfrac{b}{x}+\dfrac{c}{x}$

$\dfrac{x^2+y^2}{x-y}-(x+y)$

$15a-\dfrac{13ab}{7b}+\dfrac{21ab}{7b}$

$\dfrac{r^2+rs+s^2}{r-s}-(r+s)$

c) $2+\dfrac{5a}{3a+2b}$

$\dfrac{11xy}{5x}-\dfrac{8xy}{5x}-2y$

$(a-b)+\dfrac{a^2-ab+b^2}{a+b}$

$x-\dfrac{(x+y)^2}{4x}$

9.4 Multiplikation von Bruchtermen

Regel über die Multiplikation von Brüchen

Brüche werden multipliziert, indem man Zähler mit Zähler und Nenner mit Nenner multipliziert:

$$\frac{a}{b} \cdot \frac{c}{d} = \frac{a \cdot c}{b \cdot d} \quad \text{(für } b \neq 0, \, d \neq 0\text{)}$$

---

1. a) $\dfrac{2}{7} \cdot \dfrac{3}{x}$ **b)** $\dfrac{2x}{3y} \cdot \dfrac{y}{x}$

$\boxed{\dfrac{9a}{5b} \cdot \dfrac{25ab}{12c} = \dfrac{9a \cdot 25ab}{5b \cdot 12c} = \dfrac{3a \cdot 5a}{4c} = \dfrac{15a^2}{4c} \quad (b \neq 0, \, c \neq 0)}$

$\dfrac{5}{x} \cdot \dfrac{2}{y}$ $\qquad$ $\dfrac{3x}{5y} \cdot \dfrac{7a}{9b}$

$\dfrac{a}{7} \cdot \dfrac{8}{c}$ $\qquad$ $\dfrac{9a}{11b} \cdot \dfrac{5a}{12b}$ $\qquad$ **c)** $\dfrac{a}{b} \cdot \left(-\dfrac{c}{d}\right) \cdot \dfrac{b}{f}$ $\qquad$ **d)** $\dfrac{44s}{27r^2} \cdot \dfrac{3r}{5s^2} \cdot \dfrac{15tu}{11rs}$

$\dfrac{y}{x} \cdot \dfrac{y}{x}$ $\qquad$ $\dfrac{14xy}{15rs} \cdot \dfrac{10as}{7by}$ $\qquad$ $\dfrac{4a}{3b^2} \cdot \dfrac{5b}{16a^2} \cdot \dfrac{2}{35ab}$ $\qquad$ $\dfrac{2a^2}{3x^2y} \cdot \dfrac{5xy}{6ab} \cdot \dfrac{9a^2b}{10x^2y^2}$

$\dfrac{a}{b} \cdot \left(-\dfrac{x}{y}\right)$ $\qquad$ $\dfrac{5a^2}{y} \cdot \left(-\dfrac{z}{2a}\right)$ $\qquad$ $\dfrac{3a}{8b} \cdot \dfrac{6b^2}{9a^2} \cdot \dfrac{2a}{5b}$ $\qquad$ $\dfrac{a^2b^2c^3}{x^4y^2z^3} \cdot \dfrac{x^5y^3z^4}{ab^5c^3} \cdot \dfrac{b^2c^4}{xyz}$

$\left(-\dfrac{r}{s}\right)\left(\dfrac{y}{z}\right)$ $\qquad$ $\left(-\dfrac{6x}{z}\right)\left(\dfrac{z^2}{9x^2}\right)$ $\qquad$ $\dfrac{x}{10} \cdot \dfrac{6y^2}{z} \cdot \dfrac{5z^2}{9y}$ $\qquad$ $\dfrac{-x^2}{12y} \cdot \dfrac{-2xy}{3z^2} \cdot \dfrac{9yz}{-x^4}$

---

2. a) $\left(\dfrac{a}{4}\right)^2$ **b)** $\left(\dfrac{3a}{b}\right)^2$ **c)** $\left(\dfrac{4xy}{9a}\right)^2$ **d)** $\left(\dfrac{-5ab}{-7rs}\right)^2$ $\qquad$ $\boxed{\left(\dfrac{5x}{7}\right)^2 = \dfrac{5x}{7} \cdot \dfrac{5x}{7} = \dfrac{25x^2}{49}}$

$\left(\dfrac{3}{x}\right)^2$ $\qquad$ $\left(\dfrac{-x}{5z}\right)^2$ $\qquad$ $\left(\dfrac{6xy}{-7ab}\right)^2$ $\qquad$ $\left(\dfrac{-7xy}{3rs}\right)^2$

$\left(\dfrac{-c}{5}\right)^2$ $\qquad$ $\left(\dfrac{2r}{7s}\right)^2$ $\qquad$ $\left(\dfrac{4rs}{9yz}\right)^2$ $\qquad$ $\left(\dfrac{5az}{-2bx}\right)^2$ $\qquad$ **e)** $\left(\dfrac{-8cd}{3uv}\right)^2$

---

3. a) $\dfrac{3}{x+y} \cdot \dfrac{x+y}{5}$ **b)** $\dfrac{3a+6b}{15c} \cdot \dfrac{21d}{a+2b}$ $\qquad$ $\boxed{\begin{array}{l}\dfrac{a+b}{x-y} \cdot \dfrac{a-b}{x+y} = \dfrac{(a+b)\cdot(a-b)}{(x-y)\cdot(x+y)} = \dfrac{a^2-b^2}{x^2-y^2} \\[2mm] (x \neq y, \, x \neq -y)\end{array}}$

$\dfrac{8x}{a+b} \cdot \dfrac{9a+9b}{84y^2}$ $\qquad$ $\dfrac{9a-63b}{ab} \cdot \dfrac{cd}{7b-a}$

$\dfrac{7a}{x+y} \cdot \dfrac{x^2-y^2}{5ab}$ $\qquad$ $\dfrac{24}{x^2+2xy+y^2} \cdot \dfrac{x+y}{16}$ $\qquad$ **c)** $\dfrac{4a-3b}{x-3y} \cdot \dfrac{5x-15y}{36a-27b}$ $\qquad$ **d)** $\dfrac{x^2-2x}{x^2-3x} \cdot \dfrac{(x-3)^2}{x^2-4}$

$\dfrac{a-b}{a+b} \cdot \dfrac{a^2+ab}{a^2-b^2}$ $\qquad$ $\dfrac{a^3-9a}{a^3b-ab^3} \cdot \dfrac{a^2b+ab^2}{a+3}$ $\qquad$ $\dfrac{1-a^2}{x^2-y^2} \cdot \dfrac{x-y}{1-a}$ $\qquad$ $\dfrac{49r^2-1}{(a-b)^2} \cdot \dfrac{a^2-b^2}{7r-1}$

---

4. Kürze, bevor du rechnest. Wende, wenn möglich, eine binomische Formel an. $\qquad$ $\boxed{\dfrac{3a}{5b} \cdot 7b = \dfrac{3a \cdot 7b}{5b} = \dfrac{3a \cdot 7}{5} = \dfrac{21a}{5} \quad (b \neq 0)}$

a) $\dfrac{5}{a^2} \cdot 7$ **b)** $\dfrac{4a}{12z} \cdot 60z^2$ **c)** $\dfrac{7a}{x+y} \cdot (x+y)^2$ **d)** $\dfrac{2x+3y}{2x-3y} \cdot (4x^2-9y^2)$

$\dfrac{3x}{11} \cdot 6$ $\qquad$ $\dfrac{3x}{16y} \cdot (-4z)$ $\qquad$ $\dfrac{3(a-b)}{11(a+b)} \cdot 33(a+b)^2$ $\qquad$ $\dfrac{2ab}{45(a^2-b^2)} \cdot 9(a+b)$

$4 \cdot \dfrac{2a}{3b}$ $\qquad$ $12b^2 \cdot \left(-\dfrac{8a}{11b}\right)$ $\qquad$ $(x+3) \cdot \dfrac{y^2z}{x^2-9}$ $\qquad$ $8(25y^2-4z^2) \cdot \dfrac{3(5y+2z)}{5y-2z}$

51

5. a) $\left(\dfrac{3x}{7a} - \dfrac{3y}{5a^2} - \dfrac{4z}{21}\right) \cdot 35a^2$

  c) $\left(\dfrac{x}{2x - 3y} + \dfrac{y}{2x - 3y}\right) \cdot (4x^2 - 9y^2)$

$\left(\dfrac{5}{3x} + \dfrac{3}{y} + \dfrac{7}{2z}\right) \cdot 12xyz$

$(5r + 4s) \cdot \left(\dfrac{3rs}{25r^2 - 16s^2} - \dfrac{5t}{25r^2 - 16s^2}\right)$

b) $15xyz \cdot \left(\dfrac{x}{3y} - \dfrac{y}{5z} - \dfrac{z}{6x}\right)$

  d) $\dfrac{20x^2}{3y^2} \cdot \left(\dfrac{9y^2}{8x^2} - \dfrac{6y^2}{25x} + 3\right)$

$\left(\dfrac{a}{3a - 3b} - \dfrac{b}{2a - 2b}\right) \cdot 6(a^2 - b^2)$

$\left(\dfrac{5a}{12xy} - \dfrac{13b}{16xy} - \dfrac{14c}{3xz}\right) \cdot \dfrac{48xyz}{35a}$

6. a) $\left(\dfrac{x}{3} + \dfrac{y}{3}\right)\left(\dfrac{9}{x} - \dfrac{8}{y}\right)$ **b)** $\left(\dfrac{a^2}{8} + \dfrac{a}{6} - \dfrac{1}{3}\right)\left(\dfrac{24}{a^2} - \dfrac{9}{a}\right)$ **c)** $\left(\dfrac{1}{a} + \dfrac{1}{b}\right)^2$

$\left(\dfrac{a}{2} + \dfrac{b}{3}\right)\left(\dfrac{1}{a} - \dfrac{1}{b}\right)$ $\left(\dfrac{z^3}{27y} - \dfrac{z^2}{2y^2} - \dfrac{5z}{6y^3}\right)\left(\dfrac{54}{z^2} + \dfrac{4}{z}\right)$ $\left(\dfrac{a}{3} - \dfrac{b}{5}\right)^2$

$\left(\dfrac{a^2}{16} - \dfrac{b^2}{9}\right)\left(\dfrac{4}{a} + \dfrac{3}{b}\right)$ $\left(\dfrac{a^3}{z^3} - \dfrac{a^2}{z^2} + \dfrac{a}{z} - 1\right)\left(\dfrac{z^3}{a^3} + \dfrac{z}{a}\right)$ $\left(\dfrac{2x}{3y} - \dfrac{5a}{4b}\right)^2$

9.5 Division von Bruchtermen

Regel über die Division von Brüchen

Durch einen Bruch wird dividiert, indem man mit dem Kehrwert des Bruches multipliziert.
Den Kehrwert eines Bruches erhält man durch Vertauschen von Zähler und Nenner:

$\dfrac{a}{b} : \dfrac{c}{d} = \dfrac{a}{b} \cdot \dfrac{d}{c} = \dfrac{a \cdot d}{b \cdot c}$ $(b \neq 0, c \neq 0, d \neq 0)$

---

1. a) $\dfrac{x}{2} : \dfrac{3}{5}$ **b)** $\dfrac{2a}{3b} : \dfrac{c}{6}$ **c)** $\dfrac{a^2}{b^2} : \dfrac{a}{b}$

$\dfrac{3x^2}{2y^2} : \dfrac{5x}{7y} = \dfrac{3x^2}{2y^2} \cdot \dfrac{7y}{5x} = \dfrac{3x^2 \cdot 7y}{2y^2 \cdot 5x} = \dfrac{21x}{10y}$

$(y \neq 0, x \neq 0)$

$\dfrac{2}{3} : \dfrac{y}{7}$ $\dfrac{2x}{3y} : \dfrac{5a}{11b}$ $\dfrac{4x^2}{5y^2} : \dfrac{3x}{2y}$

$\dfrac{3}{r} : \dfrac{5}{s}$ $\dfrac{6a}{7x} : \dfrac{12a}{21x}$ $\dfrac{6a^3b^2}{11x^2y^3} : \dfrac{9a^2b}{55xy^2}$ **d)** $\dfrac{4}{(x + y)^2} : \dfrac{2}{x + y}$

$\dfrac{a}{x} : \dfrac{y}{2}$ $\dfrac{12ab}{65rs} : \dfrac{24b}{91r}$ $\dfrac{51x^3y^2}{26rs^2} : \dfrac{34x^5y^7}{91r^4s^5}$ $\dfrac{3c}{a^2 - b^2} : \dfrac{5d}{a + b}$

2. a) $7 : \dfrac{a}{b}$ **b)** $x : \dfrac{3}{7}$ **c)** $27a : \dfrac{9}{13}$ **d)** $8a^2b : \dfrac{16b}{a}$

$6x : \dfrac{3x^2}{5y} = \dfrac{6x}{1} : \dfrac{3x^2}{5y}$

$= \dfrac{6x}{1} \cdot \dfrac{5y}{3x^2}$

$9 : \dfrac{2z}{3}$ $y : \dfrac{4}{x}$ $21x : \dfrac{7x}{y}$ $r^3s^4 : \dfrac{r^3s^3}{t}$

$= \dfrac{6x \cdot 5y}{1 \cdot 3x^2}$

$11 : \dfrac{3r}{4s}$ $a : \dfrac{b}{c}$ $24z : \dfrac{18z}{5y}$ $70x^6y^5z^4 : \dfrac{14x^4y^3z^2}{3}$

$= \dfrac{10y}{x}$

$12 : \dfrac{4x}{5y}$ $r : \dfrac{2r}{4s}$ $36r : \dfrac{12r}{7s}$ $9x^2y^3 : \dfrac{3xy^2}{5}$

$(x \neq 0, y \neq 0)$

3. a) $(x - y)^2 : \dfrac{7}{x + y}$ **b)** $(a + b) : \dfrac{a^2 - b^2}{3c}$ **c)** $(r + s)^2 : \dfrac{r^2 - s^2}{r^2 + s^2}$

52

4. a) $\dfrac{16a}{11b} : 8$ **b)** $\dfrac{7x^2}{5y} : x$ **c)** $\dfrac{x^2}{3} : xy$ **d)** $\dfrac{20a^3b^2}{9c} : 15a^2b^2$

$\dfrac{27x}{7y} : 18$ $\dfrac{12a^2b}{5c} : 4a$ $\dfrac{72xy}{11z} : 24ax$ $\dfrac{24r^3s^3}{13} : 18r^2s^2$

$\dfrac{6z^2}{4x} : 15$ $\dfrac{25r^2s^2}{7t} : 5r$ $\dfrac{11a^2b}{7} : 3ab$ $\dfrac{65x^4y^6}{7z^2} : 39x^2y^4$

$\dfrac{5r}{7s^2} : 4s$ $\dfrac{18x^2y}{3z} : 6y$ $\dfrac{15xy^2}{4z} : 10xy$ $\dfrac{48y^5z^3}{5x^2} : 32y^2z$

$$\dfrac{14a^2}{5b} : 7a = \dfrac{14a^2}{5b} : \dfrac{7a}{1}$$
$$= \dfrac{14a^2}{5b} \cdot \dfrac{1}{7a}$$
$$= \dfrac{14a^2 \cdot 1}{5b \cdot 7a}$$
$$= \dfrac{2a}{5b}$$
$$(a \neq 0, \; b \neq 0)$$

5. a) $\dfrac{5x(a+b)}{4} : (a+b)$ **b)** $\dfrac{34(a+b)^2}{d} : 17(a+b)$ **c)** $\dfrac{14(x+y)}{z} : 7(x^2 - y^2)$

6. a) $\left(\dfrac{1}{x} : \dfrac{1}{y}\right) : \dfrac{1}{z}$ **c)** $\dfrac{a}{b} : \left(\dfrac{c}{d} : \dfrac{e}{f}\right)$ **e)** $\left(\dfrac{3x}{2y} : \dfrac{5y}{6x}\right) : \dfrac{3x^2}{8y^2}$ **g)** $\left(\dfrac{xyz}{a} : x\right) : y$

b) $\left(\dfrac{a}{b} : \dfrac{c}{d}\right) : \dfrac{e}{f}$ **d)** $\left(\dfrac{1}{a} : \dfrac{1}{a^2}\right) : \dfrac{1}{a^3}$ **f)** $\dfrac{4x^2y}{5z^3} : \left(\dfrac{6x^3}{z} : \dfrac{30x^3y}{7z^4}\right)$ **h)** $\left(\dfrac{ab}{c} : 2a\right) : 3b$

7. a) $\left(\dfrac{24ab}{39x} - \dfrac{96ac}{25y} + \dfrac{60bc}{17z}\right) : 12ab$ **c)** $\left(\dfrac{15a^3}{28xy} - \dfrac{20a^2}{21x^2}\right) : \left(-\dfrac{5a}{7x}\right)$

b) $(22xy + 33xz - 55yz) : \dfrac{11xyz}{23a}$ **d)** $\left(-\dfrac{15xy}{8ab} - \dfrac{25xy^2}{12a^2b} + \dfrac{5x^2y^2}{16a^2b}\right) : \dfrac{25xy}{6ab}$

8. a) $\dfrac{4}{(x-y)^2} : \dfrac{2}{x+y}$ **c)** $\dfrac{4-z^2}{x^2-1} : \dfrac{2+z}{x-1}$ **e)** $\dfrac{(a+5)^2}{a-2} : \dfrac{a+5}{a^2-4}$

b) $\dfrac{3a}{a^2-b^2} : \dfrac{5c}{a+b}$ **d)** $\dfrac{x^2-4x}{5-x} : \dfrac{3x-12}{x-5}$ **f)** $\dfrac{r^2-4s^2}{9x^2-4} : \dfrac{2s-r}{-(3x+2)}$

9. Beachte: Einen Doppelbruch kann man auch als Quotient schreiben.

a) $\dfrac{a + \frac{a}{5}}{a}$ **c)** $\dfrac{1}{z + \frac{1}{z}}$ **e)** $\dfrac{x + \frac{2}{3}}{\frac{x}{6}}$ **g)** $\dfrac{a + \frac{a}{b}}{\frac{a}{2b}}$

b) $\dfrac{x}{1 + \frac{1}{x}}$ **d)** $\dfrac{a - \frac{b}{c}}{d}$ **f)** $\dfrac{1}{x - \frac{x}{y}}$ **h)** $\dfrac{\frac{a}{b} - \frac{c}{2b}}{\frac{d}{4b}}$

10. a) $\dfrac{x^2 - xy}{3xy + 3y^2} : \left(\dfrac{3x^2 - 3xy}{2x^3 + 4x^2y + 2xy^2} : \dfrac{x^2 - 4xy + 4y^2}{4x^3 + 4x^2y}\right)$

b) $\left(\dfrac{x^2 + xy}{xy - y^2} \cdot \dfrac{r^2 + rs}{rs - s^2}\right) : \left(\dfrac{x^2 + xs}{yr - ys} \cdot \dfrac{xs - ys}{xr + yr}\right)$

c) $\dfrac{a^2}{2a^2 - 2a} \cdot \dfrac{a+1}{a^3} - \dfrac{a^2 + 2a}{3a^2 - 3} \cdot \dfrac{a+1}{a}$

d) $\dfrac{x - 3y}{x^2 - y^2} \cdot \dfrac{x+y}{x} + \dfrac{3xy - y^2}{x^2 - 2xy + y^2} : \dfrac{y^2}{x-y}$

10 Bruchgleichungen und Bruchungleichungen

10.1 Lösen von Bruchgleichungen, die auf lineare Gleichungen führen

Die Gleichungen $\frac{x}{3} + \frac{x}{5} = 8$, $\frac{8}{x} + \frac{1}{2x} = 10$, $\frac{3}{3x+4} + 1 = \frac{x+5}{x+2}$ heißen **Bruchgleichungen**, weil auf mindestens einer Seite des Gleichheitszeichens ein Bruchterm auftritt.

$$\frac{x+1}{2} + \frac{x-1}{3} = 5 \qquad \Big| \cdot 6$$

Multiplikation mit einem gemeinsamen Nenner
Ziel: „Brüche weg!"

$$3(x+1) + 2(x-1) = 30 \qquad | \ T \quad \text{(Klammern auflösen)}$$
$$3x + 3 + 2x - 2 = 30 \qquad | \ T \quad \text{(zusammenfassen)}$$
$$5x + 1 = 30 \qquad | -1$$
$$5x = 29 \qquad | :5$$
$$x = \tfrac{29}{5} = 5\tfrac{4}{5}$$
$$L = \left\{5\tfrac{4}{5}\right\}$$

1.
a) $\frac{x}{12} = 7$
c) $\frac{5x}{8} = 15$
e) $\frac{7x}{8} = \frac{49}{64}$
g) $\frac{x}{3} + 4 = 12$
i) $\frac{x+8}{12} = 2$

b) $\frac{z}{3} = 14$
d) $\frac{4y}{5} = -20$
f) $-\frac{3u}{7} = \frac{33}{35}$
h) $11 - \frac{2z}{7} = 15$
j) $\frac{2y+14}{15} = 16$

2.
a) $\frac{x}{2} - \frac{x}{5} = 12$
e) $\frac{9z}{14} + \frac{4z}{21} = 35$
i) $\frac{9y}{10} - \frac{4y}{5} = \frac{3y}{4} - 13$
m) $\frac{16}{9} - \frac{4a}{3} = \frac{10a}{12} - 4$

b) $\frac{x}{3} - \frac{x}{4} = 3$
f) $\frac{3y}{8} - \frac{2y}{5} = \frac{3}{4}$
j) $\frac{x}{2} + \frac{x}{3} + \frac{x}{8} = 23$
n) $\frac{5z}{3} - 1 = \frac{7z}{5}$

c) $\frac{x}{4} - \frac{x}{6} = \frac{1}{2}$
g) $\frac{4x}{3} + \frac{2}{3} = 5x - \frac{1}{4}$
k) $\frac{x}{2} - \frac{2x}{5} - \frac{2x}{15} = 21$
o) $\frac{9y}{2} + \frac{7}{2} = 14y - 6$

d) $\frac{3x}{8} - \frac{x}{6} = 5$
h) $\frac{5x}{6} + \frac{3}{10} = \frac{2x}{5} - 1$
l) $\frac{x}{4} + \frac{2}{3} = \frac{x}{5} + 5$
p) $\frac{5r}{2} - \frac{r}{18} - \frac{r}{12} = 17$

3.
a) $\frac{x+4}{6} - \frac{x}{10} = 2$
e) $\frac{7x+3}{5} = \frac{5x+23}{10}$
i) $\frac{6y+1}{6} + \frac{23+3y}{8} = 2$

b) $\frac{x}{3} + \frac{x-5}{7} = 5$
f) $\frac{22x-7}{12} = \frac{8x+7}{5}$
j) $\frac{x-9}{3} + \frac{3x-4}{4} = \frac{2x+3}{3}$

c) $\frac{x}{6} - \frac{x-8}{8} = 2$
g) $\frac{x-3}{6} - \frac{x+2}{8} = 6$
k) $\frac{7x-5}{2} - \frac{3x+5}{5} = \frac{5x-3}{2}$

d) $\frac{x+2}{24} = \frac{x-3}{16}$
h) $\frac{5x+12}{6} - \frac{7x-9}{15} = 7$
l) $\frac{3z-19}{5} = \frac{35-z}{4} + \frac{2z-25}{3}$

In der Bruchgleichung $\dfrac{5}{x-1} = \dfrac{6}{x+2}$ tritt die Variable x im Nenner auf.

Der Term $\dfrac{5}{x-1}$ ist für x = 1 und der Term $\dfrac{6}{x+2}$ für x = −2 *nicht* definiert.

Die Zahlen 1 und −2 scheiden also von vornherein als Lösungen aus. Wir führen die Umformung daher unter der folgenden allgemeinen Annahme durch:

Sei x ≠ 1 und x ≠ −2.

$$\dfrac{5}{x-1} = \dfrac{6}{x+2} \quad \Big| \cdot (x-1)(x+2) \qquad \text{(Multiplikation mit einem gemeinsamen Nenner;}$$
$$\text{Ziel: ,,Brüche weg!``)}$$

$$\dfrac{5(x-1)(x+2)}{x-1} = \dfrac{6(x-1)(x+2)}{x+2} \quad \Big| \; T \quad \text{(Kürzen)}$$

$$\begin{aligned} 5(x+2) &= 6(x-1) \quad &&\big| \; T \quad \text{(Ausmultiplizieren)}\\ 5x + 10 &= 6x - 6 \quad &&\big| -6x\\ -x + 10 &= -6 \quad &&\big| -10\\ -x &= -16 \quad &&\big| \cdot (-1)\\ x &= 16\\ L &= \{16\} \end{aligned}$$

4. a) $\dfrac{1}{x} + 5 = 7$ **d)** $\dfrac{6}{y} - \dfrac{1}{2} = \dfrac{1}{4}$ **g)** $\dfrac{4}{5u} + \dfrac{1}{10} = \dfrac{5}{6u}$ **j)** $\dfrac{3}{2a} + \dfrac{5}{3a} = \dfrac{7}{4}$

b) $\dfrac{3}{z} - 8 = 12$ **e)** $\dfrac{5}{2x} - \dfrac{5}{6} = \dfrac{2}{x}$ **h)** $\dfrac{1}{x} - \dfrac{1}{3} = \dfrac{1}{12x} + \dfrac{9}{8}$ **k)** $\dfrac{1}{4} + \dfrac{7}{2x} = \dfrac{12}{2x} + \dfrac{3}{8}$

c) $\dfrac{22}{x} - \dfrac{3}{5} = \dfrac{1}{2}$ **f)** $\dfrac{3}{4x} - \dfrac{1}{3} = \dfrac{2}{3x}$ **i)** $\dfrac{1}{y} + \dfrac{1}{3y} = \dfrac{4}{9}$ **l)** $\dfrac{1}{8} - \dfrac{12}{x} = \dfrac{3}{4} - \dfrac{7}{x}$

5. a) $\dfrac{12}{x+2} = 1$ **d)** $\dfrac{5}{x+8} = \dfrac{1}{x}$ **g)** $\dfrac{5}{x+2} = \dfrac{4}{x+1}$ **j)** $\dfrac{x}{x-3} = \dfrac{x+12}{x}$

b) $\dfrac{15}{x-3} = 4$ **e)** $\dfrac{3}{5y+7} = \dfrac{1}{2y}$ **h)** $\dfrac{13}{3x+5} = \dfrac{16}{5x-3}$ **k)** $\dfrac{4x}{3x+5} = \dfrac{8x-5}{6x}$

c) $\dfrac{4}{7z-5} = \dfrac{1}{11}$ **f)** $\dfrac{4}{11x-65} = \dfrac{3}{5x}$ **i)** $\dfrac{3}{5+y} = \dfrac{2}{5-y}$ **l)** $\dfrac{2x-3}{4x-9} = \dfrac{5x+6}{10x}$

6. a) $\dfrac{2}{x} - \dfrac{1}{x-1} = \dfrac{1}{x+2}$ **c)** $\dfrac{1}{y-2} + \dfrac{1}{y+1} = \dfrac{2}{y-1}$ **e)** $\dfrac{3}{3z-1} + \dfrac{4}{2z+1} = \dfrac{12}{4z+1}$

b) $\dfrac{6}{x} - \dfrac{5}{x-2} = \dfrac{1}{x-1}$ **d)** $\dfrac{3}{x+1} + \dfrac{4}{x-1} = \dfrac{7}{x-2}$ **f)** $\dfrac{2}{4x+5} + \dfrac{1}{2x-3} = \dfrac{5}{5x-2}$

7. a) $\dfrac{x}{x+7} + \dfrac{x-4}{x-5} = 2$ **d)** $\dfrac{x+11}{x+8} + \dfrac{2x+15}{x+10} = 3$ **g)** $\dfrac{x}{x-4} - \dfrac{x}{x+4} = \dfrac{40}{x^2-16}$

b) $\dfrac{x-7}{x+7} + \dfrac{x+10}{x-3} = 2$ **e)** $\dfrac{5x+2}{x-2} - \dfrac{x-6}{x+6} = 4$ **h)** $\dfrac{z+1}{z-2} - \dfrac{z-1}{z+2} = \dfrac{18}{z^2-4}$

c) $\dfrac{z-10}{z-7} = 2 - \dfrac{z+3}{z-3}$ **f)** $\dfrac{4y-1}{y-1} + \dfrac{2y+9}{y+3} = 6$ **i)** $\dfrac{2x-3}{2x+3} - \dfrac{2x+3}{2x-3} = \dfrac{48}{4x^2-9}$

8. Löse nach x auf.

a) $\dfrac{x}{a} + f = c$ **c)** $\dfrac{ax-b}{c} = \dfrac{dx-e}{f}$ **e)** $\dfrac{1}{x} + \dfrac{1}{ax} + \dfrac{1}{bx} = c$

b) $\dfrac{x-c}{d} = 1$ **d)** $\dfrac{ax+bc}{b} + \dfrac{dx-e}{f} = c$ **f)** $\dfrac{a}{x} + \dfrac{2}{bx} + \dfrac{3}{cx} = d$

10.2 Lösen von Bruchungleichungen

$\frac{x+2}{x-3} > 0$ ist eine **Bruchungleichung**.

Allgemeine Annahme: Sei $x \neq 3$.
Multiplizieren wir beide Seiten mit $x - 3$, so müssen wir zwei Fälle unterscheiden:

1. Fall: $x - 3 > 0$, also $x > 3$:
Bei Multiplikation mit $x - 3$ dreht sich dann das Größer-Zeichen nicht um.

$\frac{x+2}{x-3} > 0 \quad | \cdot (x-3)$

$\frac{(x+2)(x-3)}{x-3} > 0 \quad |$ Kürzen

$x + 2 > 0 \quad | -2$

$x > -2$

Wegen der Voraussetzung $x > 3$ gilt also insgesamt: $x > 3$

2. Fall: $x - 3 < 0$, also $x < 3$:
Bei der Multiplikation mit $x - 3$ dreht sich dann das Größer-Zeichen um.

$\frac{x+2}{x-3} > 0 \quad | \cdot (x-3)$

$\frac{(x+2)(x-3)}{x-3} < 0 \quad |$ Kürzen

$x + 2 < 0 \quad | -2$

$x < -2$

Zusammen mit der Voraussetzung $x < 3$ erhält man: $x < -2$

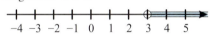
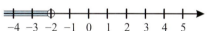

Die Lösungsmenge von $\frac{x+2}{x-3} > 0$ ist die Vereinigung der Lösungsmengen beider Fälle:
$L = \{x \mid x > 3\} \cup \{x \mid x < -2\} = \{x \mid x > 3 \text{ oder } x < -2\}$

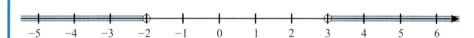

1. a) $\frac{5x+4}{3} > 12$ c) $\frac{13x-14}{4} < \frac{5-x}{3}$ e) $\frac{2x+13}{6} < \frac{2-x}{8}$

   b) $\frac{7x-5}{4} < 7$ d) $\frac{7x-4}{11} > \frac{5x+3}{2}$ f) $\frac{7z+5}{10} > \frac{5z-9}{15}$

2. a) $\frac{1}{x} + 4 > 9$ c) $7 + \frac{2}{z} < 11$ e) $\frac{5}{y} + \frac{7}{y} > 4$ g) $\frac{4}{5z} + \frac{2}{3z} < 5$

   b) $\frac{4}{x} - 3 < -6$ d) $\frac{3}{x} - \frac{4}{x} < 5$ f) $\frac{2}{3x} - \frac{5}{3x} < -8$ h) $\frac{1}{2x} - \frac{4}{3x} > -7$

3. a) $\frac{x-2}{x+3} < 0$ c) $\frac{x+5}{x-2} > 0$ e) $\frac{2x-6}{x+2} > 3$ g) $\frac{7-4x}{2x+6} < 5$

   b) $\frac{x+4}{x-7} < 0$ d) $\frac{x-1}{x-4} > 0$ f) $\frac{3x+12}{x-1} < -2$ h) $\frac{7x+3}{5x-15} > 1$

4. a) $\frac{x}{x-1} > \frac{3x}{x-1}$ b) $\frac{2x+4}{x+3} < \frac{7x+4}{x+3}$ c) $\frac{3x+7}{2x-6} > \frac{11-4x}{2x-6}$ d) $\frac{x+3}{2x} < \frac{x-3}{x}$

5. a) $\frac{7}{x-1} < \frac{5}{x+2}$ b) $\frac{1}{3x-9} < \frac{5}{4+2x}$ c) $\frac{2}{2-y} > \frac{3}{2y-1}$ d) $\frac{6}{2-3z} > \frac{3}{2+3z}$

6. a) $\frac{5x-6}{2x+8} < \frac{5x}{8+2x}$ b) $\frac{3x}{1-x} < \frac{3x-1}{2-x}$ c) $\frac{3x}{3x+4} < \frac{x+1}{x+2}$ d) $\frac{x-1}{x+2} > \frac{x+2}{x-1}$

11 Lineare Funktionen

Funktionen mit Gleichungen wie $y = 2x - 3$, $y = -3x + 1$, $y = 5x$, $y = 2$, allgemein mit $y = mx + b$, heißen **lineare Funktionen**.
Der Graph einer linearen Funktion ist eine *Gerade*. Sie geht durch den Punkt $P(0; b)$ auf der y-Achse und hat die *Steigung* m; b gibt den Achsenabschnitt auf der y-Achse (Ordinatenabschnitt) an.
Die Gerade
− steigt, falls $m > 0$;
− fällt, falls $m < 0$;
− verläuft parallel zur x-Achse, falls $m = 0$.

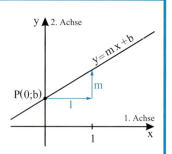

Zeichnen des Graphen einer linearen Funktion mithilfe von Steigung m und Achsenabschnitt b

1. Fall: $m > 0$
Beispiel: $y = 2x - 1$

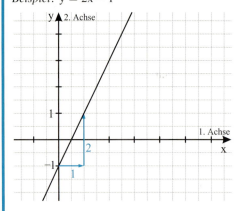

(1) Markiere auf der y-Achse die Stelle -1.
(2) Gehe von dieser Stelle um 1 nach rechts und dann um 2 nach oben.

2. Fall: $m < 0$
Beispiel: $y = -2x + 3$

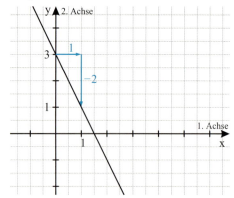

(1) Markiere auf der y-Achse die Stelle 3.
(2) Gehe von dieser Stelle um 1 nach rechts und dann um 2 nach unten.

1. Zeichne den Graphen der linearen Funktion mithilfe von Steigung und Achsenabschnitt.
   a) $y = 3x + 1$
   b) $y = -3x + 1$
   c) $y = 2x$
   d) $y = -2x$
   e) $y = x - 4$
   f) $y = -x + 3$
   g) $y = -4x + 1{,}5$
   h) $y = 4x - 2{,}5$
   i) $y = 4$
   j) $y = -2$
   k) $y = 1{,}5x + 1{,}2$
   l) $y = -1{,}5x - 0{,}5$

2. Die lineare Funktion hat die Gleichung
   a) $y = 2{,}5x - 1$;   b) $y = 0{,}7x + 2$;   c) $y = -1{,}5x + 3$;   d) $y = -1{,}5x - 1{,}5$.
   In welchem Punkt schneidet die Gerade die y-Achse [x-Achse]? Geht die Gerade durch den Punkt $P(4; -3)$ $[Q(-2; -6)]$? Löse die Aufgabe, ohne die Gerade zu zeichnen.

Wegen $\frac{m}{1} = \frac{2m}{2} = \frac{3m}{3} = \frac{4m}{4} = \ldots$ kann man beim Zeichnen der Geraden statt

1 nach rechts und m nach oben bzw. unten auch
2 nach rechts und 2 · m nach oben bzw. unten oder
3 nach rechts und 3 · m nach oben bzw. unten usw. gehen.

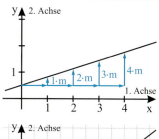

Beispiel: $y = \frac{3}{4}x + \frac{1}{2}$

(1) Markiere auf der y-Achse die Stelle $\frac{1}{2}$.
(2) Gehe von dieser Stelle um 4 nach rechts und dann um $4 \cdot \frac{3}{4}$, also um 3 nach oben.

Beachte: $\frac{\frac{3}{4}}{1} = \frac{\frac{3}{4} \cdot 4}{4} = \frac{3}{4}$

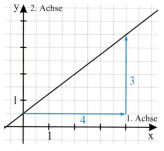

3. Zeichne den Graphen der linearen Funktion mithilfe von Steigungen und Achsenabschnitt.

   a) $y = -\frac{3}{4}x + 3$ d) $y = \frac{4}{5}x - 3$ g) $y = -\frac{4}{5}x + \frac{3}{2}$ j) $y = -\frac{3}{5}x + \frac{5}{2}$
   b) $y = -\frac{2}{3}x + 4$ e) $y = -\frac{1}{2}x + 3$ h) $y = \frac{2}{5}x - \frac{1}{2}$ k) $y = \frac{4}{3}x - \frac{3}{2}$
   c) $y = \frac{1}{2}x - 2$ f) $y = -\frac{1}{3}x + 2$ i) $y = \frac{3}{2}x + \frac{1}{2}$ l) $y = -\frac{5}{2}x + \frac{7}{2}$

4. Lies aus der Zeichnung die Steigung und den Achsenabschnitt ab. Gib dann die Zuordnungsvorschrift der zugehörigen linearen Funktion an.

a)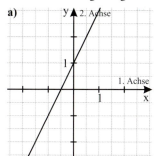

b)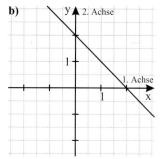

c)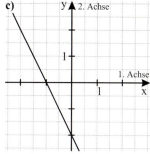

d)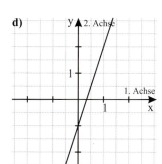

e)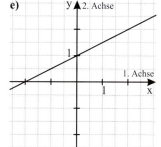

f)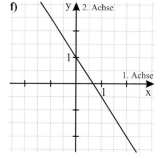

12 Systeme linearer Gleichungen

12.1 Lineare Gleichungen mit zwei Variablen

Gleichungen wie $6x + 2y = 3$, $-2x + 0{,}5y = 1$, $-u + 4v = -7$, allgemein $ax + by = c$ mit $a \neq 0$ oder $b \neq 0$, heißen **lineare Gleichungen mit zwei Variablen**.
Die Lösungen solcher Gleichungen sind *Zahlenpaare*.

Beispiel: $(2; 3)$ ist eine Lösung der Gleichung $4x - 5y = -7$.
Dabei steht 2 für x und 3 für y.
Die Lösungsmenge lautet:
$L = \{(x; y) \mid 4x - 5y = -7\}$; sie ist unendlich.
Der Graph einer linearen Gleichung mit zwei Variablen ist eine Gerade.

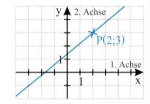

Sonderfälle:
(1) $0 \cdot x + by = c$ (2) $ax + 0 \cdot y = c$

Beispiel: $0 \cdot x + 2y = 6$, also $y = 3$ *Beispiel:* $3x + 0 \cdot y = 6$, also $x = 2$
Der Graph ist eine Parallele zur x-Achse.   Der Graph ist eine Parallele zur y-Achse.

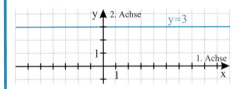 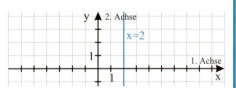

1. Gib fünf Lösungspaare an.

    a) $2x + 3y = 5$ f) $-x + 8y = 0$
    b) $-3x + 2y = 7$ g) $5x - y = 15$
    c) $5x - 4y = 3$ h) $-2x - 6y = 18$
    d) $4x + 6y = -8$ i) $2x = 10$
    e) $-x - y = 1$ j) $7y = 14$

    $4x + 2y = 6$
    Wir lösen nach y auf:
    $y = -2x + 3$
    Wir wählen $x = 4$; dann ist $y = -2 \cdot 4 + 3 = -5$.
    $(4; -5)$ ist ein Lösungspaar.

Zeichnen des Graphen einer linearen Gleichung mit zwei Variablen

$3y + 6x = 9$
Wir lösen die Gleichung nach y auf, das bedeutet, wir bringen sie auf die Form $y = mx + b$:
$y = -2x + 3$
Hier ist -2 die Steigung der Geraden und 3 der Achsenabschnitt (auf der y-Achse).

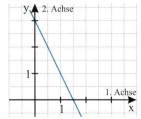

2. Zeichne den Graphen der Gleichung.
   a) $3x - y = 6$ c) $2x - y = 0$ e) $-3x - 4y = 12$ g) $\frac{1}{2}x - \frac{1}{4}y = -1$
   b) $9x - 3y = -4$ d) $-2x + 3y = 12$ f) $5x + 2y = 4$ h) $\frac{3}{4}x + \frac{1}{8}y = \frac{1}{10}$

3. Zeichne den Graphen der Gleichung.
   a) $2y = -6$ b) $3x = 12$ c) $-4x = 12$ d) $-5y = 25$ e) $2y = 7$ f) $4x = -10$

12.2 Systeme von zwei linearen Gleichungen mit zwei Variablen

$\begin{vmatrix} -x + 2y = 2 \\ 2x - y = 3 \end{vmatrix}$ ist ein **System von zwei linearen Gleichungen mit zwei Variablen.**

Beide Gleichungen sind durch *und* verbunden.

Die Lösungsmenge eines Systems ist also die Schnittmenge der Lösungsmengen der einzelnen Gleichungen.

Jede der linearen Gleichungen bestimmt eine Gerade.

Der Lösungsmenge des Systems entspricht die Schnittmenge der beiden Geraden.

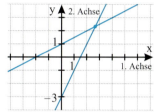

Für die beiden Geraden eines linearen Gleichungssystems gilt genau einer der drei Fälle:
(1) Die beiden Geraden haben genau einen gemeinsamen Punkt,
    d. h. das System hat *genau eine Lösung*.
(2) Die beiden Geraden sind zueinander parallel und haben keinen gemeinsamen Punkt,
    d. h. das System hat *keine Lösung*.
(3) Die beiden Geraden fallen zusammen,
    d. h. das System hat *unendlich viele Lösungen*.

(1) 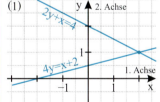   (2) 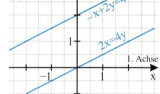   (3)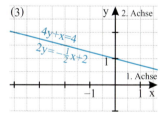

1. Zeichne die beiden Geraden des Gleichungssystems. Bestimme dann seine Lösungsmenge.

   a) $\begin{vmatrix} x + y = 3 \\ y = 2 \end{vmatrix}$ e) $\begin{vmatrix} x + y = 3 \\ x - y = 3 \end{vmatrix}$ i) $\begin{vmatrix} 3x - 4y = 24 \\ 5x + 2y = 14 \end{vmatrix}$ m) $\begin{vmatrix} 2x + y + 3 = 0 \\ x + 3y - 6 = 0 \end{vmatrix}$

   b) $\begin{vmatrix} x - y = 6 \\ y - 1 = 0 \end{vmatrix}$ f) $\begin{vmatrix} 3x - 2y = 5 \\ 2x - 3y = 0 \end{vmatrix}$ j) $\begin{vmatrix} 2y - 2x = 4 \\ y - 2x = -1 \end{vmatrix}$ n) $\begin{vmatrix} 4x + y - 11 = 0 \\ 3x + 3y - 15 = 0 \end{vmatrix}$

   c) $\begin{vmatrix} x + y = 2 \\ x = 3 \end{vmatrix}$ g) $\begin{vmatrix} 2x + 3y = 6 \\ 4x + 6y = 18 \end{vmatrix}$ k) $\begin{vmatrix} 3y - 3x = -6 \\ y + x = 6 \end{vmatrix}$ o) $\begin{vmatrix} 6y + 2x + 15 = 0 \\ 3y + 8x + 3 = 0 \end{vmatrix}$

   d) $\begin{vmatrix} x - y = 1 \\ x + 4 = 0 \end{vmatrix}$ h) $\begin{vmatrix} x - 2y = 10 \\ 2x - 4y = 20 \end{vmatrix}$ l) $\begin{vmatrix} 3x + y = 7 \\ 2x + 2y = 2 \end{vmatrix}$ p) $\begin{vmatrix} -4x + 10y + 15 = 0 \\ 3x + 5y + 5 = 0 \end{vmatrix}$

12.3 Verfahren zur Lösung linearer Gleichungssysteme

Gleichsetzungsverfahren

Ziel: Aus einer der beiden Gleichungen soll eine Variable entfernt werden.

(1) $\left| \begin{array}{l} y = -\frac{3}{2}x + 6 \\ y = \frac{5}{4}x + \frac{11}{2} \end{array} \right.$

Zu (1): Wir behalten die erste Gleichung bei; die beiden rechten Seiten der Gleichung setzen wir gleich.

(2) $\left| \begin{array}{l} y = -\frac{3}{2}x + 6 \\ -\frac{3}{2}x + 6 = -\frac{5}{4}x + \frac{11}{2} \end{array} \right.$

Zu (2): Wir stellen in der zweiten Gleichung x frei:

$$-\frac{3}{2}x + 6 = -\frac{5}{4}x + \frac{11}{2} \qquad | \cdot 4$$
$$-6x + 24 = -5x + 22 \qquad | + 5x$$
$$-x + 24 = 22 \qquad | - 24 \quad | \cdot (-1)$$
$$x = 2$$

(3) $\left| \begin{array}{l} y = -\frac{3}{2}x + 6 \\ x = 2 \end{array} \right.$

(4) $\left| \begin{array}{l} y = 3 \\ x = 2 \end{array} \right.$

$L = \{(2;\, 3)\}$

Zu (3): Wir setzen 2 für x in die erste Gleichung ein:
$$y = -\frac{3}{2} \cdot 2 + 6 = -3 + 6 = 3$$

---

1. Löse nach dem Gleichsetzungsverfahren.

a) $\left| \begin{array}{l} y = -x + 8 \\ y = x - 2 \end{array} \right.$

c) $\left| \begin{array}{l} x = 3y + 7 \\ x = 5y + 15 \end{array} \right.$

e) $\left| \begin{array}{l} y - 2x = -8 \\ y = -x - 17 \end{array} \right.$

g) $\left| \begin{array}{l} 3x + y = 73 \\ 2x - y = 32 \end{array} \right.$

b) $\left| \begin{array}{l} y = 2x - 3 \\ y = 3x - 8 \end{array} \right.$

d) $\left| \begin{array}{l} x = \frac{1}{2}\,y - 3 \\ x = \frac{1}{7}y - \frac{1}{7} \end{array} \right.$

f) $\left| \begin{array}{l} 4y - x = 2 \\ 3y - x = 3 \end{array} \right.$

h) $\left| \begin{array}{l} 2x + 4y = 2 \\ x + 2y = 3 \end{array} \right.$

Einsetzungsverfahren

Ziel: Aus einer der Gleichungen soll eine Variable entfernt werden.

(1) $\left| \begin{array}{l} 5x + 4y = 22 \\ y = -\frac{3}{2}x + 6 \end{array} \right.$

Zu (1): Wir behalten die zweite Gleichung bei.
Die rechte Seite der zweiten Gleichung setzen wir für y in die erste Gleichung ein.

(2) $\left| \begin{array}{l} 5x + 4\left(-\frac{3}{2}x + 6\right) = 22 \\ y = -\frac{3}{2}x + 6 \end{array} \right.$

Zu (2): Wir stellen in der ersten Gleichung x frei:
$$5x + 4(-\tfrac{3}{2}x + 6) = 22$$
$$5x - 6x + 24 = 22 \quad | \text{ T}$$
$$-x + 24 = 22 \quad | - 24 \quad | \cdot (-1)$$
$$x = 2$$

(3) $\left| \begin{array}{l} x = 2 \\ y = -\frac{3}{2}x + 6 \end{array} \right.$

(4) $\left| \begin{array}{l} x = 2 \\ y = 3 \end{array} \right.$

$L = \{(2;\, 3)\}$

Zu (3): Wir setzen 2 für x in die zweite Gleichung ein:
$$y = -\frac{3}{2} \cdot 2 + 6 = -3 + 6 = 3$$

---

2. Löse nach dem Einsetzungsverfahren.

a) $\left| \begin{array}{l} 9x - y = 41 \\ y = 3x - 11 \end{array} \right.$

c) $\left| \begin{array}{l} 8x - 7y = 31 \\ y = 11 - 4x \end{array} \right.$

e) $\left| \begin{array}{l} 10x - 7y = 44 \\ 7y = 3x - 23 \end{array} \right.$

g) $\left| \begin{array}{l} 4x + 5y = -1 \\ x - y = 11 \end{array} \right.$

b) $\left| \begin{array}{l} 3x - 18y = 45 \\ x = 3y \end{array} \right.$

d) $\left| \begin{array}{l} 15x + 13y = 17 \\ x = 5y + 7 \end{array} \right.$

f) $\left| \begin{array}{l} 6x + 11y = 34 \\ 6x = 5y + 2 \end{array} \right.$

h) $\left| \begin{array}{l} 15x + 4y = 90 \\ x + 4y = 6 \end{array} \right.$

61

Additionsverfahren

Ziel: Aus einer der beiden Gleichungen soll eine Variable entfernt werden.

(1) $\begin{vmatrix} 3x + 2y = 12 \\ 5x + 4y = 22 \end{vmatrix}$

(2) $\begin{vmatrix} -6x - 4y = -24 \\ 5x + 4y = 22 \end{vmatrix}$

(3) $\begin{vmatrix} x = 2 \\ 5x + 4y = 22 \end{vmatrix}$

(4) $\begin{vmatrix} x = 2 \\ y = 3 \end{vmatrix}$

$L = \{(2;\ 3)\}$

Zu (1): Wir multiplizieren die erste Gleichung mit (-2).

Zu (2): Wir behalten die zweite Gleichung bei; wir addieren beide Seiten der Gleichung und stellen x frei:

$$\left.\begin{array}{r} -6x - 4y = -24 \\ 5x + 4y = 22 \end{array}\right\} +$$
$$\begin{array}{r} - x = -2 \quad |\cdot(-1) \\ x = 2 \end{array}$$

Zu (3): Wir setzen 2 für x in die zweite Gleichung ein und stellen y frei:

$$5 \cdot 2 + 4y = 22$$
$$10 + 4y = 22 \quad | - 10 \quad | : 4$$
$$y = 3$$

---

3. Löse nach dem Additionsverfahren.

a) $\begin{vmatrix} x + 6y = 47 \\ x + 5y = 40 \end{vmatrix}$
g) $\begin{vmatrix} 3x + 3y = -36 \\ x + 3y = -20 \end{vmatrix}$
m) $\begin{vmatrix} 5x - 4y = 6 \\ 8x - 7y = 0 \end{vmatrix}$
s) $\begin{vmatrix} 10x + 7y + 4 = 0 \\ 6x + 5y + 2 = 0 \end{vmatrix}$

b) $\begin{vmatrix} 7x + y = 10 \\ 3x + y = 6 \end{vmatrix}$
h) $\begin{vmatrix} 4x - y = 37 \\ 4x + y = 43 \end{vmatrix}$
n) $\begin{vmatrix} 2x + 3y = 41 \\ 3x + 2y = 39 \end{vmatrix}$
t) $\begin{vmatrix} x = 3y - 19 \\ y = 3x - 23 \end{vmatrix}$

c) $\begin{vmatrix} x + 5y = 49 \\ x + y = 17 \end{vmatrix}$
i) $\begin{vmatrix} 7x + 3y = 100 \\ 3x - y = 20 \end{vmatrix}$
o) $\begin{vmatrix} 5x + 7y = 17 \\ 7x - 5y = 9 \end{vmatrix}$
u) $\begin{vmatrix} \frac{1}{3}x + \frac{1}{4}y = 6 \\ 3x - 4y = 4 \end{vmatrix}$

d) $\begin{vmatrix} 4x + y = 48 \\ 3x + y = 38 \end{vmatrix}$
j) $\begin{vmatrix} 2x + 5y = 1 \\ 6x + 7y = 3 \end{vmatrix}$
p) $\begin{vmatrix} 11x + 12y = 100 \\ 9x + 8y = 80 \end{vmatrix}$
v) $\begin{vmatrix} \frac{3}{4}x - 2y = 1 \\ \frac{1}{3}x - y = 0 \end{vmatrix}$

e) $\begin{vmatrix} 4x + 3y = 57 \\ 7x + 3y = 69 \end{vmatrix}$
k) $\begin{vmatrix} 8x + 15y = 70 \\ 2x + 3y = 15 \end{vmatrix}$
q) $\begin{vmatrix} 5x + 3y + 2 = 0 \\ 3x + 2y + 1 = 0 \end{vmatrix}$
w) $\begin{vmatrix} 2x - \frac{5}{3}y = 4 \\ 3x - \frac{7}{2}y = 0 \end{vmatrix}$

f) $\begin{vmatrix} 2x - 3y = 100 \\ 2x + y = 156 \end{vmatrix}$
l) $\begin{vmatrix} 24x + 7y = 27 \\ 8x - 33y = 115 \end{vmatrix}$
r) $\begin{vmatrix} 21x + 8y + 66 = 0 \\ 23y - 28x + 13 = 0 \end{vmatrix}$
x) $\begin{vmatrix} \frac{1}{2}x = \frac{1}{3}y + 1 \\ \frac{1}{4}x = \frac{4}{3}y - 10 \end{vmatrix}$

---

4. Löse mit einem der drei Verfahren.

a) $\begin{vmatrix} 3x + 4y = 53 \\ 4x + 2y = 44 \end{vmatrix}$
d) $\begin{vmatrix} 8x - 3y = -3 \\ 6x + 2y = 2 \end{vmatrix}$
g) $\begin{vmatrix} 3x + 9y = 30 \\ 3y + x = 10 \end{vmatrix}$
j) $\begin{vmatrix} 4x + 2y = 6 \\ 3x + 6y = 9 \end{vmatrix}$

b) $\begin{vmatrix} 8r - 11s = 26 \\ 8r - 5s = 38 \end{vmatrix}$
e) $\begin{vmatrix} 5a + 9b = 42 \\ 10a + 3b = 39 \end{vmatrix}$
h) $\begin{vmatrix} 13a - 8b = 28 \\ 9a + 12b = 72 \end{vmatrix}$
k) $\begin{vmatrix} 35p - 18q = 69 \\ 25p - 27q = 21 \end{vmatrix}$

c) $\begin{vmatrix} 11u + 5v = 59 \\ 8u + 10v = 62 \end{vmatrix}$
f) $\begin{vmatrix} 25p + 32q = 43 \\ 5p - 8q = 23 \end{vmatrix}$
i) $\begin{vmatrix} 15r + 28s = 157 \\ 20r + 21s = 144 \end{vmatrix}$
l) $\begin{vmatrix} 7s - 3t = 11 \\ 5s + 8t = 18 \end{vmatrix}$

---

5. a) $\begin{vmatrix} \frac{4x+7y}{5} = \frac{5y+1}{2} \\ \frac{3x+10}{8} = \frac{5y+1}{3} \end{vmatrix}$
b) $\begin{vmatrix} \frac{2x-3}{3y-4} = \frac{15}{14} \\ \frac{4x+3}{9y-2} = \frac{3}{4} \end{vmatrix}$
c) $\begin{vmatrix} \frac{11y-2x}{8y+3} = \frac{18}{19} \\ \frac{6y-5}{10y-3x} = \frac{1}{2} \end{vmatrix}$
d) $\begin{vmatrix} \frac{4s+21}{7s+3t} = \frac{25}{16} \\ \frac{3s+5t}{7t-9} = \frac{3}{2} \end{vmatrix}$

12.4 Systeme von drei linearen Gleichungen mit drei Variablen

$\begin{vmatrix} x + y + z = 12 \\ 2x + 3y + 4z = 31 \\ 3x + y + 5z = 34 \end{vmatrix}$

Wir behalten die 1. Gleichung bei.
Statt der 2. und 3. Gleichung mit drei Variablen ermitteln wir mithilfe des Additionsverfahrens neue Gleichungen mit nur zwei Variablen, z. B. x und z:

$$\left.\begin{array}{l} \text{1. Gleichung:} \quad 2x + 2y + 2z = 24 \\ \text{2. Gleichung:} \quad -2x - 3y - 4z = -31 \end{array}\right\} +$$
$$\phantom{\text{1. Gleichung:} \quad 2x + 2y}\; -y - 2z = -7$$

$$\left.\begin{array}{l} \text{1. Gleichung:} \quad 3x + 3y + 3z = 36 \\ \text{3. Gleichung:} \quad -3x - y - 5z = -34 \end{array}\right\} +$$
$$\phantom{\text{1. Gleichung:} \quad 3x + 3y}\; 2y - 2z = 2$$

$\begin{vmatrix} x + y + z = 12 \\ -y - 2z = -7 \\ 2y - 2z = 2 \end{vmatrix}$

Wir behalten die ersten beiden Gleichungen bei und ermitteln aus der 2. und 3. Gleichung eine Gleichung mit nur einer Variablen:

$$\left.\begin{array}{l} \text{2. Gleichung:} \quad -2y - 4z = -14 \\ \text{3. Gleichung:} \quad 2y - 2z = 2 \end{array}\right\} +$$
$$\phantom{\text{2. Gleichung:} \quad -2y}\; -6z = -12 \quad |:(-6)$$
$$\phantom{\text{2. Gleichung:} \quad -2y}\; z = 2$$

$\begin{vmatrix} x + y + z = 12 \\ -y - 2z = -7 \\ z = 2 \end{vmatrix}$

Wir haben nun ein gestaffeltes System erhalten, in dem von Gleichung zu Gleichung eine Variable weniger vorkommt. Man löst dieses System von unten her auf.
In die 2. Gleichung setzen wir 2 für z ein:

$\begin{vmatrix} x + y + z = 12 \\ y = 3 \\ z = 2 \end{vmatrix}$

$$-y - 4 = -7 \mid +4$$
$$-y = -3 \mid \cdot(-1)$$
$$y = 3$$

$\begin{vmatrix} x = 7 \\ y = 3 \\ z = 2 \end{vmatrix}$

In die 1. Gleichung setzen wir 3 für y und 2 für z ein:

$$x + 3 + 2 = 12$$

$L = \{(7;\, 3;\, 2)\}$

$$x + 5 = 12 \quad | -5$$
$$x = 7$$

1.

a) $\begin{vmatrix} x + y - z = 17 \\ x - y + z = 13 \\ -x + y + z = 7 \end{vmatrix}$

b) $\begin{vmatrix} x + y + z = 9 \\ x + 2y + 4z = 10 \\ x + 3y + 9z = 17 \end{vmatrix}$

c) $\begin{vmatrix} 9a + 5b + 4c = 21 \\ 6a + 3b - 5c = 7 \\ 3a - 10b + 6c = 35 \end{vmatrix}$

d) $\begin{vmatrix} 7x + 6y + 7z = 100 \\ x - 2y + z = 0 \\ 3x + y - 2z = 0 \end{vmatrix}$

e) $\begin{vmatrix} x + y + z = 3 \\ 2x + 4y + 8z = 2 \\ 3x + 9y + 27z = -12 \end{vmatrix}$

f) $\begin{vmatrix} x + y + 2z = 34 \\ x + 2y + z = 33 \\ 2x + y + z = 32 \end{vmatrix}$

g) $\begin{vmatrix} 3x + 3y + z = 17 \\ 3x + y + 3z = 15 \\ x + 3y + 3z = 13 \end{vmatrix}$

h) $\begin{vmatrix} 2x + 3y + 4z = 16 \\ 4x + 9y - z = 58 \\ x + 6y + 2z = 34 \end{vmatrix}$

i) $\begin{vmatrix} 4x + 3y + 2z = 10 \\ 5x + 6y - 7z = 4 \\ 10x - 2y - 3z = 7 \end{vmatrix}$

13 Quadratwurzeln –
Rechnen mit Quadratwurzeln

13.1 Quadratwurzelbegriff

Gegeben sei eine Zahl a ≥ 0. Unter der **Quadratwurzel aus a,** in Zeichen $\sqrt{a}$, versteht man diejenige nichtnegative Zahl, deren Quadrat a ergibt.

Die Zahl unter dem Wurzelzeichen heißt **Radikand.**

Das Bestimmen der Quadratwurzel heißt *Wurzelziehen* (Radizieren).

$$x^2 = a \ (a \geq 0)$$

$$x = \sqrt{a}$$

Beispiele:

$\sqrt{16} = 4$,　denn　$4^2 = 16$　　$\sqrt{6{,}25} = 2{,}5$, denn $2{,}5^2 = 6{,}25$　$\sqrt{1} = 1$, denn $1^2 = 1$

$\sqrt{144} = 12$,　denn　$12^2 = 144$　$\sqrt{\frac{9}{16}} = \frac{3}{4}$,　　denn $\left(\frac{3}{4}\right)^2 = \frac{9}{16}$　$\sqrt{0} = 0$, denn $0^2 = 0$

Beachte: $\sqrt{-4}$ ist nicht erklärt, weil man keine (reelle) Zahl finden kann, deren Quadrat negativ ist.

Es gilt für a ≥ 0:　　(1) $(\sqrt{a})^2 = a$　　(2) $\sqrt{a^2} = a$.

---

1. Berechne die Wurzeln.

a) $\sqrt{81}$　　d) $\sqrt{169}$　　g) $\sqrt{625}$　　j) $\sqrt{576}$　　m) $\sqrt{900}$　　p) $\sqrt{6400}$

b) $\sqrt{100}$　　e) $\sqrt{36}$　　h) $\sqrt{400}$　　k) $\sqrt{324}$　　n) $\sqrt{2500}$　　q) $\sqrt{10000}$

c) $\sqrt{25}$　　f) $\sqrt{49}$　　i) $\sqrt{441}$　　l) $\sqrt{225}$　　o) $\sqrt{4900}$　　r) $\sqrt{1000000}$

2.　a) $\sqrt{\frac{1}{4}}$　　c) $\sqrt{\frac{49}{100}}$　　e) $\sqrt{\frac{9}{64}}$　　g) $\sqrt{0{,}04}$　　i) $\sqrt{1{,}21}$　　k) $\sqrt{2{,}56}$

　　b) $\sqrt{\frac{16}{25}}$　　d) $\sqrt{\frac{36}{81}}$　　f) $\sqrt{\frac{144}{225}}$　　h) $\sqrt{0{,}25}$　　j) $\sqrt{1{,}96}$　　l) $\sqrt{0{,}01}$

3.　a) $(\sqrt{41})^2$; $(\sqrt{13})^2$; $(\sqrt{0{,}4})^2$; $(\sqrt{3{,}8})^2$; $(\sqrt{12{,}7})^2$; $(\sqrt{101})^2$

　　b) $\sqrt{17^2}$; $\sqrt{3{,}8^2}$; $\sqrt{0{,}2^2}$; $\sqrt{103^2}$; $\sqrt{61^2}$; $\sqrt{17{,}6^2}$; $\sqrt{0{,}03^2}$; $\sqrt{\left(\frac{17}{18}\right)^2}$

4.　a) $\sqrt{25a^2}$　　c) $\sqrt{49y^2}$　　e) $\sqrt{0{,}09x^2}$　　g) $\sqrt{a^2b^2}$　　$\sqrt{9x^2} = 3x \ (x \geq 0)$

　　b) $\sqrt{81b^2}$　　d) $\sqrt{144z^2}$　　f) $\sqrt{\frac{4}{36}r^2}$　　h) $\sqrt{16x^2y^2}$　i) $\sqrt{(x+y)^2}$　j) $\sqrt{16(a-b)^2}$

5.　a) $\sqrt{x^2 + 2xy + y^2}$　c) $\sqrt{4x^2 + 12x + 9}$

　　b) $\sqrt{a^2 + 8a + 16}$　　d) $\sqrt{9b^2 - 24bc + 16c^2}$

$\sqrt{x^2 - 2xy + y^2} = \sqrt{(x-y)^2} = x - y$

$(x - y \geq 0)$

64

13.2 Multiplizieren und Dividieren von Quadratwurzeln

(1) Für $a \geq 0$, $b \geq 0$ gilt: $\sqrt{a} \cdot \sqrt{b} = \sqrt{ab}$ (2) Für $a \geq 0$, $b > 0$ gilt: $\dfrac{\sqrt{a}}{\sqrt{b}} = \sqrt{\dfrac{a}{b}}$

1.   **a)** $\sqrt{2} \cdot \sqrt{32}$ **c)** $\sqrt{1\,000} \cdot \sqrt{4,9}$ **e)** $\sqrt{\frac{2}{3}} \cdot \sqrt{216}$

     b) $\sqrt{80} \cdot \sqrt{1,8}$ **d)** $\sqrt{\frac{1}{3}} \cdot \sqrt{75}$ **f)** $\sqrt{0,3} \cdot \sqrt{2,7}$

> $\sqrt{3} \cdot \sqrt{27} = \sqrt{3 \cdot 27} = \sqrt{81} = 9$

2.   **a)** $\sqrt{9 \cdot 36}$ **c)** $\sqrt{1,21 \cdot 100}$ **e)** $\sqrt{0,16 \cdot 0,09}$

     b) $\sqrt{144 \cdot 81}$ **d)** $\sqrt{1,69 \cdot 64}$ **f)** $\sqrt{2,89 \cdot 4,41}$

> $\sqrt{25 \cdot 16} = \sqrt{25} \cdot \sqrt{16} = 5 \cdot 4 = 20$

3.   **a)** $\sqrt{147} : \sqrt{3}$ **c)** $\sqrt{448} : \sqrt{7}$ **e)** $\sqrt{56} : \sqrt{3,5}$

     b) $\sqrt{405} : \sqrt{5}$ **d)** $\sqrt{1\,452} : \sqrt{12}$ **f)** $\sqrt{160} : \sqrt{2,5}$

> $\sqrt{72} : \sqrt{2} = \sqrt{72 : 2} = \sqrt{36} = 6$

4.   **a)** $\sqrt{\frac{36}{49}}$ **c)** $\sqrt{\frac{25}{121}}$ **e)** $\sqrt{\frac{169}{400}}$ **g)** $\sqrt{\frac{1,21}{1,69}}$ **i)** $\sqrt{\frac{0,09}{0,16}}$

     b) $\sqrt{\frac{64}{9}}$ **d)** $\sqrt{\frac{196}{225}}$ **f)** $\sqrt{\frac{1,44}{2,25}}$ **h)** $\sqrt{\frac{2,56}{3,61}}$ **j)** $\sqrt{\frac{0,0009}{0,0016}}$

> $\sqrt{\dfrac{25}{81}} = \dfrac{\sqrt{25}}{\sqrt{81}} = \dfrac{5}{9}$

5.   Vereinfache soweit wie möglich. Alle Variablen stehen für positive Zahlen.

     a) $\sqrt{3x} \cdot \sqrt{27x}$; $\sqrt{8a} \cdot \sqrt{18a}$; $\sqrt{0,3r} \cdot \sqrt{1,2r}$

     b) $\sqrt{z} \cdot \sqrt{z^3}$; $\sqrt{3b} \cdot \sqrt{12b^3}$; $\sqrt{6xy} \cdot \sqrt{24xy}$

     c) $\sqrt{16a^2}$; $\sqrt{100x^2}$; $\sqrt{64a^2b^2}$; $\sqrt{x^2y^2z^2}$

> $\sqrt{2y} \cdot \sqrt{32y} = \sqrt{64y^2} = 8y$
>
> $\sqrt{32a^3} : \sqrt{2a} = \sqrt{32a^3 : 2a} = \sqrt{16a^2} = 4a$

     d) $\sqrt{36r^4s^2}$; $\sqrt{49a^2b^4c^6}$; $\sqrt{25x^4y^2z^8}$

     e) $\sqrt{a^3} : \sqrt{a}$; $\sqrt{72x^2} : \sqrt{2}$; $\sqrt{75z^3} : \sqrt{3z}$ **g)** $\sqrt{\frac{2}{a}} \cdot \sqrt{\frac{a^3}{32}}$; $\sqrt{\frac{12}{a^3}} \cdot \sqrt{\frac{a}{3}}$; $\sqrt{\frac{75x^3y}{32a}} \cdot \sqrt{\frac{a^3y}{6x}}$

     f) $\sqrt{\frac{x^2}{y}} : \sqrt{y}$; $\sqrt{r \cdot s} : \sqrt{\frac{r}{s}}$; $\sqrt{xy^2z^3} : \sqrt{xz}$ **h)** $\sqrt{\frac{5z}{18x^3y}} \cdot \sqrt{\frac{45xy^3}{8z^5}}$; $\sqrt{\frac{x}{y}} \cdot \sqrt{\frac{y}{z}} \cdot \sqrt{\frac{z}{x}}$

Teilweises Wurzelziehen

(3) $\sqrt{a^2b} = a\sqrt{b}$ für $a \geq 0$, $b \geq 0$ (4) $\sqrt{\dfrac{b}{a^2}} = \dfrac{\sqrt{b}}{a} = \dfrac{1}{a}\sqrt{b}$ für $a > 0$, $b \geq 0$

6.   Vereinfache durch teilweises Wurzelziehen.

     a) $\sqrt{75}$; $\sqrt{27}$; $\sqrt{24}$; $\sqrt{125}$; $\sqrt{108}$; $\sqrt{98}$

     b) $\sqrt{\frac{7}{81}}$; $\sqrt{\frac{5}{49}}$; $\sqrt{\frac{8}{121}}$; $\sqrt{\frac{32}{169}}$; $\sqrt{0,5}$; $\sqrt{2,4}$

> $\sqrt{50} = \sqrt{25 \cdot 2} = \sqrt{25} \cdot \sqrt{2} = 5\sqrt{2}$
>
> $\sqrt{\dfrac{3}{25}} = \dfrac{\sqrt{3}}{\sqrt{25}} = \dfrac{1}{5}\sqrt{3}$
>
> $\sqrt{49xy^2} = 7y\sqrt{x}$ $(y \geq 0, \ x \geq 0)$

     c) $\sqrt{16x}$; $\sqrt{5x^2}$; $\sqrt{50a^2}$; $\sqrt{28x^2y}$; $\sqrt{5a^2b^4}$

     d) $\sqrt{\frac{a}{36}}$; $\sqrt{\frac{10}{x^2}}$; $\sqrt{\frac{72}{b^2}}$; $\sqrt{\frac{45x}{y^2}}$; $\sqrt{\frac{25a^3}{9b^2}}$; $\sqrt{\frac{11z^3}{x^2y^4}}$ **e)** $\sqrt{\frac{8x^4}{y^3}}$; $\sqrt{\frac{7a^2}{b^2}}$; $\sqrt{\frac{36r}{s^2}}$; $\sqrt{\frac{9x}{49y}}$; $\sqrt{\frac{81xy^2}{5r^4s^3}}$

7.   **a)** $\sqrt{16a - 16b}$ **b)** $\sqrt{81x + 81y}$ **c)** $\sqrt{5x^2 + 10xy + 5y^2}$ **d)** $\sqrt{7a^2 - 14ab + 7b^2}$

14 Quadratische Gleichungen – Wurzelgleichungen

14.1 Quadratische Gleichungen

Gleichungen wie $x^2 = 5$, $x^2 - 6x + 3 = 0$, $2x^2 + 3x = 7$ heißen **quadratische Gleichungen.**

Lösen von reinquadratischen Gleichungen der Form $x^2 = r$

$x^2 = \frac{25}{36}$ $\qquad\qquad$ $x^2 = 11$ $\qquad\qquad$ $x^2 = -4$

$x = \frac{5}{6}$ *oder* $x = -\frac{5}{6}$ $\qquad$ $x = \sqrt{11}$ *oder* $x = -\sqrt{11}$ $\qquad$ Das Quadrat einer Zahl kann nicht negativ sein.

$L = \left\{\frac{5}{6}; -\frac{5}{6}\right\}$ $\qquad\qquad$ $L = \{\sqrt{11}; -\sqrt{11}\}$ $\qquad\qquad$ $L = \{\ \}$

---

1. Bestimme die Lösungsmenge.

a) $x^2 = 81$ $\quad$ c) $x^2 = 19$ $\quad$ e) $x^2 = -25$ $\quad$ g) $x^2 = \frac{196}{81}$ $\quad$ i) $x^2 = 1\frac{15}{49}$ $\quad$ k) $x^2 = 6{,}25$

b) $x^2 = 121$ $\quad$ d) $x^2 = 0$ $\quad$ f) $x^2 = \frac{64}{49}$ $\quad$ h) $x^2 = -\frac{9}{25}$ $\quad$ j) $x^2 = 0{,}81$ $\quad$ l) $x^2 = 0{,}04$

2. a) $5x^2 = 180$ $\quad$ c) $3x^2 = 36$ $\quad$ e) $4x^2 = -24$ $\quad$ g) $\frac{1}{4}x^2 = 400$ $\quad$ i) $2x^2 = 100$

b) $12x^2 = 972$ $\quad$ d) $\frac{2}{5}x^2 = 70$ $\quad$ f) $3x^2 = \frac{1}{48}$ $\quad$ h) $7x^2 = 4{,}48$ $\quad$ j) $7x^2 = 0$

3. a) $x^2 - 64 = 0$ $\quad$ c) $x^2 - \frac{9}{49} = 0$ $\quad$ e) $x^2 + 13 = 40$ $\quad$ g) $5x^2 - 1{,}25 = 0$

b) $x^2 + 9 = 0$ $\quad$ d) $x^2 - 15 = 34$ $\quad$ f) $3x^2 - 17 = 91$ $\quad$ h) $12x^2 + 4 = 100$

Lösen von gemischtquadratischen Gleichungen der Form $(x + d)^2 = r$

Beispiel: $(x + 3)^2 = 25$

Man kann diese Gleichung wie eine reinquadratische Gleichung lösen, wenn man sich nur $(x + 3)$ anstelle von x denkt:

$x + 3 = \sqrt{25}$ *oder* $x + 3 = -\sqrt{25}$
$x + 3 = 5$ $\qquad$ *oder* $x + 3 = -5$
$\quad x = 2$ $\qquad$ *oder* $\qquad x = -8$
$\quad L = \{2; -8\}$

---

4. Bestimme die Lösungsmenge.

a) $(x - 18)^2 = 625$ $\quad$ b) $(x + 7)^2 = 121$ $\quad$ c) $\frac{1}{2}(x - 3)^2 = 12{,}5$ $\quad$ d) $2(x + 5)^2 - 10{,}58 = 0$

5. Bestimme die Lösungsmenge. Wende zunächst eine binomische Formel an.

a) $x^2 - 10x + 25 = 36$ $\quad$ c) $x^2 + \frac{14}{8}x + \frac{49}{64} = \frac{121}{64}$ $\quad$ e) $x^2 + 18x + 81 = 0$

b) $x^2 + 14x + 49 = 225$ $\quad$ d) $x^2 - 12x + 36 = 13$ $\quad$ f) $x^2 - 24x + 144 = -9$

Lösen von gemischtquadratischen Gleichungen der Form $x^2 + px + q = 0$

Beispiel: $x^2 + 12x - 28 = 0$

Man formt die Gleichung zunächst so um, dass man den Term auf der linken Seite mithilfe einer binomischen Formel in ein Quadrat verwandeln kann.

$$x^2 + 12x - 28 \quad = 0 \qquad\qquad\quad | + 28$$
$$x^2 + 12x \qquad\quad = 28 \qquad\qquad\quad \left| +\left(\frac{12}{2}\right)^2 \right. \quad \text{(quadratische Ergänzung: Quadrat des halben}$$
$$\text{Faktors von x)}$$
$$x^2 + 12x + \left(\frac{12}{2}\right)^2 = 28 + \left(\frac{12}{2}\right)^2 \quad | \text{T}$$
$$x^2 + 12x + 6^2 \quad = 28 + 36 \qquad | \text{T (1. binomische Formel)}$$
$$(x + 6)^2 \qquad\qquad = 64$$
$$x + 6 = 8 \quad oder \quad x + 6 = -8$$
$$x = 2 \quad oder \qquad\quad x = -14$$
$$L = \{2; -14\}$$

6. Bestimme die Lösungsmenge.

a) $x^2 + 2x = 63$ **f)** $x^2 - 17x + 60 = 0$ **k)** $x^2 - \frac{3}{4}x + \frac{1}{8} = 0$

b) $x^2 + 6x = 91$ **g)** $x^2 + 2x - 1 = 0$ **l)** $x^2 - 3,4x + 2,8 = 0$

c) $x^2 - 11x + 10 = 0$ **h)** $x^2 - 40x + 111 = 0$ **m)** $x^2 + 12x + 35 = 0$

d) $x^2 - 7x - 30 = 0$ **i)** $x^2 - 6x + 4 = 0$ **n)** $x^2 + 10x + 24 = 0$

e) $x^2 - 4x + 20 = 0$ **j)** $x^2 - \frac{1}{2}x - \frac{1}{2} = 0$ **o)** $x^2 + 18x + 17 = 0$

7. Bestimme die Lösungsmenge. Bringe die Gleichung zunächst auf die Normalform $x^2 + px + q = 0$.

$$2x^2 - 12x + 10 = 0 \;\; | :2$$
$$x^2 - \;\;\; 6x + \;\; 5 = 0$$

a) $3x^2 - 22x + 35 = 0$ **e)** $3x^2 - 7x + 12 = 0$

b) $91x^2 - 2x = 45$ **f)** $2x^2 + 3x - 35 = 0$ **i)** $4x^2 - 8x - 19 = 0$

c) $2x^2 + 4x + 3 = 0$ **g)** $14x^2 - 33 = 71x$ **j)** $25x^2 + 2 = 30x$

d) $15x^2 + 21 = 44x$ **h)** $\frac{1}{2}x^2 + 6x - 9 = 0$ **k)** $\frac{4}{5}x^2 - 7x + 8 = 0$

8. **a)** $x^2 + x - 56 = 0$ **i)** $x^2 + \frac{3}{2}x = -\frac{1}{2}$ **q)** $25x^2 + 2 = -30x$

   b) $x^2 - 9x - 10 = 0$ **j)** $x^2 + \frac{3}{4}x + \frac{1}{8} = 0$ **r)** $15x^2 + 527 = 178x$

   c) $x^2 + 13x = -30$ **k)** $x^2 - \frac{1}{3}x = 8$ **s)** $6x^2 + x = 15$

   d) $x^2 - 17x + 60 = 0$ **l)** $x^2 + \frac{1}{7}x - 50 = 0$ **t)** $6x^2 - 13x + 6 = 0$

   e) $x^2 - 2x + 2 = 0$ **m)** $3x^2 + 22x + 35 = 0$ **u)** $7x^2 + 25x = 12$

   f) $x^2 - 10x + 32 = 0$ **n)** $91x^2 + 2x = 45$ **v)** $6x^2 + 7x = 3$

   g) $x^2 + x = 1$ **o)** $15x^2 - 21 = -26x$ **w)** $6x^2 + 5x = 56$

   h) $x^2 - 7x + 11\frac{1}{2} = 0$ **p)** $14x^2 = 33 - 71x$ **x)** $20x^2 + x = 12$

9. Bestimme die Lösungsmenge, möglichst ohne quadratische Ergänzung.

$$x^2 + 5x = 0$$
$$x(x + 5) = 0$$
$$x = 0 \quad oder \quad x + 5 = 0$$
$$x = 0 \quad oder \quad x = -5$$
$$L = \{0; -5\}$$

a) $x^2 - 7x = 0$ **d)** $\frac{1}{2}x^2 + 9x = 0$ **g)** $2x^2 = 9x$

b) $x^2 + 10x = 0$ **e)** $x^2 = 4x$ **h)** $\frac{1}{2}x^2 + 3\frac{1}{2}x = 0$

c) $2x^2 - 13x = 0$ **f)** $x^2 = -7x$ **i)** $2,5x^2 - 10x = 0$

10. **a)** $3x = -\frac{3}{5}x^2$ **b)** $-\frac{3}{7}x^2 - 10\frac{1}{2}x = 0$ **c)** $4\frac{3}{4}x = -3\frac{1}{3}x^2$

Diskriminante – Anzahl der Lösungen einer quadratischen Gleichung

$$x^2 + px + q \quad = 0 \qquad\qquad\quad |-q$$
$$x^2 + px \qquad\quad = -q \qquad\qquad |+ \left(\tfrac{p}{2}\right)^2 \text{ (qu.E.)}$$
$$x^2 + px + \left(\tfrac{p}{2}\right)^2 = -q + \left(\tfrac{p}{2}\right)^2 \quad | \text{ T (1. bin. Formel)}$$
$$\left(x+\tfrac{p}{2}\right)^2 \qquad = \left(\tfrac{p}{2}\right)^2 - q$$

Die Anzahl der Lösungen einer quadratischen Gleichung hängt vom Term $\left(\tfrac{p}{2}\right)^2 - q$ ab.
Dieser Term heißt *Diskriminante* (der Normalform).
Man muss eine *Fallunterscheidung* durchführen:

1. Fall:		*2. Fall:*	*3. Fall:*
$\left(\tfrac{p}{2}\right)^2 - q > 0$		$\left(\tfrac{p}{2}\right)^2 - q = 0$	$\left(\tfrac{p}{2}\right)^2 - q < 0$

$$x + \tfrac{p}{2} = \sqrt{\left(\tfrac{p}{2}\right)^2 - q} \quad oder \quad x + \tfrac{p}{2} = -\sqrt{\left(\tfrac{p}{2}\right)^2 - q} \qquad \left(x + \tfrac{p}{2}\right)^2 = 0$$

$$x + \tfrac{p}{2} = 0$$

$$x = -\tfrac{p}{2} + \sqrt{\left(\tfrac{p}{2}\right)^2 - q} \quad oder \quad x = -\tfrac{p}{2} - \sqrt{\left(\tfrac{p}{2}\right)^2 - q} \qquad x = -\tfrac{p}{2}$$

Das Quadrat einer
Zahl ist stets
nicht-negativ.

(zwei Lösungen)   (eine Lösung)   (keine Lösung)

$$L = \left\{ -\tfrac{p}{2} + \sqrt{\left(\tfrac{p}{2}\right)^2 - q} \, ; \; -\tfrac{p}{2} - \sqrt{\left(\tfrac{p}{2}\right)^2 - q} \right\} \qquad L = \left\{ -\tfrac{p}{2} \right\} \qquad L = \{\ \}$$

Lösungsformel für quadratische Gleichungen

Falls die Gleichung $x^2 + px + q = 0$ Lösungen besitzt, erhält man:

$$x_1 = -\tfrac{p}{2} + \sqrt{\left(\tfrac{p}{2}\right)^2 - q} \, ; \qquad x_2 = -\tfrac{p}{2} - \sqrt{\left(\tfrac{p}{2}\right)^2 - q}$$

---

11. Bestimme mithilfe der Diskriminante die Anzahl der Lösungen. Sofern Lösungen vorliegen, bestimme diese mithilfe der Lösungsformel.

a) $x^2 - 8x - 7 = 0$ **e)** $x^2 - 7x + 3 = 0$ **i)** $\tfrac{1}{2}x^2 + 6x + 18 = 0$

b) $x^2 - 7x + 15 = 0$ **f)** $x^2 - 8x = -10$ **j)** $2x^2 - 3x + 8 = 0$

c) $x^2 - 16x + 64 = 0$ **g)** $x^2 + 5x = 2$ **k)** $3x^2 - 15x + 7 = 0$

d) $x^2 + 2x + 7 = 0$ **h)** $x^2 + 19x + 8 = 0$ **l)** $4x^2 + 28x + 51 = 0$

12. **a)** $x^2 + 9x - 52 = 0$ **c)** $x^2 + 13x + 42{,}5 = 0$ **e)** $5y^2 + 14y + 9{,}8 = 0$

       $x^2 - 6x + 187 = 0$ $x^2 - 7x + 12{,}5 = 0$ $3y^2 - 4{,}4y - 9{,}6 = 0$

     b) $x^2 + 10{,}8x - 63 = 0$ **d)** $2x^2 - 3x - 104 = 0$ **f)** $\tfrac{4}{9}z^2 - 2z + \tfrac{5}{2} = 0$

       $x^2 + 2{,}55x - 4{,}5 = 0$ $9x^2 - 66x + 137 = 0$ $\tfrac{5}{6}z^2 - 4z + \tfrac{24}{5} = 0$

13. Bringe die Gleichung jeweils zunächst auf die Normalform. Bestimme dann die Lösungs-menge. Überprüfe durch Einsetzen, sofern die Lösungsmenge nicht leer ist.

     a) $(x - 5)(x + 7) = 45$ **b)** $(x - 8)(x - 3) = 1{,}4x$ **c)** $(2x - 3)(3x - 2) = 5(x^2 - 6)$

       $(x - 8)(x + 8) = 80$ $(x + 2)(x - 9) = -5{,}6x$ $(5x + 2)(8 - 3x) = 4x(11 - 4x)$

14. **a)** $(7 - 2x)(7x - 9) = (3x - 5)(15 - 4x)$ **b)** $(2x + 3)(20 - 3x) = (12 - x)(x - 1)$

       $(5 - 2x)(3x - 4) = (2x - 12)(2x - 2)$ $(3x + 7)(5x - 2) = (5x + 1)(8x - 3)$

Lösen von Bruchgleichungen, die auf quadratische Gleichungen führen

Beispiel: $\dfrac{10}{x} - \dfrac{3}{x-2} = 1$

Sei $x \neq 0$ und $x \neq 2$ (allgemeine Annahme).

$$\frac{10}{x} - \frac{3}{x-2} = 1 \qquad\qquad | \cdot x(x-2)$$

$$\frac{10x(x-2)}{x} - \frac{3x(x-2)}{x-2} = x(x-2) \qquad | \text{ T (Kürzen)}$$

$$10(x-2) - 3x = x(x-2) \qquad | \text{ T (Auflösen der Klammern)}$$

$$10x - 20 - 3x = x^2 - 2x \qquad | -x^2 + 2x$$

$$-x^2 + 9x - 20 = 0 \qquad | \cdot (-1)$$

$$x^2 - 9x + 20 = 0 \qquad | -20 + \left(\tfrac{9}{2}\right)^2$$

$$x^2 - 9x + \left(\tfrac{9}{2}\right)^2 = -20 + \left(\tfrac{9}{2}\right)^2 \qquad | \text{ T (2. binomische Formel)}$$

$$\left(x - \tfrac{9}{2}\right)^2 = \tfrac{1}{4}$$

$x - \tfrac{9}{2} = \tfrac{1}{2} \qquad oder \qquad x - \tfrac{9}{2} = -\tfrac{1}{2}$

$x = \tfrac{10}{2} = 5 \quad oder \quad x = \tfrac{8}{2} = 4$

$L = \{4;\, 5\}$

---

15. Forme zunächst die Bruchgleichung um in die Normalform einer quadratischen Gleichung. Bestimme dann die Lösungsmenge (Probe!).

a) $\dfrac{8}{x-3} - \dfrac{7}{x} = 1$ c) $\dfrac{2}{x-2} + \dfrac{4}{x+2} = 1$ e) $\dfrac{2}{x+1} + \dfrac{3}{5-x} = 2$ g) $\dfrac{3}{1-2x} - \dfrac{10}{12x-1} = 1$

b) $\dfrac{9}{x+1} - \dfrac{8}{x} = -1$ d) $\dfrac{40}{x+3} - \dfrac{6}{x-3} = 2$ f) $\dfrac{10}{4-x} - \dfrac{15}{7-x} = 2$ h) $\dfrac{5}{1-3x} - \dfrac{6}{10x+2} = 2$

14.2 Wurzelgleichungen

Gleichungen wie $\sqrt{x} = 7$; $\sqrt{x} + 2 = 3$, $x + \sqrt{5x-1} = 5$ nennt man **Wurzelgleichungen.**

Lösen von Wurzelgleichungen, die auf lineare Gleichungen führen

Beispiel: $\sqrt{x} + 2 = 5$

Beim Freistellen von x stört die Wurzel.
Durch Quadrieren versucht man sie zu beseitigen. Dies gelingt, wenn die Wurzel auf einer Seite allein steht.

$\sqrt{x} + 2 = 5 \quad | -2$

$\sqrt{x} = 3 \quad | \text{ Quadrieren beider Seiten}$

$x = 9$

$L = \{9\}$

Probe:

$$\sqrt{9} + 2 \quad = 5 \,(\text{w?})$$

LS: $\sqrt{9} + 2$ | RS: 5
$= 3 + 2 = 5$

Die Probe ist notwendig;
siehe Seite 69.

69

1. Bestimme die Lösungsmenge. Mache stets die Probe.

   a) $\sqrt{x} = 6$ d) $2\sqrt{x} = 15$ g) $\sqrt{x} - 2 = 3$ j) $\sqrt{2x} + 5 = 13$

   b) $\sqrt{x} = 7$ e) $\sqrt{x} = 1{,}2$ h) $13 - \sqrt{x} = 9$ k) $6 + \sqrt{3x} = 18$

   c) $\sqrt{x} = \frac{4}{9}$ f) $\sqrt{x} = 2\frac{3}{5}$ i) $3\sqrt{x} - 7 = 11$ l) $10 - \sqrt{\frac{1}{2}x} = 7$

2. a) $\sqrt{3x - 5} + 4 = 5$ c) $\sqrt{x + 5} = 3$ e) $\sqrt{2x + 1} = \frac{1}{2}$ g) $\sqrt{9x + 10} = 10$

   b) $5 - 3\sqrt{2x - 1} = 2$ d) $\sqrt{7x + 2} = 4$ f) $\sqrt{3 + \frac{1}{2}x} = 5$ h) $\sqrt{7x + 4} = 5$

3. a) $\sqrt{3x - 5} = \sqrt{4x - 7}$ c) $\sqrt{5x - 7} = \sqrt{4x}$ e) $5\sqrt{x} - 7 = 3\sqrt{x} - 1$

   b) $\sqrt{1 + 7x} = \sqrt{3 + 5x}$ d) $3\sqrt{6x + 7} = 7\sqrt{2x - 5}$ f) $7\sqrt{3x} - 1 = 5\sqrt{3x} + 5$

Lösen von Wurzelgleichungen, die auf quadratische Gleichungen führen

Beispiel:

$$x + \sqrt{5x - 1} = 5 \qquad | -x$$
$$\sqrt{5x - 1} = 5 - x \qquad | \text{ Quadrieren}$$
$$5x - 1 = (5 - x)^2 \qquad | \text{ T}$$
$$5x - 1 = 25 - 10x + x^2 \qquad | -25 - 5x$$
$$-26 = -15x + x^2$$
$$x^2 - 15x = -26 \qquad \left| + \left(\frac{15}{2}\right)^2 \right.$$
$$x^2 - 15x + \left(\frac{15}{2}\right)^2 = -26 + \left(\frac{15}{2}\right)^2 \qquad | \text{ T (2. binomische Formel)}$$
$$\left(x - \frac{15}{2}\right)^2 = \frac{121}{4}$$
$$x - \frac{15}{2} = \frac{11}{2} \quad oder \quad x - \frac{15}{2} = -\frac{11}{2}$$
$$x = \frac{26}{2} = 13 \quad oder \quad x = \frac{4}{2} = 2$$

Probe:

$$13 + \sqrt{5 \cdot 13 - 1} = 5 \,(\text{w?}) \qquad\qquad 2 + \sqrt{5 \cdot 2 - 1} = 5 \,(\text{w?})$$

LS: $13 + \sqrt{5 \cdot 13 - 1}$ | RS: 5   LS: $2 + \sqrt{5 \cdot 2 - 1}$ | RS: 5
     $= 13 + \sqrt{64}$ $= 2 + \sqrt{9}$
     $= 13 + 8$ $= 2 + 3$
     $= 21$ $= 5$

13 ist nicht Lösung.   2 ist Lösung.

$L = \{2\}$.

Beachte: Das Quadrieren ist keine Äquivalenzumformung; es können Lösungen hinzukommen, die nicht zur Lösungsmenge der Wurzelgleichung gehören (siehe Beispiel). Man muss deshalb stets die Pobe durchführen.

---

4. Bestimme die Lösungsmenge. Mache auch die Probe.

   a) $30 - \sqrt{x} = x$ b) $3x - \sqrt{x} = 4$ c) $2x = \sqrt{3x + 18}$ d) $\sqrt{2x} - x = 5$

5. Bestimme die Lösungsmenge.

   a) $x + 3 = \sqrt{6x + 25}$ c) $\sqrt{7x + 4} + x = 8$ e) $\sqrt{x + 1} + \frac{1}{4}x + 1 = 0$

   b) $x + 4 = \sqrt{8x + 25}$ d) $3 + \sqrt{6x + 1} = 2x$ f) $\sqrt{x - 1} - \frac{1}{5}x = 1$

6. a) $\sqrt{x + 3} + \sqrt{2x - 3} = 6$ b) $\sqrt{2x + 11} + \sqrt{2x - 5} = 8$ c) $\sqrt{4x - 3} + \sqrt{5x + 1} = \sqrt{15x + 4}$

15 Quadratische Funktionen

Eigenschaften der quadratischen Funktion mit $y = x^2$ ($x \in \mathbb{R}$) sowie der Normalparabel
(1) Der Punkt S(0; 0) ist der *Scheitel* der Normalparabel; er fällt mit dem Koordinatenursprung zusammen.
(2) Die Normalparabel ist *symmetrisch* zur y-Achse.
(3) Für alle x mit $x \leq 0$ (linker Parabelast) ist die Funktion *streng monoton fallend*, für alle x mit $x \geq 0$ (rechter Parabelast) *streng monoton steigend*; der Scheitel ist der tiefste Punkt der Normalparabel.
(4) Der Wertebereich der Funktion ist die Menge aller reellen Zahlen y mit $y \geq 0$.
(5) $x_0 = 0$ ist die einzige Nullstelle der Funktion.

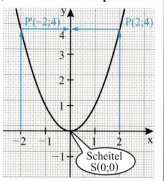

1. Zeichne die Normalparabel für $-3 \leq x \leq 3$.
   a) Lies an der Normalparabel ab: $0{,}6^2$; $1{,}4^2$; $2{,}7^2$; $(-0{,}4)^2$; $(-1{,}6)^2$; $(-2{,}4)^2$.
   b) Lies an der Normalparabel ab: An welchen Stellen x (für welche Argumente x) nimmt die quadratische Funktion mit $y = x^2$ den Wert 5 [4,5; 6; 7,5; 0,9; 0] an?

Eigenschaften der quadratischen Funktion mit $y = a \cdot x^2$ ($x \in \mathbb{R}$) sowie ihrer Parabel
(1) Der Graph der Funktion mit $y = ax^2$ entsteht aus der Normalparabel
   – durch Streckung mit dem Faktor a in Richtung der y-Achse, falls $a > 1$
   – durch Stauchung mit dem Faktor a in Richtung der y-Achse, falls $0 < a < 1$
   – durch Spiegelung an der x-Achse und Streckung bzw. Stauchung in Richtung der y-Achse, falls $a < 0$.
(2) Der Punkt S (0; 0) ist der *Scheitel* der Parabel.
(3) Die Parabel ist *symmetrisch* zur y-Achse.
(4) Die Parabel ist nach oben geöffnet, falls $a > 0$.
   Die Parabel ist nach unten geöffnet, falls $a < 0$.
(5) Die Wertemenge der Funktion ist die Menge aller y mit entweder $y \geq 0$, falls $a > 0$, oder $y \leq 0$, falls $a < 0$.
(6) $x_0 = 0$ ist die einzige Nullstelle der Funktion.

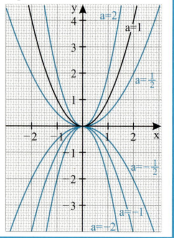

2. Welcher der Punkte $P_1(-3; 6)$, $P_2(2; -10)$, $P_3(1{,}5; -2{,}25)$, $P_4(-1{,}2; -1{,}08)$, $P_5(\frac{1}{2}; \frac{3}{4})$ liegt auf dem Graphen der quadratischen Funktion mit
   a) $y = 3x^2$; b) $y = \frac{2}{3}x^2$; c) $y = -x^2$; d) $y = -2{,}5x^2$; e) $y = -\frac{3}{4}x^2$?

3. An welchen Stellen x nimmt die quadratische Funktion den Wert 15 [-10; 0] an?
   a) $y = 5x^2$ b) $y = \frac{1}{2}x^2$ c) $y = -2x^2$ d) $y = -\frac{1}{4}x^2$

Eigenschaften der quadratischen Funktion mit y = x² + c (x ∈ ℝ) sowie ihrer Parabel

(1) Der Graph der Funktion mit $y = x^2 + c$ entsteht aus der Normalparabel durch Verschiebung um c Einheiten in Richtung der y-Achse.
(2) Der Punkt S(0; c) ist der *Scheitel* der Parabel.
(3) Die Parabel ist *symmetrisch* zur y-Achse.
(4) Die Wertemenge der Funktion ist die Menge aller reellen Zahlen mit y ≥ c.
(5) Die Funktion hat
 – zwei Nullstellen, falls c < 0
 – eine Nullstelle, falls c = 0
 – keine Nullstellen, falls c > 0.

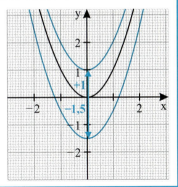

4. Bestimme – falls vorhanden – die Nullstellen der quadratischen Funktion mit

 a) $y = x^2 - 3$
 b) $y = x^2 + 3$
 c) $y = x^2 - 6{,}25$
 d) $y = x^2 + 0{,}25$
 e) $y = x^2 + 1{,}5$
 f) $y = x^2 - 1$

 $y = x^2 - 9$
 Gleichung für die Nullstellen:
 $x^2 - 9 = 0$
 $x = 3$ *oder* $x = -3$
 Nullstellen: −3; 3

5. Der Graph der quadratischen Funktion entsteht aus der Normalparabel durch Verschieben in Richtung der y-Achse. Der Scheitel lautet: a) S(0; 1,8) b) S(0; −2,4)
 Wie lautet die Funktionsgleichung?

Eigenschaften der quadratischen Funktion mit y = x² + px + q (x ∈ ℝ) sowie ihrer Parabel

(1) Die *Scheitelpunktform* der Funktionsgleichung lautet:
 $y = (x - d)^2 + e$
 Das bedeutet: Der Graph der quadratischen Funktion entsteht aus der Normalparabel durch Verschieben um d Einheiten in Richtung der x-Achse und um e Einheiten in Richtung der y-Achse.
(2) Der Scheitel S hat dann die Koordinaten (d; e) mit $d = -\frac{p}{2}$ und $e = -\left(\frac{p}{2}\right)^2 + q$.
(3) Die Parabel ist symmetrisch zu der Parallelen zur y-Achse durch den Scheitel S (d; e).
(4) Für alle x ≤ d fällt die Parabel monoton, für alle x ≥ d steigt sie monoton. Der Scheitel ist der tiefste Punkt der Parabel.

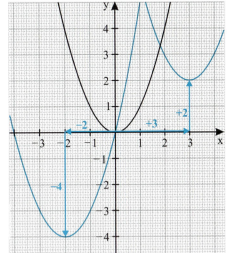

(5) Der Wertebereich ist die Menge der reellen Zahlen y mit y ≥ e.
(6) Die quadratische Funktion hat
 – zwei Nullstellen, falls e < 0,
 – eine Nullstelle, falls e = 0,
 – keine Nullstelle, falls e > 0.

6. Von einer verschobenen Parabel ist der Scheitel S bekannt. Gib ihre Funktionsgleichung in der Form $y = x^2 + px + q$ an.

    a) $S(3; -2)$ **b)** $S(-3,5; 1,5)$ **c)** $S(0,5; 3)$ **d)** $S(-1,5; -1)$ **e)** $S(2,5; -2,5)$

7. Gib den Scheitel der Parabel und ihre Schnittpunkte mit den Koordinatenachsen an.

    a) $y = x^2 + x - 2$ **b)** $y = x^2 - 4x + 5,5$ **c)** $y = x^2 + 3,5x + 3$

8. Von einer verschobenen Normalparabel sind zwei Punkte P_1 und P_2 bekannt. Stelle die Funktionsgleichung auf.

    a) $P_1(1,5; 8,25); P_2(-1; 2)$ **b)** $P_1(2, -1); P_2(-1,5; 7,75)$

9. Zwei Parabeln haben die Gleichungen $y = x^2 - 3x + 4$ und $y = x^2 + 2x - 7$. Berechne die Schnittpunkte.

10. Gib die Funktionsgleichung in der Form $y = x^2 + px + q$ an. Bestimme auch die Nullstellen.

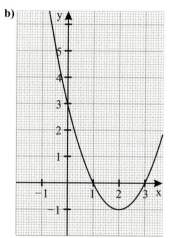

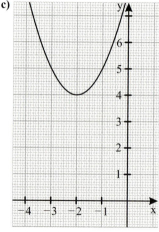

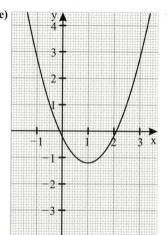

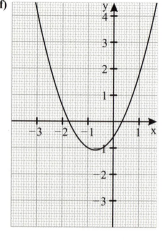

16 Potenzen mit natürlichen Exponenten (Hochzahlen)

16.1 Potenzbegriff

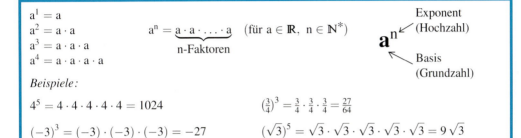

1. Berechne und vergleiche.
   a) 3^5 und $3 \cdot 5$ b) 5^3 und $5 \cdot 3$ c) $(-2)^4$ und $(-2) \cdot 4$ d) $(\frac{2}{3})^3$ und $\frac{2}{3} \cdot 3$

2. Berechne und vergleiche.
   a) 5^2 und 2^5 b) 3^4 und 4^3 c) $(-4)^2$ und -4^2 d) 3^5 und $(-3)^5$

3. Berechne.
   a) 8^2; 5^4; 2^8; 1^4; 0^6; 9^3; 4^3; 10^6; 3^6; 2^{10}; 6^3; 5^1
   b) $(\frac{1}{2})^3$; $(\frac{5}{9})^2$; $(\frac{1}{10})^4$; $(\frac{3}{5})^3$; $(\frac{5}{3})^4$; $(\frac{6}{7})^2$; $(\frac{7}{6})^3$; $(\frac{3}{4})^5$; $(\frac{3}{2})^6$
   c) $0{,}2^3$; $0{,}6^2$; $0{,}4^3$; $0{,}02^2$; $0{,}01^3$; $0{,}04^4$; $1{,}2^2$; $1{,}5^2$; $4{,}8^1$; $3{,}2^2$; $0{,}3^4$
   d) $(-2)^3$; $(-6)^2$; $(-3)^4$; $(-4)^5$; $(-1)^9$; $(-1)^{10}$; $(-\frac{1}{2})^4$; $(-\frac{2}{3})^5$; $(-0{,}2)^5$
   e) $(\sqrt{2})^5$; $(\sqrt{3})^4$; $(\sqrt{7})^3$; $(\sqrt{6})^5$; $(\sqrt{2})^{10}$; $(\sqrt{3})^7$; $(\sqrt{5})^5$; $(\sqrt{7})^4$; $(\sqrt{8})^1$

4. Schreibe als Potenz.
   a) 32   b) 125   c) 64   d) 256   e) 1 000   f) 1 024   g) 625   h) 144

5. Berechne.
   a) $5 + 4 \cdot 3^2$
   b) $50 - 4 \cdot 3^2$
   c) $100 + 5 \cdot 15^2$
   d) $7 \cdot 4^3 - 30$
   e) $12^2 + 5^3$
   f) $6^3 - 11^2$
   g) $2 \cdot 3^4 + 4 \cdot 3^2$
   h) $23 \cdot 5^3 - 7 \cdot 9^2$

6. Berechne.
   a) $9 \cdot 2^3 - 7 \cdot 2^3$
   b) $11 \cdot 7^3 + 4 \cdot 7^3$
   c) $5 \cdot 7^3 - 8 \cdot 7^3$
   d) $28 \cdot (\frac{1}{2})^4 - 15 \cdot (\frac{1}{2})^4$
   e) $3 \cdot 6^2 + 7 \cdot 6^2 - 5 \cdot 6^2$
   f) $10 \cdot (\frac{7}{2})^2 + 15 \cdot (\frac{7}{2})^2 - 23 \cdot (\frac{7}{2})^2$
   g) $0{,}5^4 + 8 \cdot 0{,}5^4 - 3 \cdot 0{,}5^4$
   h) $17 \cdot (\frac{2}{3})^3 - 19 \cdot (\frac{2}{3})^3 + 11 \cdot (\frac{2}{3})^3$

$$9 \cdot 2^3 + 7 \cdot 2^3 = (9 + 7) \cdot 2^3$$
$$= 16 \cdot 2^3$$
$$= 16 \cdot 8$$
$$= 128$$

74

7. Vereinfache.

a) $5x^2 - 3x^2$ **c)** $9b^3 - 7b^3$ **e)** $5x^5 + 17x^5 - 29x^5$

b) $9y^3 + 7y^3$ **d)** $4,5a^4 - 6,3a^4$ **f)** $3,5z^8 - 2,9z^8 + 7,4z^8$

$$5a^7 + 3a^7 = (5+3)a^7$$
$$= 8a^7$$

8. Schreibe in Exponentenschreibweise.

a) $3\,540$ **c)** $864\,000$ **e)** $541\,000\,000$

b) $28\,500$ **d)** $1\,230\,000$ **f)** $298\,000\,000\,000$

$$1\,480\,000$$
$$= 1,48 \cdot 1\,000\,000$$
$$= 1,48 \cdot 10^6$$

9. Schreibe ausführlich.

a) $1,2 \cdot 10^3$ **c)** $3,1 \cdot 10^2$ **e)** $5,14 \cdot 10^3$ **g)** $2,47 \cdot 10^6$

b) $9,6 \cdot 10^5$ **d)** $7,45 \cdot 10^4$ **f)** $6,38 \cdot 10^2$ **h)** $4,18 \cdot 10^8$

$$3,6 \cdot 10^4$$
$$= 36\,000$$

16.2 Potenzgesetze — Rechnen mit Potenzen

> **Potenzgesetz für die Multiplikation von Potenzen mit gleicher Basis (Grundzahl)**
>
> **(P 1):** $a^m \cdot a^n = a^{m+n}$ (für $a \in \mathbb{R}$, $m \in \mathbb{N}^*$, $n \in \mathbb{N}^*$)
>
> Man multipliziert Potenzen mit gleicher Basis (Grundzahl), indem man die Exponenten (Hochzahlen) addiert.

1. Wende das Potenzgesetz (P 1) an.

$$x^3 \cdot x^4 = x^{3+4} = x^7$$

a) $5^2 \cdot 5^4$ **f)** $z^4 \cdot z^8$ **k)** $5x^4 \cdot 7x^3$

b) $10^3 \cdot 10^2 \cdot 10$ **g)** $a \cdot a^5$ **l)** $9y^{11} \cdot 5y^{11}$ **p)** $x^3 \cdot y^2 \cdot x^4 \cdot y^5$

c) $\left(\frac{2}{3}\right)^4 \cdot \left(\frac{2}{3}\right)^2$ **h)** $(-x)^4 \cdot (-x)^3$ **m)** $\frac{3}{2}v^5 \cdot \frac{9}{2}v^3$ **q)** $r^5 \cdot s^2 \cdot r^3 \cdot s^4$

d) $2,4^3 \cdot 2,4^4$ **i)** $c^3 \cdot c^4 \cdot c^5$ **n)** $0,4b^6 \cdot 0,7b^4$ **r)** $4a^3 \cdot 3a^2 \cdot 6b^4 \cdot 4b^2$

e) $(-2)^3 \cdot (-2)^5$ **j)** $n^3 \cdot n \cdot n^6$ **o)** $4z^3 \cdot 3z^2 \cdot 6z^4$ **s)** $1,5a^2 \cdot 8b^2 \cdot 0,5ab$

2. **a)** $(x+y)^2(x+y)^3$ **b)** $(a-b)^3(a-b)^5$ **c)** $7(y+z)^4(y+z)$ **d)** $a(x-y)^2(x-y)^3$

3. **a)** $\dfrac{a^2b^7}{3} \cdot \dfrac{a^5b^{12}}{4}$ **c)** $\dfrac{5r^2s^2}{4} \cdot 2rs$ **e)** $\dfrac{x^4y^5}{8} : \dfrac{5}{2x^3b^3}$ **g)** $\dfrac{a^3b^7}{c^3} \cdot \dfrac{a^2b^9}{c^6}$

b) $\dfrac{x^3y}{2} \cdot \dfrac{x^4y^3}{5}$ **d)** $\dfrac{30a^3y^3}{7} \cdot 21a^2y^3$ **f)** $\dfrac{r^2s}{3} : \dfrac{1}{rs}$ **h)** $\dfrac{5x^9y^3}{7z^4} : \dfrac{10z^3}{28x^5y^7}$

4. Multipliziere aus.

$$x^5 \cdot (3x^4 - 2x^3) = x^5 \cdot 3x^4 - x^5 \cdot 2x^3 = 3x^9 - 2x^8$$

a) $2a^3(5a + 9a^2)$

b) $x^8(3x^2 - 5x^4)$

c) $2z^5(5z + 3z^2 + 0,5z^3)$ **e)** $3a^2b^3c^5(7a^3b^2c^2 - 10ab^4c^5 + 12a^4b^6c^7)$

d) $4r^6(r^4 + 7r^2 - 9)$ **f)** $1,2xy^5z(0,5x^2yz^5 - 0,8xy^2z^8 + 1,2xyz^7)$

5. Multipliziere aus.

a) $(a^2 + a + 1)(a - 1)$ **d)** $(25x^2 - 20xy + 16y^2)(5x + 4y)$

b) $(z^2 - z + 1)(z + 1)$ **e)** $(4a^3b + 5a^2b^3)(4a^3b - 5a^2b^2)$

c) $(25x^2 + 20xy + 16y^2)(5x - 4y)$ **f)** $\left(\frac{1}{2}x^3y - \frac{1}{3}x^2y^2 + \frac{1}{4}xy^3\right)(8x^3 + 3y^2)$

6. Klammere aus.

$$x^3 + x^5 = x^3 + x^3 \cdot x^2 = x^3(1 + x^2)$$

a) $a^8 - a^6$ **b)** $12x^9 - 8x^2$

$x^4 - x^7$ $15a^3 + 10a^9$ **c)** $48y^6 - 30y^4 + 12y^2 + 6y$ **d)** $\frac{8}{9}x^5 + \frac{16}{81}x^4 - \frac{32}{27}x^2 - \frac{4}{3}x$

$y^9 - y^3$ $24z - 36z^5$ $9b^4 + 27b^5 - 18b^2 - 45b^7$ $\frac{2}{5}z^3 - \frac{4}{15}z^2 + \frac{8}{10}z^5 - \frac{12}{25}z^4$

Potenzgesetz für die Division von Potenzen mit gleicher Basis (Grundzahl)

(P 1*): $\dfrac{a^m}{a^n} = a^{m-n}$ (für $a \in \mathbb{R} \setminus \{0\}$, $m, n \in \mathbb{N}^*$ mit $m > n$)

Man dividiert Potenzen mit gleicher Basis (Grundzahl), indem man die Exponenten (Hoch-zahlen) subtrahiert.

---

7. Wende das Potenzgesetz (P 1*) an.

$$x^7 : x^5 = x^{7-5} = x^2 \quad \text{(für } x \neq 0)$$

a) $\dfrac{11^9}{11^4}$ **g)** $\dfrac{a^{10}}{a^7}$ **m)** $\dfrac{(x+y)^{12}}{(x+y)^7}$

b) $\dfrac{7^{11}}{7^5}$ **h)** $\dfrac{x^{11}}{x}$ **n)** $\dfrac{(a-b)^{15}}{(a-b)^8}$ **s)** $\dfrac{1{,}8r^9s^8}{2{,}7r^7s^2}$

c) $\dfrac{5^{15}}{5^{12}}$ **i)** $\dfrac{(-b)^5}{(-b)^3}$ **o)** $\dfrac{36a^{18}}{18a^{12}}$ **t)** $\dfrac{42a^{14}b^{12}}{72a^{11}b^3}$

d) $\left(\dfrac{4}{5}\right)^{12} : \left(\dfrac{4}{5}\right)^7$ **j)** $\dfrac{(2b)^7}{(2b)^4}$ **p)** $\dfrac{27z^{15}}{9z^6}$ **u)** $\dfrac{a^5(a+b)^4}{a^2(a+b)}$

e) $\dfrac{2{,}4^8}{2{,}4^5}$ **k)** $\dfrac{(rs)^8}{(rs)^6}$ **q)** $\dfrac{36y^{20}}{54y^5}$ **v)** $\dfrac{(x-y)^{13} \cdot z^{12}}{(x-y)^{10} \cdot z^7}$

f) $\dfrac{(-2)^3}{(-2)^2}$ **l)** $\dfrac{(abc)^5}{(abc)^2}$ **r)** $\dfrac{38x^9y^8}{57x^7}$ **w)** $\dfrac{(x+y)^{12}(y-z)^{10}}{(y-z)^7(x+y)^6}$

8. a) $\dfrac{x^6}{y^5} \cdot \dfrac{y^7}{x^4}$ **c)** $\dfrac{25x^6}{16z} \cdot \dfrac{28z^5}{15x^4}$ **e)** $\dfrac{a^9}{b^{12}} : \dfrac{a^5}{b^{14}}$ **g)** $10a^5b^4 : \dfrac{15a^2b^2}{x^2y}$

b) $\dfrac{5a^5}{b^3} \cdot \dfrac{b^5}{10a^4}$ **d)** $\dfrac{5r^3s^4}{7x^5y^6} \cdot \dfrac{21x^6y^8}{10r^2s}$ **f)** $\dfrac{18x^9}{35z^3} : \dfrac{15x^4}{14z}$ **h)** $\dfrac{r^4s^5}{18} : r^2s$

9. a) $(a^6 - a^5 + a^4) : a^3$ **d)** $(28z^3 - 21z^4 - 42z^5) : 14z^2$ **g)** $(ax^5 - 2ax^4 - 3ax^3) : ax^2$

b) $(x^8 + 3x^7 - x^3) : x^2$ **e)** $(5r^7 - 3r^6 + 4r^5) : \frac{1}{2}r^4$ **h)** $(x^4y^5 - x^3y^4 + x^5y^3) : x^3y^2$

c) $(y^6 - 5y^5 - y^8) : y^3$ **f)** $(6a^5 + 9a^4 - 12a^3) : \frac{3}{2}a^3$ **i)** $(r^3s^4 - r^4s^3 + r^5s^5) : s^3r^3$

Potenzgesetz für das Potenzieren eines Produktes

(P 2): $(a \cdot b)^n = a^n \cdot b^n$ (für $a \in \mathbb{R}$, $b \in \mathbb{R}$, $n \in \mathbb{N}^*$)

Man potenziert ein Produkt, indem man jeden Faktor potenziert.

---

10. Potenziere das Produkt.

$$(4ab)^3 = 4^3a^3b^3 = 64a^3b^3$$

a) $(6\sqrt{5})^2$ **e)** $(3a)^2$ **i)** $\left(\frac{1}{2}uv\right)^3$

b) $(-2\sqrt{2})^7$ **f)** $(2x)^5$ **j)** $(3xyz)^4$ **m)** $(\sqrt{x} \cdot \sqrt{y})^6$ **p)** $(x(y+z))^2$

c) $(\sqrt{3} \cdot \sqrt{5})^4$ **g)** $(2xy)^7$ **k)** $(-10xy)^3$ **n)** $(5(a+b))^2$ **q)** $(a(b-c))^2$

d) $(\sqrt{7} \cdot \sqrt{6})^3$ **h)** $(5ac)^4$ **l)** $\left(\frac{2}{5}ab\right)^2$ **o)** $(4(x-y))^3$ **r)** $(2r(s+t))^3$

11. **a)** $(4a)^3 \cdot (2ab)^4$ **b)** $(2r)^2 \cdot (3rs)^3$ **c)** $(7x)^3 \cdot (4xy)^2$ **d)** $(2ab)^5 \cdot (4ac)^2$

12. Wende das Potenzgesetz (P 2) an.

$$3^2 \cdot 5^2 = (3 \cdot 5)^2 = 15^2 = 225$$

a) $2^3 \cdot 5^3$ **d)** $\left(\frac{1}{2}\right)^2 \cdot 8^2$ **g)** $25^4 \cdot \left(\frac{2}{5}\right)^4$

b) $25^2 \cdot 16^2$ **e)** $\left(\frac{2}{3}\right)^2 \cdot 9^2$ **h)** $\left(1\frac{1}{3}\right)^3 \cdot \left(1\frac{1}{2}\right)^3$ **j)** $\left(\frac{2}{3}\right)^3 \cdot \left(\frac{6}{7}\right)^3 \cdot \left(\frac{21}{4}\right)^3$

c) $8^3 \cdot 125^3$ **f)** $\left(\frac{1}{4}\right)^3 \cdot 20^3$ **i)** $0{,}5^4 \cdot 2^4 \cdot 5^4$ **k)** $(-2)^3 \cdot (-1)^3 \cdot (-5)^3$

13. **a)** $a^2 \cdot b^2$ **d)** $(-a)^4 \cdot (-b)^4$

$$x^5 \cdot y^5 = (x \cdot y)^5$$

b) $x^5 \cdot y^5$ **e)** $(a+1)^3 \cdot (a-1)^3$

c) $z^3 \cdot (-y)^3$ **f)** $(x-2)^4 \cdot (x+2)^4$ **g)** $(3a+b)^2 \cdot (3a-b)^2$

14. **a)** $\left(\frac{x+y}{a+b}\right)^4 \cdot \left(\frac{a-b}{x+y}\right)^4$ **c)** $\left(\frac{4a-6b}{5x-7y}\right)^3 \cdot \left(\frac{5x-7y}{2a-3b}\right)^3$ **e)** $\left(\frac{5r-7s}{7c+2d}\right)^2 \cdot \left(\frac{21c+6d}{5r-7s}\right)^2$

b) $\left(\frac{x-y}{a-b}\right)^5 \cdot \left(\frac{a-b}{x+y}\right)^5$ **d)** $\left(\frac{7r^2}{r^2-s^2}\right)^4 \cdot (r+s)^4$ **f)** $\left(\frac{2x+3z}{a-b}\right)^3 \cdot \left(\frac{2a-2b}{6x+9z}\right)^3$

Potenzgesetz für das Potenzieren eines Quotienten

(P 2*): $\left(\dfrac{a}{b}\right)^n = \dfrac{a^n}{b^n}$ (für $a \in \mathbb{R}$, $b \in \mathbb{R} \setminus \{0\}$, $n \in \mathbb{N}^*$)

Man potenziert einen Quotienten, indem man Zähler und Nenner potenziert.

---

15. Potenziere den Quotienten.

$$\left(\frac{2}{x}\right)^5 = \frac{2^5}{x^5} = \frac{32}{x^5} \quad \text{(für } x \neq 0)$$

a) $\left(\frac{2}{5}\right)^3$ **d)** $\left(\frac{\sqrt{5}}{\sqrt{3}}\right)^6$ **g)** $\left(\frac{x}{3}\right)^3$ **j)** $\left(\frac{1}{4x}\right)^3$

b) $\left(\frac{4}{5}\right)^2$ **e)** $\left(\frac{2\sqrt{5}}{\sqrt{7}}\right)^4$ **h)** $\left(\frac{y}{5}\right)^4$ **k)** $\left(\frac{3x}{2y}\right)^4$ **m)** $\left(\frac{5c}{7d}\right)^2$ **o)** $\left(\frac{3r}{4xy}\right)^4$

c) $\left(\frac{\sqrt{2}}{3}\right)^4$ **f)** $\left(\frac{2\sqrt{3}}{3\sqrt{5}}\right)^3$ **i)** $\left(\frac{2a}{b}\right)^2$ **l)** $\left(\frac{3\sqrt{a}}{4\sqrt{b}}\right)^3$ **n)** $\left(\frac{2ab}{3xy}\right)^3$ **p)** $\left(\frac{a\sqrt{b}}{x\sqrt{y}}\right)^5$

16. Vereinfache.

a) $\left(\frac{1}{x}\right)^3 \cdot \left(\frac{1}{y}\right)^2$ **b)** $\left(\frac{2}{a}\right)^3 \cdot \left(\frac{3}{b}\right)^2 \cdot \left(\frac{1}{c}\right)^4$ **c)** $\left(\frac{3a}{4b}\right)^2 \cdot \left(\frac{2b}{9c}\right)^3$ **d)** $(2xy)^4 \cdot \left(\frac{3x}{8y}\right)^3$

17. Wende das Potenzgesetz (P 2*) an.

$$\frac{12^5}{6^5} = \left(\frac{12}{6}\right)^5 = 2^5 = 32$$

a) $\dfrac{12^2}{4^2}$ **d)** $\dfrac{8^3}{32^3}$ **g)** $\dfrac{(-48)^2}{16^2}$ **j)** $\dfrac{\left(\frac{1}{4}\right)^3}{\left(\frac{5}{8}\right)^3}$

b) $\dfrac{27^3}{3^3}$ **e)** $\dfrac{20^4}{5^4}$ **h)** $\dfrac{16^3}{(-24)^3}$ **k)** $\dfrac{\left(-\frac{1}{3}\right)^2}{2^2}$ **m)** $\dfrac{\left(\frac{2}{3}\right)^4}{\left(\frac{5}{4}\right)^4}$ **o)** $\dfrac{(-4{,}8)^3}{(-1{,}6)^3}$

c) $\dfrac{100^4}{10^4}$ **f)** $\dfrac{120^5}{12^5}$ **i)** $\dfrac{(-75)^5}{(-25)^5}$ **l)** $\dfrac{5{,}1^7}{1{,}7^7}$ **n)** $\dfrac{1{,}3^5}{2{,}6^5}$ **p)** $\dfrac{1{,}5^2}{(-4{,}5)^2}$

18. Schreibe als Potenz.

a) $\dfrac{x^4}{16}$ **b)** $\dfrac{a^6}{64}$ **c)** $\dfrac{32}{z^5}$ **d)** $\dfrac{81c^4}{10\,000}$

$$\frac{x^3}{27} = \frac{x^3}{3^3} = \left(\frac{x}{3}\right)^3$$

19. Wende das Potenzgesetz (P 2*) an.

$$\frac{x^5}{y^5} = \left(\frac{x}{y}\right)^5 \quad \text{(für } y \neq 0)$$

a) $\dfrac{(45a)^3}{9^3}$ c) $\dfrac{(24z)^4}{(8z)^4}$ e) $\left(\dfrac{x}{y}\right)^7 : x^7$ g) $\dfrac{(a^2-b^2)^3}{(a+b)^3}$

b) $\dfrac{(17b)^2}{(4b)^2}$ d) $\dfrac{(ab)^{10}}{b^{10}}$ f) $\left(\dfrac{z}{2}\right)^8 : \left(\dfrac{z}{y}\right)^8$ h) $\dfrac{(3x-3y)^5}{(x-y)^5}$ i) $\dfrac{(4a+4b)^3}{(a+b)^3}$

Potenzgesetz für das Potenzieren einer Potenz

(P 3): $(a^m)^n = a^{m \cdot n}$ (für $a \in \mathbb{R}$, $m \in \mathbb{N}^*$, $n \in \mathbb{N}^*$)

Man potenziert eine Potenz, indem man die Exponenten (Hochzahlen) multipliziert.

---

20. Berechne die Potenz.

$$(2^3)^4 = 2^{3 \cdot 4} = 2^{12} = 4096$$

a) $(3^2)^2$ c) $(10^2)^3$ e) $((-10)^4)^2$ g) $((-\tfrac{1}{2})^3)^3$

b) $(2^3)^2$ d) $((-2)^2)^3$ f) $((\tfrac{1}{2})^5)^2$ h) $((\sqrt{2})^4)^5$ i) $\left(\left(\dfrac{1}{\sqrt{2}}\right)^3\right)^4$

21. Schreibe als Potenz mit möglichst kleiner Basis (Grundzahl).

a) 36^5 b) 32^3 c) 1000^4 d) 81^2 e) 125^7

22. Wende das Potenzgesetz (P 3) an.

$$(a^3)^5 = a^{3 \cdot 5} = a^{15}$$

a) $(x^4)^3$ c) $(g^5)^2$ e) $(a^7)^7$ g) $((-x)^2)^3$

b) $(z^3)^4$ d) $(b^5)^3$ f) $(c^6)^8$ h) $((-a)^2)^6$ i) $((a+b)^3)^5$

23. a) $(3a^2)^4$ e) $(-4ab)^2$ i) $(-z^7)^3$

$$(x^2y^3)^5 = (x^2)^5 \cdot (y^3)^5 = x^{10} \cdot y^{15}$$

b) $(5x^3)^2$ f) $(-3a^2y)^3$ j) $(a^2b^2)^3$

c) $(2z^4)^5$ g) $(-x^2)^3$ k) $(x^2y^3)^4$ m) $(3u^2v^3)^2$ o) $(a^2b^4c^4)^5$

d) $(-2x^3)^4$ h) $(-a^5)^4$ l) $(r^3s^4)^7$ n) $(-4xy^2)^3$ p) $(-x^3y^5z^2)^7$

24. a) $\left(\dfrac{1}{3x^4}\right)^4$ c) $\dfrac{(a^6b^5)^4}{(a^3b^4)^5}$ e) $\left(\dfrac{x^7}{y^4}\right)^5 \cdot \left(\dfrac{y}{x^3}\right)^4$ g) $\left(\dfrac{a^4b^2}{c^3}\right)^7 : \left(\dfrac{a^3b^5}{c^5}\right)^4$

b) $\left(\dfrac{3x^3}{2y^2}\right)^5$ d) $\dfrac{(x^3y)^4}{(5xy^2)^3}$ f) $\left(\dfrac{a^3b^3}{c^4}\right)^2 \cdot \left(\dfrac{c^5b^4}{a^2}\right)^3$ h) $\left(\dfrac{4x^2y^4z^5}{3a^7b^6}\right) : (2x^2y^3z^4)^4$

25. a) $\left(\dfrac{3ab^2}{2c}\right)^6 + \left(\dfrac{2a^2b}{4c^2}\right)^3$ d) $\left(\dfrac{-r^2}{s^3t^2}\right)^2 + \left(\dfrac{r}{s^2t}\right)^3$ g) $\left(\dfrac{-5x^2y}{2z}\right)^2 - \left(\dfrac{-2x^2y^3}{3z^2}\right)^3$

b) $\left(\dfrac{5y^2z}{4x^2}\right)^2 + \left(\dfrac{3yz}{2x}\right)^4$ e) $\left(\dfrac{z}{x^2y}\right)^4 + \left(\dfrac{-z}{y^2x}\right)^2$ h) $\left(\dfrac{-4ab^2}{2c^2}\right)^3 - \left(\dfrac{-5a^2b^2}{3c}\right)^2$

c) $\left(\dfrac{s^2t^2}{2r}\right)^8 - \left(\dfrac{3s^3t^2}{r^2}\right)^4$ f) $\left(\dfrac{ab}{c^3d^2}\right)^2 - \left(\dfrac{-ab}{c^2d^3}\right)^4$ i) $\left(\dfrac{r^2s^3}{uv^2}\right)^4 + \left(\dfrac{r^2s}{v^2u}\right)^3$

26. a) $(5x^2 - 4y^2)^2$ c) $(a^2b^3 - cd^4)^2$ e) $(5x^4y^5 - 7y^4x^5)^2$

b) $(7a^3 + 6b^3)^2$ d) $(2a^2b^3 + 3c^3d^4)^2$ f) $(6a^2b^4c^3 + 9a^5b^2c^6)^2$

27. a) $(a^3 - b^3)(a^3 + b^3)$ b) $(x^5 - y^3)(x^5 + y^3)$ c) $(2x^6 - 3y^5)(2x^6 + 3y^5)$

28. Vereinfache.

a) $\dfrac{a^5 + a^4}{a^3 + a^2}$ b) $\dfrac{x^7 - 2x^8}{x^3 - 4x^5}$ c) $\dfrac{36y^2 - 9y^4}{6y^4 - 3y^5}$

78

17 Potenzen mit ganzzahligen Exponenten

17.1 Potenzen mit Exponenten 0 und mit negativen Exponenten

(1) $a^0 = 1$ (für $a \in \mathbb{R}$) (2) $a^{-n} = \dfrac{1}{a^n}$ (für $a \in \mathbb{R} \setminus \{0\}$, $n \in \mathbb{N}$)

1. Berechne.

a) 5^0; $(-7)^0$; $\left(\frac{3}{5}\right)^0$; $(\sqrt{2})^0$; $\left(-\frac{3}{4}\right)^0$; $\frac{5^0}{6^0}$; $2 \cdot 7^0$

b) x^0; $(x \cdot y)^0$; $a^0 \cdot b^0$; $(x + y)^0$; $a^0 + b^0$; $(x^0)^0$

c) 2^{-3}; 3^{-2}; 5^{-2}; 10^{-4}; 11^{-1}; 2^{-10}; 3^{-4}

d) $(-2)^{-3}$; $(-3)^{-2}$; $(-5)^{-3}$; $(-3)^{-1}$; -2^{-4}; -10^{-6}

e) $\left(\frac{1}{2}\right)^{-3}$; $\left(\frac{4}{5}\right)^{-1}$; $\left(\frac{5}{2}\right)^{-4}$; $\left(\frac{1}{10}\right)^{-5}$; $\left(-\frac{2}{3}\right)^{-4}$; $\left(-\frac{1}{2}\right)^{-5}$

f) $(\sqrt{2})^{-4}$; $(\sqrt{3})^{-3}$; $(\sqrt{5})^{-6}$; $(-\sqrt{2})^{-3}$; $(-\sqrt{3})^{-4}$

g) $2 \cdot 5^{-3}$; $7 \cdot (-4)^{-2}$; $(-3) \cdot (-2)^{-5}$; $(-3) \cdot (-5)^{-3}$

h) $\dfrac{1}{2^{-3}}$; $\dfrac{1}{2^{-5}}$; $\dfrac{1}{10^{-6}}$; $\dfrac{2^{-2}}{3^{-3}}$; $\dfrac{3^{-4}}{2^{-6}}$; $\dfrac{10^4}{5^{-3}}$

> $4^0 = 1$
>
> $\left(\frac{2}{3}\right)^0 = 1$
>
> $(-3)^0 = 1$
>
> $4^{-2} = \dfrac{1}{4^2} = \dfrac{1}{16}$
>
> $\left(\frac{2}{3}\right)^{-4} = \dfrac{1}{\left(\frac{2}{3}\right)^4} = \dfrac{1}{\frac{16}{81}} = \dfrac{81}{16}$
>
> $(-3)^{-4} = \dfrac{1}{(-3)^4} = \dfrac{1}{81}$
>
> $(\sqrt{2})^{-6} = \dfrac{1}{(\sqrt{2})^6} = \dfrac{1}{8}$

2. Schreibe mit negativem Exponenten (negativer Hochzahl).

a) $\frac{1}{4}$; $\frac{1}{9}$; $\frac{1}{16}$; $\frac{1}{32}$; $\frac{1}{1000}$; $\frac{1}{125}$; $\frac{1}{81}$; $\frac{1}{64}$; $\frac{1}{10}$; $\frac{1}{100}$

b) $0{,}001$; $0{,}4$; $0{,}032$; $0{,}0016$; $2{,}5$; $0{,}64$; $3{,}6$; $0{,}081$

> $\dfrac{1}{8} = \dfrac{1}{2^3} = 2^{-3}$
>
> $0{,}32 = \dfrac{32}{100} = \dfrac{2^5}{10^2} = 2^5 \cdot 10^{-2}$

3. Schreibe ohne negative Exponenten (Hochzahlen).

a) y^{-2} **d)** $a^2 \cdot b^{-3}$ **g)** $\left(\frac{1}{a}\right)^{-3}$ **j)** $\dfrac{a^2}{b^{-3}}$

b) a^{-5} **e)** $x^{-3} \cdot y^{-2}$ **h)** $\left(\frac{x}{y}\right)^{-1}$ **k)** $\dfrac{x^{-3}}{y^5}$ **m)** $2 + a^{-3}$

c) $2 \cdot z^{-3}$ **f)** $r^{-4} \cdot s^5$ **i)** $\left(\frac{2}{r}\right)^{-4}$ **l)** $(x + y)^{-3}$ **n)** $x^{-2} - y^{-3}$

> $x^{-3} = \dfrac{1}{x^3}$ (für $x \neq 0$)

4. Schreibe ohne Bruchstrich, verwende negative Exponenten (Hochzahlen).

a) $\dfrac{3}{x}$ **d)** $\dfrac{x}{y}$ **g)** $\dfrac{5}{(xy)^4}$ **j)** $\dfrac{4}{x + y}$

b) $\dfrac{8}{y^2}$ **e)** $\left(\frac{x}{y}\right)^2$ **h)** $\dfrac{x}{y^2 z^3}$ **k)** $\dfrac{2z}{(a - b)^2}$ **m)** $\dfrac{5}{x} - \dfrac{4}{x^2}$ **o)** $\dfrac{7}{a^3} + \dfrac{3}{a^5}$

c) $\dfrac{1}{z^3}$ **f)** $\dfrac{2}{3a}$ **i)** $\dfrac{a}{(z^2)^4}$ **l)** $\dfrac{1}{z} - 3$ **n)** $\dfrac{2}{y^2} - \dfrac{4z}{y^5}$ **p)** $\dfrac{a}{x^2} + \dfrac{b}{x^4}$

> $\dfrac{5}{a^2} = 5 \cdot a^{-2}$ (für $a \neq 0$)

5. Schreibe wie im Beispiel. Der Faktor vor der Zehnerpotenz soll eine Zahl zwischen 1 und 10 sein.

$$0{,}037 = \frac{3{,}7}{100} = 3{,}7 \cdot 10^{-2}$$

a) 0,0058   **c)** 0,00089   **e)** 0,0000073   **g)** 0,00000071   **i)** 0,0000000047

b) 0,0483   **d)** 0,00123   **f)** 0,0000259   **h)** 0,00000943   **j)** 0,00000000014

6. Schreibe als Dezimalbruch.

$$4{,}3 \cdot 10^{-3} = \frac{4{,}3}{1000} = 0{,}0043$$

a) $7 \cdot 10^{-2}$ **b)** $2{,}4 \cdot 10^{-3}$ **c)** $4{,}1 \cdot 10^{-5}$ **d)** $3{,}14 \cdot 10^{-4}$

17.2 Potenzgesetze – Rechnen mit Potenzen mit ganzzahligen Exponenten

Die Potenzgesetze gelten auch für Potenzen mit ganzzahligen Exponenten (Hochzahlen). Die Basis (Grundzahl) muss jedoch von 0 verschieden sein.

Potenzgesetze für die Multiplikation und Division von Potenzen mit gleicher Basis

(P1): $\quad a^m \cdot a^n = a^{m+n}$ (für $a \in \mathbb{R} \setminus \{0\}$, $m \in \mathbb{Z}$, $n \in \mathbb{Z}$)

(P1*): $\quad \dfrac{a^m}{a^n} = a^{m-n}$ (für $a \in \mathbb{R} \setminus \{0\}$, $m \in \mathbb{Z}$, $n \in \mathbb{Z}$)

Potenzgesetze für das Potenzieren eines Produktes bzw. Quotienten

(P2): $\quad (a \cdot b)^n = a^n \cdot b^n$ (für $a \in \mathbb{R} \setminus \{0\}$, $b \in \mathbb{R} \setminus \{0\}$, $n \in \mathbb{Z}$)

(P2*): $\quad \left(\dfrac{a}{b}\right)^n = \dfrac{a^n}{b^n}$ (für $a \in \mathbb{R} \setminus \{0\}$, $b \in \mathbb{R} \setminus \{0\}$, $n \in \mathbb{Z}$)

Potenzgesetz für das Potenzieren einer Potenz

(P3): $\quad (a^m)^n = a^{m \cdot n}$ (für $a \in \mathbb{R} \setminus \{0\}$, $m \in \mathbb{Z}$, $n \in \mathbb{Z}$)

1. Wende ein Potenzgesetz an.

$$x^7 \cdot x^{-5} = x^{7+(-5)} = x^2 \quad \text{(für } x \neq 0)$$

a) $2^5 \cdot 2^{-2}$ **e)** $7^{-3} \cdot 7$ **i)** $a^5 \cdot a^{-7}$

b) $3^{-4} \cdot 3^6$ **f)** $(-2)^3 \cdot (-2)^{-5}$ **j)** $y^{-8} \cdot y^3$ **m)** $2x^4 \cdot 3 \cdot x^{-7}$

c) $5^{-2} \cdot 5^{-3}$ **g)** $(-3)^{-3} \cdot (-3)^{-2}$ **k)** $z \cdot z^{-1}$ **n)** $-3a^{-2} \cdot 4a^5$

d) $3^{-2} \cdot 3^{-1}$ **h)** $(-5)^{-7} \cdot (-5)^{-4}$ **l)** $b^{-4} \cdot b^{-6}$ **o)** $x^{-3} \cdot (-x^{-2})$

2. Vereinfache.

$$\frac{x^{-5}}{x^{-2}} = x^{-5-(-2)} = x^{-3} \quad \text{(für } x \neq 0)$$

a) $\dfrac{2^{-3}}{2^{-5}}$ **c)** $\dfrac{2^4}{2^{-6}}$ **e)** $\dfrac{z^{-4}}{z^6}$ **g)** $\dfrac{c^6}{c^{-2}}$ **i)** $\dfrac{y^{-12}}{y^3}$

b) $\dfrac{3}{3^{-2}}$ **d)** $\dfrac{a^3}{a^{-5}}$ **f)** $\dfrac{x^{-4}}{x^{-5}}$ **h)** $\dfrac{r^0}{r^{-3}}$ **j)** $\dfrac{b^{11}}{b^{15}}$ **k)** $\dfrac{(x+y)^{-3}}{(x+y)^{-5}}$ **l)** $\dfrac{(a-b)^2}{(a-b)^{-4}}$

3. Vereinfache.

a) $\dfrac{32x^5}{24x^7}$ **c)** $\dfrac{6r^2s^{-2}}{3r^5s}$ **e)** $\dfrac{2^2x^{-3}y^2}{2^{-4}x^2y^5}$ **g)** $\dfrac{55x^3y^5}{24r^2s^{-3}} : \dfrac{33x^2y^{-4}}{32r^{-2}s^{-2}}$

b) $\dfrac{21a^{-4}b^3}{35a^{-2}b^5}$ **d)** $\dfrac{0{,}16x^{-4}y^{-3}}{0{,}4x^2y^2}$ **f)** $\dfrac{15a^2b^{-3}}{16x^{-2}y^{-2}} \cdot \dfrac{8x^{-3}y^2}{27a^3b^2}$ **h)** $\dfrac{39a^4b^{-2}}{35x^2z^3} : \dfrac{52a^6b^4}{49x^{-2}z^{-3}}$

80

4. a) $(6a^{-2} - 4a^{-4} + 5a^3) \cdot 2a^{-6}$ **c)** $(60z^{-4} + 45z^6 - 90z^{-5}) : 15z^3$

b) $(\frac{1}{2}x^3 - \frac{3}{4}x^5 - \frac{2}{5}x^{-2}) \cdot 20x^{-4}$ **d)** $(88a^{-4} + 77a^2 - 22a^{-3}) : 11a^{-2}$

5. Wende ein Potenzgesetz an.

$$a^{-5}b^{-5} = (ab)^{-5} \quad \text{(für } a \neq 0, \, b \neq 0)$$

a) $4^{-2} \cdot 5^{-2}$ **c)** $25^{-2} \cdot (\frac{2}{5})^{-2}$ **e)** $x^{-7} \cdot y^{-7}$

b) $12^{-1} \cdot 0{,}5^{-1}$ **d)** $(\frac{3}{4})^{-4} \cdot (\frac{8}{3})^{-4}$ **f)** $r^{-4} \cdot s^{-4}$ **g)** $(a+b)^{-3} \cdot (a-b)^{-3}$

6. a) $\dfrac{21^{-3}}{7^{-3}}$ **c)** $\dfrac{4^{-3}}{12^{-3}}$ **e)** $\dfrac{x^{-7}}{y^{-7}}$ **g)** $\dfrac{(xy)^{-1}}{x^{-1}}$

$$\frac{a^{-5}}{b^{-5}} = \left(\frac{a}{b}\right)^{-5} \quad \text{(für } a \neq 0, \, b \neq 0)$$

b) $\dfrac{12^{-5}}{6^{-5}}$ **d)** $(\frac{1}{2})^{-4} : (\frac{1}{4})^{-4}$ **f)** $\dfrac{(ab)^{-6}}{b^{-6}}$ **h)** $\dfrac{r^{-1}}{(rs)^{-2}}$ **i)** $\dfrac{(x^2 - y^2)^{-2}}{(x+y)^{-2}}$ **j)** $\dfrac{(a-b)^{-1}}{(a^2 - b^2)^{-1}}$

7. a) $(10^{-2})^3$ **e)** $(x^{-5})^3$ **i)** $((-2)^{-2})^3$

$$(a^3)^{-2} = a^{3 \cdot (-2)} = a^{-6} \quad \text{(für } a \neq 0)$$

b) $(2^{-5})^2$ **f)** $(y^6)^{-2}$ **j)** $(3z^{-4})^{-3}$

c) $(10^3)^{-4}$ **g)** $(z^{-8})^{-3}$ **k)** $(2a^2)^{-5}$ **m)** $(a^2 \cdot b^{-4})^5$ **o)** $(r^{-1}s^{-3})^{-2}$

d) $(2^{-6})^{-2}$ **h)** $(-a^{-2})^{-2}$ **l)** $(-x^{-3})^5$ **n)** $(x^{-2}y^{-3})^4$ **p)** $(y^{-2}z^0)^{-3}$

8. a) $3^7 \cdot 3^n$ **f)** $-3a^n \cdot 7a^{2n+3}$ **k)** $(a^6)^n$ **p)** $x^n \cdot y^n \cdot z^n$

b) $5^{m+2} \cdot 6^m$ **g)** $8x^m \cdot 4x^{2m-3}$ **l)** $(x^n)^{-8}$ **q)** $(-a)^5 \cdot b^5 (-c)^5$

c) $x^m \cdot x^{3n}$ **h)** $z^{3k} \cdot z^{2k} \cdot z^k$ **m)** $(-z^{-4})^{2n}$ **r)** $2x^k \cdot 3y^k \cdot 5c^k$

d) $a \cdot a^{2k+n}$ **i)** $x^{3n-4} \cdot x^{4n-5} \cdot x^{5n-6}$ **n)** $(-a^4)^{2k+1}$ **s)** $a^{1-n} \cdot b^{1-n}$

e) $c^{3m-1} \cdot c^{m+1}$ **j)** $3a^{2n+3} \cdot a^{4-n}$ **o)** $(-b^m)^{-2n}$ **t)** $z^{n-3} \cdot (z^2)^{n-3}$

9. a) $\dfrac{a^{2n}}{a^n}$ **f)** $\dfrac{c^{n+m}}{c^{m-n}}$ **k)** $\dfrac{(ab)^k}{b^k}$ **p)** $\left(\dfrac{2a^3b^4}{5c^2d}\right)^n : \left(\dfrac{a^2b^3}{c}\right)^n$

b) $\dfrac{x^{4n}}{x^n}$ **g)** $\dfrac{y^{5m-3n}}{y^{2m-n}}$ **l)** $x^n : \left(\dfrac{y}{z}\right)^n$ **q)** $\left(\dfrac{12a^4b}{35c^4d}\right)^m \cdot \left(\dfrac{7c^2d^3}{6a^7b^2}\right)^m$

c) $\dfrac{z^n}{z^{n-3}}$ **h)** $\dfrac{r^{m+n}}{r^{2+m}}$ **m)** $\dfrac{a^k}{(5a)^k}$ **r)** $\dfrac{(a-b)^{n-1}}{(a^2 - b^2)^{n-1}}$

d) $\dfrac{b^3}{b^{n-1}}$ **i)** $\dfrac{(x+y)^{2n}}{(x+y)^{n-1}}$ **n)** $\dfrac{(-n^2)^m}{(-2n)^m}$ **s)** $\dfrac{(ab+ac)^n}{a^n}$

e) $\dfrac{a^{2k}}{a^{k+10}}$ **j)** $\dfrac{(a+b)^{k-1}}{(a+b)^{k-2}}$ **o)** $\left(\dfrac{x}{3}\right)^{-n} : \left(\dfrac{x}{y}\right)^{-n}$ **t)** $\dfrac{(x^2 - y^2)^{1-n}}{(x+y)^{1-n}}$

10. a) $(3a^{-2} + 4b^{-3})^2$ **c)** $(9r^5 + 7s^{-5})^2$ **e)** $(x^{-2}y^{-4} + xy^{-3})^2$

b) $(5x^{-4} - 2y^3)^2$ **d)** $(a^{-1}b - cd^{-2})^2$ **f)** $(2a^{-1}b^{-2} - 6a^{-3}b^{-1})^2$

11. a) $(6x^{-2} - 4x^{-4} + 5x^3) \cdot 2x^{-6}$ **d)** $(60z^{-4} + 45z^6 - 90z^{-5}) : 15z^3$

b) $(1{,}5a^{-7} + 2{,}3a^{-8} - 1{,}3a^{-4}) \cdot 2a^5$ **e)** $(\frac{3}{4}r^2 + \frac{2}{3}r^4 - \frac{3}{5}r^{-5}) : \frac{1}{2}r^{-3}$

c) $(\frac{1}{2}y^3 - \frac{3}{4}y^5 - \frac{2}{5}y^{-2}) \cdot 20y^{-4}$ **f)** $(0{,}39a^3 - 0{,}65a^{-5} - 0{,}91a^{-6}) : 0{,}13a^{-4}$

18 Potenzen mit rationalen Exponenten – Wurzeln

18.1 Begriff der n-ten Wurzel

Gegeben sei eine Zahl $a \geq 0$. Unter der **n-ten Wurzel aus a**, in Zeichen: $\sqrt[n]{a}$, versteht man diejenige nichtnegative Zahl, die mit n potenziert a ergibt. Die Zahl n heißt *Wurzelexponent*, die Zahl a unter dem Wurzelzeichen *Radikand*.

$$x^n = a \quad (a \geq 0)$$
$$x = \sqrt[n]{a}$$

Beispiele: $\sqrt[3]{125} = 5$, denn $5^3 = 125$ $\qquad \sqrt[6]{1} = 1$, denn $1^6 = 1$

$\qquad\qquad \sqrt[4]{16} = 2$, denn $2^4 = 16$ $\qquad \sqrt[5]{100\,000} = 10$, denn $10^5 = 100\,000$

---

1. Berechne.

a) $\sqrt[3]{8}$ e) $\sqrt[3]{0}$ i) $\sqrt[3]{\frac{8}{27}}$ m) $\sqrt[3]{0,008}$ q) $\sqrt[3]{8\,000}$

b) $\sqrt[3]{27}$ f) $\sqrt[3]{1\,000}$ j) $\sqrt[3]{\frac{216}{125}}$ n) $\sqrt[3]{0,125}$ r) $\sqrt[3]{125\,000}$

c) $\sqrt[3]{216}$ g) $\sqrt[3]{\frac{1}{8}}$ k) $\sqrt[3]{\frac{64}{1\,000}}$ o) $\sqrt[3]{0,064}$ s) $\sqrt[3]{27\,000}$

d) $\sqrt[3]{1}$ h) $\sqrt[3]{\frac{1}{64}}$ l) $\sqrt[3]{0,001}$ p) $\sqrt[3]{0,343}$ t) $\sqrt[3]{64\,000}$

2. a) $\sqrt[4]{625}$ e) $\sqrt[4]{10\,000}$ i) $\sqrt[4]{0,0081}$ m) $\sqrt[5]{32}$ q) $\sqrt[9]{1}$

b) $\sqrt[4]{1}$ f) $\sqrt[4]{256}$ j) $\sqrt[4]{0,0625}$ n) $\sqrt[5]{243}$ r) $\sqrt[8]{0}$

c) $\sqrt[4]{81}$ g) $\sqrt[4]{\frac{81}{256}}$ k) $\sqrt[4]{1}$ o) $\sqrt[5]{0,00001}$ s) $\sqrt[6]{64}$

d) $\sqrt[4]{0}$ h) $\sqrt[4]{\frac{625}{16}}$ l) $\sqrt[5]{0}$ p) $\sqrt[5]{0,00032}$ t) $\sqrt[10]{1\,024}$

Für alle $a \geq 0$ gilt: (1) $\left(\sqrt[n]{a}\right)^n = a$;   (2) $\sqrt[n]{a^n} = a$

---

3. Vereinfache.

a) $\left(\sqrt[3]{100}\right)^3$ d) $\sqrt[3]{26^3}$ g) $\left(\sqrt[4]{12}\right)^4$ j) $\sqrt[4]{3^4}$ m) $\left(\sqrt[7]{3}\right)^7$ p) $\sqrt[7]{4^7}$

b) $\left(\sqrt[3]{348}\right)^3$ e) $\sqrt[3]{1,5^3}$ h) $\left(\sqrt[4]{\frac{2}{3}}\right)^4$ k) $\sqrt[4]{3,4^4}$ n) $\sqrt[5]{6^5}$ q) $\sqrt[8]{10^8}$

c) $\left(\sqrt[3]{2,5}\right)^3$ f) $\sqrt[3]{\left(\frac{3}{4}\right)^3}$ i) $\left(\sqrt[4]{0,2}\right)^4$ l) $\left(\sqrt[5]{19}\right)^5$ o) $\sqrt[6]{8^6}$ r) $\left(\sqrt[10]{\frac{1}{2}}\right)^{10}$

4. a) $\left(\sqrt[4]{x}\right)^4$ b) $\sqrt[6]{z^6}$ c) $\sqrt[3]{(a+b)^3}$ d) $\left(\sqrt[3]{ab}\right)^3$ e) $\left(\sqrt[5]{x^2}\right)^5$

$\left(\sqrt[3]{a}\right)^3$ $\sqrt[5]{y^5}$ $\sqrt[4]{(x-y)^4}$ $\left(\sqrt[2]{rs}\right)^2$ $\left(\sqrt[7]{y^3}\right)^7$

$\left(\sqrt[2]{r}\right)^2$ $\sqrt[4]{x^4}$ $\sqrt[5]{(2r+3s)^5}$ $\left(\sqrt[4]{xyz}\right)^4$ $\left(\sqrt[3]{z^{-2}}\right)^3$

18.2 Begriff der Potenz mit rationalen Exponenten

$a^{\frac{m}{n}} = \sqrt[n]{a^m}$ (für $m \in \mathbb{Z}$, $n \in \mathbb{N}^*$ und $a \in \mathbb{R}_+^*$)

Beispiele: $4^{\frac{3}{2}} = \sqrt[2]{4^3} = \sqrt[2]{64} = 8$ $\qquad$ $8^{\frac{2}{3}} = \sqrt[3]{8^2} = \sqrt[3]{64} = 4$

$\qquad\qquad$ $125^{\frac{1}{3}} = \sqrt[3]{125} = 5$ $\qquad$ $8^{-\frac{2}{3}} = \sqrt[3]{8^{-2}} = \sqrt[3]{\dfrac{1}{64}} = \dfrac{1}{4}$

---

1. Schreibe mit dem Wurzelzeichen.

a) $5^{\frac{1}{2}}$ $\qquad$ d) $3^{\frac{2}{3}}$ $\qquad$ g) $3^{-\frac{1}{5}}$ $\qquad$ j) $a^{\frac{1}{2}}$ $\qquad$ m) $c^{\frac{3}{4}}$ $\qquad$ p) $x^{0,4}$ $\qquad$ s) $(x+y)^{\frac{1}{5}}$

b) $4^{\frac{1}{3}}$ $\qquad$ e) $2^{\frac{5}{6}}$ $\qquad$ h) $6^{-\frac{2}{3}}$ $\qquad$ k) $z^{\frac{3}{4}}$ $\qquad$ n) $y^{\frac{3}{5}}$ $\qquad$ q) $y^{1,2}$ $\qquad$ t) $(1-a)^{\frac{2}{3}}$

c) $\left(\frac{2}{3}\right)^{\frac{1}{4}}$ $\qquad$ f) $2,5^{\frac{3}{4}}$ $\qquad$ i) $7^{-\frac{6}{5}}$ $\qquad$ l) $y^{-\frac{1}{3}}$ $\qquad$ o) $a^{-\frac{2}{3}}$ $\qquad$ r) $z^{-2,5}$ $\qquad$ u) $(ab)^{-\frac{4}{5}}$

2. Schreibe als Potenz mit rationalen Exponenten (Hochzahlen).

a) $\sqrt{3}$ $\qquad$ d) $\sqrt{5^3}$ $\qquad$ g) $\sqrt[3]{a}$ $\qquad$ j) $\sqrt[3]{a^7}$ $\qquad$ m) $\sqrt[4]{(x-y)}$ $\qquad$ p) $\dfrac{1}{\sqrt[3]{x}}$ $\qquad$ s) $\sqrt[4]{x^n}$

b) $\sqrt[3]{2}$ $\qquad$ e) $\sqrt[3]{2^4}$ $\qquad$ h) $\sqrt[4]{b}$ $\qquad$ k) $\sqrt[6]{c^5}$ $\qquad$ n) $\sqrt[3]{(a+b)^2}$ $\qquad$ q) $\dfrac{1}{\sqrt[4]{a^3}}$ $\qquad$ t) $\sqrt[m]{a^3}$

c) $\sqrt[4]{5}$ $\qquad$ f) $\sqrt[4]{5^3}$ $\qquad$ i) $\sqrt{z}$ $\qquad$ l) $\sqrt[4]{b^3}$ $\qquad$ o) $\sqrt[6]{(r-s)^3}$ $\qquad$ r) $\dfrac{1}{\sqrt{(x+y)^3}}$ $\qquad$ u) $\dfrac{1}{\sqrt[3]{z^p}}$

3. Berechne.

a) $16^{\frac{1}{2}}$ $\qquad$ d) $1^{\frac{1}{9}}$ $\qquad$ g) $8^{\frac{2}{3}}$ $\qquad$ j) $32^{\frac{3}{5}}$ $\qquad$ m) $0,36^{\frac{1}{2}}$ $\qquad$ p) $25^{1,5}$

b) $27^{\frac{1}{3}}$ $\qquad$ e) $(9)^{\frac{1}{2}}$ $\qquad$ h) $4^{\frac{3}{2}}$ $\qquad$ k) $9^{-\frac{3}{2}}$ $\qquad$ n) $0,49^{-\frac{1}{2}}$ $\qquad$ q) $4^{-1,5}$

c) $16^{\frac{1}{4}}$ $\qquad$ f) $0,125^{-\frac{1}{3}}$ $\qquad$ i) $625^{\frac{5}{4}}$ $\qquad$ l) $64^{1\frac{1}{3}}$ $\qquad$ o) $0,125^{\frac{2}{3}}$ $\qquad$ r) $16^{0,75}$

4. a) $\left(\frac{1}{9}\right)^{\frac{1}{2}}$ $\qquad$ c) $\left(\frac{1}{27}\right)^{\frac{1}{3}}$ $\qquad$ e) $\left(\frac{4}{49}\right)^{-\frac{3}{2}}$ $\qquad$ g) $\left(\frac{32}{243}\right)^{\frac{1}{5}}$ $\qquad$ i) $\left(\frac{8}{125}\right)^{\frac{1}{3}}$ $\qquad$ k) $\left(\frac{27}{8}\right)^{-\frac{2}{3}}$

$\qquad$ b) $\left(\frac{81}{16}\right)^{\frac{1}{4}}$ $\qquad$ d) $\left(\frac{16}{81}\right)^{\frac{3}{2}}$ $\qquad$ f) $\left(\frac{27}{125}\right)^{\frac{2}{3}}$ $\qquad$ h) $\left(\frac{25}{36}\right)^{\frac{1}{2}}$ $\qquad$ j) $\left(\frac{9}{49}\right)^{\frac{3}{2}}$ $\qquad$ l) $\left(\frac{1}{121}\right)^{-\frac{3}{2}}$

5. Für welche x ist der Term definiert?

a) $(x-1)^{\frac{3}{2}}$ $\qquad$ d) $(x+3)^{\frac{2}{5}}$ $\qquad$ g) $(2x-3)^{\frac{2}{5}}$

b) $(x+2)^{\frac{2}{3}}$ $\qquad$ e) $(3x+2)^{\frac{1}{2}}$ $\qquad$ h) $(5x-2)^{\frac{1}{3}}$

c) $(x-4)^{\frac{3}{4}}$ $\qquad$ f) $(4x+1)^{\frac{3}{7}}$ $\qquad$ i) $(3-5x)^{\frac{3}{5}}$ $\qquad$ j) $(9-3x)^{\frac{4}{3}}$ $\qquad$ k) $(5-2x)^{\frac{5}{3}}$

> $(x-3)^{\frac{4}{3}}$
> Definiert für $x-3>0$,
> also für $x>3$

6. Unter welcher Bedingung ist der Term definiert?

a) $(3x-y)^{\frac{2}{3}}$ $\qquad$ d) $(a-2b)^{\frac{4}{3}}$ $\qquad$ g) $(2r-5s)^{\frac{3}{5}}$

b) $(7a+b)^{\frac{3}{4}}$ $\qquad$ e) $(4x+5y)^{\frac{3}{7}}$ $\qquad$ h) $(7c-3d)^{\frac{1}{3}}$

c) $(r+7s)^{\frac{3}{2}}$ $\qquad$ f) $(3a-4b)^{\frac{5}{3}}$ $\qquad$ i) $(15x-20y)^{\frac{1}{4}}$ $\qquad$ j) $(24a+36b)^{\frac{2}{5}}$ $\qquad$ k) $(12r-18s)^{\frac{5}{2}}$

> $(x-3y)^{\frac{1}{2}}$
> Definiert unter der Bedingung:
> $x-3y>0$, also $x>3y$

7. Forme in die Wurzelschreibweise um. Vergiss nicht die einschränkende Bedingung.

a) $(x+1)^{\frac{3}{4}}$ $\qquad$ b) $(y-2)^{-\frac{3}{4}}$ $\qquad$ c) $(3-z)^{\frac{2}{3}}$ $\qquad$ d) $(3x+12)^{\frac{3}{2}}$ $\qquad$ e) $(5x-10)^{-\frac{3}{2}}$

18.3 Potenzgesetze für rationale Zahlen als Exponenten

Die Potenzgesetze gelten auch für rationale Zahlen r und s als Exponenten (Hochzahlen), wobei die Basen (Grundzahlen) a und b *positive* Zahlen sind.

(P 1): $a^r \cdot a^s = a^{r+s}$ **(P 2):** $(a \cdot b)^r = a^r \cdot b^r$ **(P 3):** $(a^r)^s = a^{r \cdot s}$

(P 1*): $\dfrac{a^r}{a^s} = a^{r-s}$ **(P 2*):** $\left(\dfrac{a}{b}\right)^r = \dfrac{a^r}{b^r}$

1. Wende Potenzgesetze an.

a) $7^{\frac{1}{2}} \cdot 7^{\frac{1}{4}}$ e) $x^{\frac{2}{5}} \cdot x^{\frac{1}{10}}$

b) $6^{\frac{1}{2}} \cdot 6^{\frac{1}{3}}$ f) $z^{\frac{1}{2}} \cdot z^{-\frac{1}{8}}$

$$x^{\frac{1}{3}} \cdot x^{\frac{3}{4}} = x^{\frac{1}{3}+\frac{3}{4}} = x^{\frac{4}{12}+\frac{9}{12}} = x^{\frac{13}{12}} \quad (x > 0)$$

c) $5^{\frac{2}{3}} \cdot 5^{\frac{3}{4}}$ g) $c^{-\frac{3}{4}} \cdot c^{\frac{3}{8}}$ i) $a^0 \cdot a^{-\frac{2}{5}}$ k) $z^{\frac{1}{2}} \cdot \sqrt{z}$ m) $a^{\frac{3}{4}} \cdot \sqrt[3]{a^5}$

d) $a^{\frac{2}{3}} \cdot a^{\frac{1}{6}}$ h) $y^{-\frac{2}{3}} \cdot y^{-\frac{3}{4}}$ j) $x \cdot x^{\frac{2}{3}}$ l) $y^{-\frac{1}{2}} \sqrt{y}$ n) $r^{-\frac{2}{3}} \cdot \sqrt[6]{a^5}$

2. a) $x^2 \cdot y^{\frac{1}{2}} \cdot z \cdot x^{-\frac{1}{2}} \cdot y \cdot z^{-\frac{1}{3}}$

d) $x^{-\frac{1}{2}} \cdot y^{\frac{1}{3}} \cdot x^{\frac{3}{4}} \cdot y^{-\frac{5}{6}} \cdot x^{-\frac{1}{8}} \cdot y^{\frac{1}{12}}$

b) $r^{\frac{3}{4}} \cdot s^{-\frac{1}{3}} \cdot t^{\frac{2}{5}} \cdot r^{\frac{1}{4}} \cdot s^{\frac{5}{6}} \cdot t^{-\frac{3}{5}}$

e) $a^{-\frac{1}{5}} \cdot b^{\frac{2}{3}} \cdot b^{-\frac{4}{9}} \cdot a^{-\frac{3}{10}} \cdot b^{\frac{2}{18}} \cdot a^{-\frac{1}{15}}$

c) $a^{\frac{2}{3}} \cdot b^{-\frac{1}{2}} \cdot c^{-\frac{3}{4}} \cdot b^{\frac{5}{2}} \cdot c^{-\frac{1}{4}} \cdot a^{-\frac{1}{6}}$

f) $r^{0,8} \cdot r^{-1,3} \cdot s^{0,7} \cdot r^{2,4} \cdot s^{1,5} \cdot r^{-0,9}$

3. a) $3^{\frac{1}{2}} : 3^{\frac{1}{4}}$ e) $c^{\frac{7}{8}} : c^{\frac{3}{4}}$

b) $4^{\frac{2}{3}} : 4^{\frac{1}{2}}$ f) $y^{\frac{3}{4}} : y^{-\frac{1}{8}}$

$$a^{\frac{3}{4}} : a^{\frac{1}{2}} = a^{\frac{3}{4}-\frac{1}{2}} = a^{\frac{3}{4}-\frac{2}{4}} = a^{\frac{1}{4}} \quad (a > 0)$$

c) $a^{\frac{1}{2}} : a^{\frac{1}{3}}$ g) $z^{\frac{3}{4}} : \sqrt{z}$ i) $\sqrt[3]{r^2} : \sqrt{r}$ k) $\sqrt[6]{x^3} : \sqrt[3]{x^2}$ m) $\sqrt[4]{a} : \sqrt[8]{a^3}$

d) $z^{\frac{1}{3}} : z^{\frac{1}{4}}$ h) $b^{\frac{5}{6}} : \sqrt[3]{b^4}$ j) $\sqrt[6]{s} : \sqrt[3]{s^2}$ l) $\sqrt[4]{y^7} : \sqrt{y^3}$ n) $\sqrt{c^3} : \sqrt[4]{c^5}$

4. a) $8^{\frac{1}{2}} \cdot 2^{\frac{1}{2}}$ e) $x^{\frac{2}{3}} \cdot y^{\frac{2}{3}}$

b) $32^{\frac{3}{4}} \cdot 8^{\frac{3}{4}}$ f) $r^{\frac{3}{4}} \cdot s^{\frac{3}{4}}$

$$x^{\frac{2}{7}} \cdot y^{\frac{2}{7}} = (x \cdot y)^{\frac{2}{7}} \quad (x > 0, \, y > 0)$$

c) $a^{\frac{1}{3}} \cdot b^{\frac{1}{3}}$ g) $12^{\frac{3}{2}} : 3^{\frac{3}{2}}$ i) $x^{\frac{3}{5}} : y^{\frac{3}{5}}$ k) $c^{\frac{5}{3}} \cdot d^{\frac{5}{3}}$ m) $a^{\frac{5}{6}} \cdot b^{\frac{5}{6}}$

d) $y^{\frac{1}{4}} \cdot z^{\frac{1}{4}}$ h) $72^{\frac{2}{3}} : 9^{\frac{2}{3}}$ j) $a^{\frac{8}{7}} : b^{\frac{8}{7}}$ l) $c^{\frac{7}{8}} : d^{\frac{7}{8}}$ n) $a^{\frac{1}{6}} : b^{\frac{1}{6}}$

5. a) $(a^7)^{\frac{1}{2}}$ e) $(r^{\frac{2}{3}})^6$

b) $(b^{15})^{\frac{1}{3}}$ f) $(y^{\frac{3}{4}})^7$

$$(a^{\frac{1}{3}})^{\frac{6}{5}} = a^{\frac{1}{3} \cdot \frac{6}{5}} = a^{\frac{2}{5}} \quad (a > 0)$$

c) $(x^3)^{\frac{1}{6}}$ g) $(a^{\frac{1}{2}})^{\frac{2}{3}}$ i) $(z^{\frac{2}{5}})^{\frac{5}{2}}$ k) $(x^{\frac{3}{5}})^{-10}$ m) $(y^{-\frac{2}{3}})^{-\frac{6}{5}}$

d) $(z^{\frac{1}{4}})^{12}$ h) $(b^{\frac{2}{3}})^{\frac{3}{4}}$ j) $(a^{-\frac{1}{3}})^5$ l) $(z^{-\frac{1}{2}})^3$ n) $(e^{-\frac{2}{5}})^{\frac{5}{4}}$

6. a) $x^{\frac{3}{5}} \cdot y^{\frac{1}{5}}$ e) $a^{\frac{1}{2}} \cdot b^{\frac{1}{4}}$

b) $z^{\frac{1}{3}} \cdot y^{\frac{2}{3}}$ f) $r^{\frac{1}{2}} \cdot s^{\frac{1}{3}}$

$$x^{\frac{1}{4}} \cdot y^{\frac{3}{4}} = x^{\frac{1}{4}} \cdot (y^3)^{\frac{1}{4}} = (x \cdot y^3)^{\frac{1}{4}} \quad (x > 0, \, y > 0)$$

c) $r^{\frac{5}{6}} \cdot s^{\frac{1}{6}}$ g) $x^{\frac{1}{2}} \cdot y^{\frac{3}{4}}$ i) $a^{\frac{3}{4}} \cdot b^{\frac{5}{8}}$ k) $a^{\frac{2}{3}} \cdot b^{\frac{1}{3}}$ m) $a^{\frac{1}{2}} : b^{\frac{1}{4}}$

d) $a^{\frac{2}{5}} \cdot b^{\frac{3}{5}}$ h) $r^{\frac{2}{3}} \cdot s^{\frac{4}{9}}$ j) $x^{\frac{2}{5}} : y^{\frac{1}{5}}$ l) $r^{\frac{7}{8}} : s^{\frac{5}{8}}$ n) $x^{\frac{1}{2}} : z^{\frac{1}{2}}$

7. a) $(x^3 \cdot x^5)^{\frac{1}{15}}$ d) $(a^{\frac{3}{4}} \cdot b^{\frac{3}{5}})^{\frac{10}{9}}$

b) $(r^{\frac{1}{4}} \cdot s^{\frac{1}{3}})^{12}$ e) $(x^{\frac{2}{5}} \cdot y^{-\frac{3}{2}})^{-\frac{3}{4}}$

$$(a^{\frac{2}{3}} \cdot b^{\frac{3}{5}})^{\frac{15}{4}} = (a^{\frac{2}{3}})^{\frac{15}{4}} \cdot (b^{\frac{3}{5}})^{\frac{15}{4}} = a^{\frac{5}{2}} \cdot b^{\frac{9}{4}} \quad (a > 0, \, b > 0)$$

c) $(x^{10} \cdot y^{\frac{1}{3}})^{-\frac{3}{10}}$ f) $(x^2 : y^3)^{\frac{1}{4}}$ g) $(a^{\frac{1}{3}} : y^{\frac{1}{2}})^5$ h) $(r^{\frac{1}{3}} : s^{\frac{1}{6}})^6$ i) $(c^{\frac{2}{3}} : d^{\frac{3}{4}})^{-\frac{1}{2}}$

18.4 Wurzelrechnung

Wurzelgesetze

Setzt man in den Potenzgesetzen (P 2), (P 2*) und (P 3) für rationale Exponenten (Hochzahlen) $r = \dfrac{1}{n}$ und $s = \dfrac{1}{m}$, so erhält man die Wurzelgesetze:

(W 2): $\sqrt[n]{ab} = \sqrt[n]{a} \cdot \sqrt[n]{b}$ (für $a \geq 0$, $b \geq 0$)

Man zieht aus einem Produkt die Wurzel, indem man aus jedem Faktor die Wurzel zieht und die Ergebnisse multipliziert.

(W 2*): $\sqrt[n]{\dfrac{a}{b}} = \dfrac{\sqrt[n]{a}}{\sqrt[n]{b}}$ (für $a \geq 0$, $b > 0$)

Man zieht aus einem Bruch die Wurzel, indem man aus Zähler und Nenner die Wurzel zieht und dann die Ergebnisse dividiert.

(W 3): $\sqrt[m]{\sqrt[n]{a}} = \sqrt[m \cdot n]{a}$ (für $a \geq 0$)

Man zieht aus einer Wurzel die Wurzel, indem man die Wurzelexponenten multipliziert und dann die Wurzel zieht.

---

1. Wende Wurzelgesetze an.

$$\sqrt[3]{5} \cdot \sqrt[3]{25} = \sqrt[3]{125} = 5$$

   a) $\sqrt{2} \cdot \sqrt{50}$ e) $\sqrt[3]{3} \cdot \sqrt[3]{9}$

   b) $\sqrt{28} \cdot \sqrt{7}$ f) $\sqrt[3]{4} \cdot \sqrt[3]{16}$ i) $\sqrt{3} \cdot \sqrt{50} \cdot \sqrt{60}$ l) $\sqrt[4]{8} \cdot \sqrt[4]{8}$

   c) $\sqrt{10} \cdot \sqrt{15}$ g) $\sqrt[3]{4} \cdot \sqrt[3]{54}$ j) $5\sqrt{5} \cdot 3\sqrt{2} \cdot 2\sqrt{40}$ m) $\sqrt[4]{7} \cdot \sqrt[4]{8}$

   d) $\sqrt[3]{\dfrac{2}{5}} \cdot \sqrt[3]{\dfrac{6}{35}}$ h) $\sqrt[3]{\dfrac{1}{2}} \cdot \sqrt[3]{\dfrac{3}{5}}$ k) $\sqrt[3]{9} \cdot 5 \cdot \sqrt[3]{3}$ n) $\sqrt[3]{2} \cdot \sqrt[3]{16}$

2. a) $\sqrt{3a} \cdot \sqrt{a}$ f) $\sqrt[3]{2a} \cdot \sqrt[3]{12a^2}$

   $$\sqrt[3]{4a} \cdot \sqrt[3]{5a^2} = \sqrt[3]{20a^3} = a\sqrt[3]{20} \; (a \geq 0)$$

   b) $4\sqrt{b} \cdot 3\sqrt{b}$ g) $\sqrt[3]{9a} \cdot \sqrt[3]{3a^2}$

   c) $2\sqrt{5x} \cdot 3\sqrt{2x^3}$ h) $\sqrt[3]{25x^2} \cdot \sqrt[3]{50x^2}$ k) $\sqrt[3]{5x} \cdot \sqrt[3]{x^3} \cdot \sqrt[3]{15x^5}$

   d) $4\sqrt{3x} \cdot 7 \cdot \sqrt{5x}$ i) $\sqrt{5x} \cdot \sqrt{x^3} \cdot \sqrt{15x^5}$ l) $\sqrt[3]{2z^2} \cdot 5\sqrt[3]{2z^3} \cdot 4\sqrt[3]{9z^4}$

   e) $9\sqrt{7a} \cdot 6 \cdot \sqrt{21a}$ j) $2\sqrt[3]{a^5} \cdot 3 \cdot \sqrt[3]{a^7} \cdot 4\sqrt[3]{a^9}$ m) $\sqrt[4]{8a^3} \cdot \sqrt[4]{2a} \cdot \sqrt[4]{4a^5}$

3. a) $(\sqrt{8} + \sqrt{18} + \sqrt{50} + 2\sqrt{72}) \cdot \sqrt{2}$ c) $(7\sqrt[3]{2} - 5\sqrt[3]{6} - 3\sqrt[3]{5} + 4ß\sqrt[3]{20}) \cdot 3\sqrt[3]{2}$

   b) $(5\sqrt{24} - 4\sqrt{32} + 3\sqrt{50} - 3\sqrt{54}) \cdot \sqrt{3}$ d) $(2\sqrt[3]{20} - 7\sqrt[3]{5} - 3\sqrt[3]{6} - 3\sqrt[3]{18}) \cdot 4\sqrt[3]{10}$

4. a) $(\sqrt{7} - \sqrt{3})(\sqrt{3} - \sqrt{2})$ d) $(5\sqrt{7} - 2\sqrt{5})(3\sqrt{7} - 10\sqrt{5})$

   b) $(\sqrt{6} + \sqrt{3})(\sqrt{3} - \sqrt{2})$ e) $(\sqrt[3]{3} + \sqrt[3]{2})(\sqrt[3]{4} + \sqrt[3]{9})$

   c) $(3\sqrt{2} - 2\sqrt{3})(7\sqrt{2} + 5\sqrt{3})$ f) $(\sqrt[3]{3} + \sqrt[3]{2})(2\sqrt[3]{9} - 3\sqrt[3]{4})$

5. a) $(\sqrt{18} + \sqrt{2})(\sqrt{18} - \sqrt{2})$ c) $(\sqrt{3} + \sqrt{2})^2$ e) $(1 + \sqrt{2})^3$ g) $(\sqrt[3]{3} - \sqrt[3]{2})^3$

   b) $(\sqrt{3} - \sqrt{2})(\sqrt{3} + \sqrt{2})$ d) $(\sqrt{3} - \sqrt{2})^2$ f) $(\sqrt{5} - 1)^3$ h) $(\sqrt[3]{5} - \sqrt[3]{4})^3$

6. a) $(\sqrt{a} + \sqrt{b})^2$ c) $(a + \sqrt{b})^2$ e) $(\sqrt{x} + \sqrt{y})^2$ g) $(2\sqrt{x} + 3\sqrt{y})^2$

   b) $(\sqrt{x} - \sqrt{y})^2$ d) $(a - \sqrt{b})^2$ f) $(\sqrt{a} - \sqrt{b})^2$ h) $(5\sqrt{r} - 7\sqrt{s})^2$

85

7. **a)** $\sqrt{4 \cdot 16}$ **e)** $\sqrt[3]{27x^3}$ **i)** $\sqrt{81r^2s^2}$

$\sqrt[4]{16a^4b^8} = \sqrt[4]{16} \cdot \sqrt[4]{a^4} \cdot \sqrt[4]{b^8} = 2ab^2$
$(a \geq 0)$

b) $\sqrt[3]{27 \cdot 64}$ **f)** $\sqrt[4]{64z^4}$ **j)** $\sqrt[3]{x^3y^3}$

c) $\sqrt[3]{64 \cdot 125}$ **g)** $\sqrt{a^2b^2}$ **k)** $\sqrt[3]{125a^3b^6}$ **m)** $\sqrt[4]{25bx^4y^8}$ **o)** $\sqrt[5]{32a^5b^5}$

d) $\sqrt{81z^4}$ **h)** $\sqrt{x^2y^2z^2}$ **l)** $\sqrt[3]{27x^3y^9}$ **n)** $\sqrt[4]{81r^4s^8}$ **p)** $\sqrt[n]{a^nb^n}$

8. **a)** $\sqrt{4x^2} + \sqrt{9x^2} + \sqrt{16x^2} + \sqrt{25x^2} + \sqrt{36x^2}$

b) $\sqrt{81x^2y^2} + \sqrt[3]{125y^3z^3} + \sqrt[5]{32x^5y^5} + \sqrt[4]{81y^4z^4}$

9. **a)** $\dfrac{\sqrt{75}}{\sqrt{3}}$ **e)** $\dfrac{\sqrt[3]{7a^2}}{\sqrt[3]{a}}$ **i)** $\dfrac{\sqrt[3]{8a^4}}{\sqrt[3]{343a}}$

$\dfrac{\sqrt[3]{135a^4}}{\sqrt[3]{5a}} = \sqrt[3]{\dfrac{135a^4}{5a}} = \sqrt[3]{27a^3} = 3a$
$(a > 0)$

b) $\dfrac{\sqrt[3]{250}}{\sqrt[3]{2}}$ **f)** $\dfrac{\sqrt[3]{z^8}}{\sqrt[3]{z^2}}$ **j)** $\dfrac{\sqrt{xy^2z^3}}{\sqrt{xz}}$

c) $\dfrac{\sqrt[5]{64}}{\sqrt[5]{2}}$ **g)** $\dfrac{\sqrt{6b}}{\sqrt{3b}}$ **k)** $\dfrac{\sqrt[3]{ax-ay}}{\sqrt[3]{x-y}}$ **m)** $\dfrac{\sqrt[3]{5x^2}}{\sqrt[3]{9y^2}} \cdot \dfrac{\sqrt[3]{12,5}}{\sqrt[3]{4y^{-2}}}$ **o)** $\dfrac{\sqrt[3]{b^5}}{\sqrt[3]{a^4}} : \dfrac{\sqrt[3]{b^2}}{\sqrt[3]{a}}$

d) $\dfrac{\sqrt{a^3}}{\sqrt{a}}$ **h)** $\dfrac{\sqrt[3]{uv}}{\sqrt[3]{uw}}$ **l)** $\dfrac{\sqrt[3]{x^2-y^2}}{\sqrt[3]{x-y}}$ **n)** $\dfrac{\sqrt[4]{12a^3}}{\sqrt[4]{6b^2}} \cdot \dfrac{\sqrt[4]{20a^2b^3}}{\sqrt[4]{3a}}$ **p)** $\dfrac{\sqrt{2x^2y^7}}{\sqrt{x^5y^5}} : \dfrac{\sqrt{12x^2y^4}}{\sqrt{42x^2y^3}}$

10. **a)** $\sqrt{\dfrac{25}{49}}$ **e)** $\sqrt[3]{3\dfrac{3}{8}}$ **i)** $\sqrt[4]{\dfrac{162x^6y^{-2}}{32x^2y^6}}$

$\sqrt[3]{\dfrac{125x^3y^6}{8a^6}} = \dfrac{\sqrt[3]{125x^3y^6}}{\sqrt[3]{8a^6}} = \dfrac{5xy^2}{2a^2}$
$(x \geq 0,\ a > 0)$

b) $\sqrt{1\dfrac{7}{9}}$ **f)** $\sqrt[4]{\dfrac{625}{16}}$ **j)** $\sqrt{\dfrac{196a^4b^2}{441x^2y^6z^4}}$

c) $\sqrt{5\dfrac{1}{16}}$ **g)** $\sqrt{\dfrac{16r^6}{81s^4}}$ **k)** $\sqrt[3]{\dfrac{64r^6s^3t^9}{8p^9q^6}}$ **m)** $\sqrt{\dfrac{x^2+y^2}{x^{-2}}}$ **o)** $\sqrt[3]{\dfrac{27(x+y)^3}{x^3+y^3}}$

d) $\sqrt[3]{\dfrac{27}{64}}$ **h)** $\sqrt[3]{\dfrac{27a^{-3}b}{343b^4}}$ **l)** $\sqrt[4]{\dfrac{16x^4y^8z^{16}}{625a^8b^4c^{12}}}$ **n)** $\sqrt[3]{\dfrac{a^3-b^3}{64c^3}}$ **p)** $\sqrt[4]{\dfrac{(a^4+b^4) \cdot 16c^4}{a^4}}$

11. **a)** $(4\sqrt{216} - 3\sqrt{150}) : \sqrt{6}$ **c)** $(\sqrt{9x} + \sqrt{25x}) : \sqrt{x}$ **e)** $(a\sqrt{bx} - b\sqrt{cx}) : \sqrt{x}$

b) $(3\sqrt{125} - 3\sqrt{40}) : \sqrt{5}$ **d)** $(\sqrt[3]{27y^2} - \sqrt[3]{8y^2}) : \sqrt[3]{y^2}$ **f)** $(\sqrt{ab} + \sqrt{ac}) : \sqrt{a}$

12. **a)** $\sqrt{\sqrt{16}}$ **e)** $\sqrt{\sqrt[3]{x^6}}$ **i)** $\sqrt[3]{\sqrt[4]{81x^{12}}}$

$\sqrt[3]{\sqrt{b}} = \sqrt[6]{b}$ $(b \geq 0)$

b) $\sqrt{\sqrt{625}}$ **f)** $\sqrt[3]{\sqrt{a^{12}}}$ **j)** $\sqrt[3]{\sqrt[5]{8a^3b^9}}$

c) $\sqrt[3]{\sqrt{216}}$ **g)** $\sqrt{\sqrt[3]{4a^6y^{12}}}$ **k)** $\sqrt[3]{\sqrt{125u^6v^3}}$ **m)** $\sqrt[3]{2\sqrt{2}}$ **o)** $\sqrt[3]{\sqrt{x^3}}$

d) $\sqrt{\sqrt[3]{81}}$ **h)** $\sqrt[3]{\sqrt{r^4s^6}}$ **l)** $\sqrt{\sqrt[4]{256x^8y^{16}}}$ **n)** $\sqrt[3]{a^2\sqrt{a}}$ **p)** $\sqrt[4]{\sqrt{y^4}}$

13. **a)** $\sqrt{\sqrt[3]{\sqrt{x^{12}}}}$ **b)** $\sqrt[3]{\sqrt{\sqrt[4]{a}}}$ **c)** $\sqrt[4]{\sqrt{\sqrt{x}}}$ **d)** $\sqrt{\sqrt[4]{\sqrt[3]{z^{48}}}}$ **e)** $\sqrt[3]{\sqrt[5]{\sqrt{c^{15}}}}$

14. **a)** $\left(\sqrt{a} - \dfrac{1}{\sqrt{a}}\right)^2$ **b)** $\left(\sqrt{\dfrac{a}{a+b}} - \sqrt{\dfrac{a}{a-b}}\right)^2$ **c)** $\sqrt[3]{a-b} : \sqrt[3]{\dfrac{a}{(a-b)^2}}$

15. **a)** $\sqrt[n]{\sqrt{x}}$ **b)** $\sqrt{\sqrt[n]{x}}$ **c)** $\sqrt[n]{\sqrt[3]{y}}$ **d)** $\sqrt[4]{\sqrt[n]{a}}$ **e)** $\sqrt[n]{\sqrt[n]{z^{2n}}}$

19 Logarithmen

19.1 Begriff des Logarithmus

Gegeben seien zwei positive Zahlen a und b (wobei a $\neq$ 1). Unter dem **Logarithmus von b zur Basis a**, in Zeichen $\log_a b$, versteht man diejenige Zahl, mit der man die Basis a potenzieren muss, um die Zahl b zu erhalten.

$$a^x = b$$
$$x = \log_a b$$
$$(a, b > 0)$$

Beispiele: $\log_2 8 = 3$, denn $2^3 = 8$ $\qquad \log_5 \frac{1}{25} = -2$, denn $5^{-2} = \frac{1}{25}$

$\qquad\qquad \log_{10} 100 = 2$, denn $10^2 = 100$ $\qquad \log_4 1 = 0$, denn $4^0 = 1$

$\qquad\qquad \log_3 81 = 4$, denn $3^4 = 81$ $\qquad \log_2 \sqrt[3]{16} = \frac{4}{3}$, denn $2^{\frac{4}{3}} = \sqrt[3]{16}$

---

1. Berechne.

a) $\log_6 36$ **e)** $\log_{12} 144$ **i)** $\log_3 27$ **m)** $\log_{10} 1$ **q)** $\log_5 1$

b) $\log_9 81$ **f)** $\log_4 64$ **j)** $\log_3 243$ **n)** $\log_{10} 10$ **r)** $\log_7 1$

c) $\log_5 25$ **g)** $\log_2 128$ **k)** $\log_4 256$ **o)** $\log_{10} 100$ **s)** $\log_{10} 10^n$

d) $\log_7 49$ **h)** $\log_5 5$ **l)** $\log_5 125$ **p)** $\log_{10} 1\,000$ **t)** $\log_a a^x$

2.   **a)** $\log_4 \frac{1}{16}$ **d)** $\log_2 \frac{1}{32}$ **g)** $\log_4 2$ **j)** $\log_3 \sqrt[3]{3}$ **m)** $\log_a \sqrt[3]{a}$

   b) $\log_8 \frac{1}{64}$ **e)** $\log_2 \frac{1}{128}$ **h)** $\log_9 3$ **k)** $\log_5 \sqrt{5}$ **n)** $\log_b \frac{1}{b^3}$

   c) $\log_{10} \frac{1}{100}$ **f)** $\log_3 \frac{1}{9}$ **i)** $\log_8 2$ **l)** $\log_3 \sqrt[4]{3}$ **o)** $\log_c \frac{1}{c^n}$

3. Bestimme x.

> $\log_2 x = 3$; $x = 2^3 = 8$

a) $\log_4 x = 3$ **e)** $\log_2 x = 7$ **i)** $\log_5 x = 5$

b) $\log_8 x = 2$ **f)** $\log_2 x = 10$ **j)** $\log_2 x = 2$ **m)** $\log_8 x = \frac{2}{3}$ **p)** $\log_3 x = 4$

c) $\log_7 x = 2$ **g)** $\log_5 x = 3$ **k)** $\log_2 x = 4$ **n)** $\log_2 x = -3$ **q)** $\log_3 x = -2$

d) $\log_{10} x = 4$ **h)** $\log_4 x = 4$ **l)** $\log_4 x = \frac{1}{2}$ **o)** $\log_4 x = -2$ **r)** $\log_{10} x = -6$

4.   **a)** $3^{\log_3 27}$ **c)** $8^{\log_8 4}$ **e)** $5^{\log_5 4}$ **g)** $9^{\log_9 5}$ **i)** $6^{\log_6 10}$

   b) $4^{\log_4 16}$ **d)** $7^{\log_7 1}$ **f)** $8^{\log_8 2}$ **h)** $2^{\log_2 6}$ **j)** $a^{\log_a n}$

5. Bestimme die Basis a, für die gilt:

a) $\log_a 25 = 2$ **b)** $\log_a \sqrt{5} = \frac{1}{2}$ **c)** $\log_a 7 = 1$ **d)** $\log_a \sqrt{8} = \frac{3}{2}$ **e)** $\log_a 81 = -2$

$\qquad \log_a 49 = 2$ $\log_a \sqrt{10} = \frac{1}{2}$ $\log_a 3 = 1$ $\log_a \sqrt{27} = \frac{3}{2}$ $\log_a 25 = -2$

$\qquad \log_a 81 = 4$ $\log_a \sqrt[3]{7} = \frac{1}{3}$ $\log_a 5 = 1$ $\log_a \sqrt[3]{25} = \frac{2}{3}$ $\log_a 27 = -3$

$\qquad \log_a 8 = 3$ $\log_a \sqrt[4]{6} = \frac{1}{4}$ $\log_a 8 = 1$ $\log_a \sqrt[3]{36} = \frac{2}{3}$ $\log_a 32 = -5$

6. Bestimme x.

a) $\log_2 (x - 3) = 3$ **b)** $\log_3 (x + 2) = 2$ **c)** $\log_{10} (2y + 6) = 0$ **d)** $\log_5 (3z - 8) = 2$

19.2 Logarithmengesetze

(L 1): $\quad \log_a (u \cdot v) = \log_a u + \log_a v \quad$ (für $u \in \mathbb{R}_+^*$, $v \in \mathbb{R}_+^*$)

Ein Produkt wird logarithmiert, indem man die einzelnen Faktoren logarithmiert und die Ergebnisse addiert.

(L 1*): $\quad \log_a \left(\dfrac{u}{v} \right) = \log_a u - \log_a v \quad$ (für $u \in \mathbb{R}_+^*$, $v \in \mathbb{R}_+^*$)

Ein Bruch wird logarithmiert, indem man Zähler und Nenner logarithmiert und die Ergebnisse subtrahiert.

(L 2): $\quad \log_a u^t = t \cdot \log_a u \quad$ (für $u \in \mathbb{R}_+^*$, $t \in \mathbb{R}$)

Eine Potenz wird logarithmiert, indem man die Basis (Grundzahl) logarithmiert und das Ergebnis mit dem Exponenten (Hochzahl) multipliziert.

In den Aufgaben **1** bis **3** stehen die Variablen für positive Zahlen.

1. Wende Logarithmengesetze an.

$$\log_a \frac{xy}{z} = \log_a xy - \log_a z = \log_a x + \log_a y - \log_a z$$

a) $\log_a x \cdot y$ **e)** $\log_a \dfrac{x}{y}$

b) $\log_a x \cdot y \cdot z$ **f)** $\log_a \dfrac{x}{yz}$ **i)** $\log_a \dfrac{x+y}{z}$ **l)** $\log_a \dfrac{x(y+z)}{r(s-t)}$

c) $\log_a x(y+z)$ **g)** $\log_a \dfrac{xy}{rs}$ **j)** $\log_a \dfrac{x+y}{r-s}$ **m)** $\log_a \dfrac{1}{xy}$

d) $\log_a (u+v) \cdot (r+s)$ **h)** $\log_a \dfrac{xyz}{r}$ **k)** $\log_a \dfrac{x(y+z)}{st}$ **n)** $\log_a \dfrac{1}{x(y+z)}$

2. Wende Logarithmengesetze an.

$$\log_a \sqrt{xy} = \log_a (xy)^{\frac{1}{2}} = \frac{1}{2} \log_a xy = \frac{1}{2} (\log_a x + \log_a y)$$

a) $\log_a x^4$ **f)** $\log_a x^3 y^5$

b) $\log_a z^7$ **g)** $\log_a x^{-3}$ **k)** $\log_a \dfrac{6x^3}{7z}$ **o)** $\log_a \sqrt[3]{\dfrac{xy}{z}}$ **s)** $\log_a (x-y)^{-2}$

c) $\log_a y^n$ **h)** $\log_a \dfrac{1}{z^2}$ **l)** $\log_a \sqrt{x}$ **p)** $\log_a \sqrt[4]{x^3}$ **t)** $\log_a x \sqrt{y-z}$

d) $\log_a (x \cdot y)^2$ **i)** $\log_a \dfrac{x^4}{y^7}$ **m)** $\log_a \sqrt[4]{y}$ **q)** $\log_a \dfrac{1}{\sqrt[3]{x^2}}$ **u)** $\log_a \dfrac{xy^2}{\sqrt[3]{x}}$

e) $\log_a \left(\dfrac{x}{y} \right)^2$ **j)** $\log_a \dfrac{1}{x^2 y^3}$ **n)** $\log_a \sqrt{\dfrac{x}{y}}$ **r)** $\log_a (x+y)^2$ **v)** $\log_a (r^2 s^3 \sqrt[4]{u^3 v^2})$

3. a) $\log_a x + \log_a y - \log_a z$

$$2 \log_a x + 4 \log_a y = \log_a x^2 + \log_a y^4 = \log_a (x^2 \cdot y^4)$$

b) $3 \log_a x + 5 \log_a y - 3 \log_a z$ **d)** $2 \log_a (x-y) + \frac{1}{2} \log_a (x+y)$

c) $3 \log_a x - (\frac{1}{2} \log_a y + \frac{1}{3} \log_a z)$ **e)** $\frac{1}{3} \log_a (x^2 + y^2) - 3 \log_a x$

4. Bestimme die Lösung.

a) $5^x = 14$ **e)** $3 \cdot 5^{2x} = 7^{x+4}$

b) $16^x = 48$ **f)** $5 \cdot 8^{x+1} = 16^{x-1}$

c) $3^{x-2} = 30$ **g)** $8 \cdot 12^{x-1} = 7 \cdot 10^{x-1}$

d) $8^{\frac{1}{x}} = 0{,}5$ **h)** $17 \cdot 3^{x-5} = 4 \cdot 9^{2x}$

$$12^{2x-1} = 3 \qquad | \ \log_{10}$$
$$(2x-1) \log_{10} 12 = \log_{10} 3$$
$$x = \frac{1}{2} \left(\frac{\log_{10} 3}{\log_{10} 12} + 1 \right) \approx 0{,}72$$

20 Potenzfunktionen – Wurzelfunktionen

Eigenschaften der Potenzfunktionen mit natürlichen Exponenten

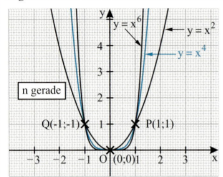
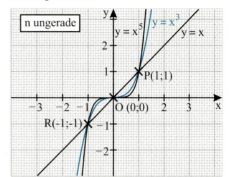

(1) Die Graphen der Potenzfunktionen mit der Gleichung **y = x^n** (x ∈ ℝ) mit *geradem* n sind *symmetrisch zur y-Achse*. Sie haben die gemeinsamen Punkte O(0; 0), P(1; 1), Q(−1; 1).

(2) Die Funktionen sind *für x ≤ 0 streng monoton fallend* und *für x ≥ 0 streng monoton steigend*.

(3) Der Wertebereich ist die Menge aller reellen Zahlen y mit y ≥ 0.

(4) $x_0 = 0$ ist einzige Nullstelle.

(1) Die Graphen der Potenzfunktionen mit der Gleichung **y = x^n** (x ∈ ℝ) mit *ungeradem* n sind *punktsymmetrisch zum Ursprung O*. Die gemeinsamen Punkte sind O(0; 0), P(1; 1), R(−1; −1).

(2) Die Funktionen sind überall *streng monoton steigend*.

(3) Der Wertebereich ist die Menge aller reellen Zahlen.

(4) $x_0 = 0$ ist einzige Nullstelle.

1. a) Berechne die Funktionswerte der Funktion mit y = x^3 [y = x^4] an den Stellen (für die Argumente) 0,4; −0,4; 1,7; −1,7; 3,8; −3,8. Beachte die Symmetrie.
   b) An welchen Stellen nimmt die Funktion mit y = x^3 [y = x^4] den Wert 3 [den Wert −2] an?

2. Stelle fest, welche der Punkte P$_1$(2; 8), P$_2$(2; −8), P$_3$(−2; 8), P$_4$(−2; −8), P$_5$(3; 81), P$_6$(−3; 81), P$_7$(−3; −81) zum Graphen der Funktion mit y = x^3 [y = x^4] gehören.

Eigenschaften der Wurzelfunktionen mit y = x$^{\frac{1}{n}}$ = $\sqrt[n]{x}$ (x ∈ ℝ$_+$)

(1) Alle Graphen haben die Punkte O(0; 0) und P(1; 1) gemeinsam.

(2) Die Funktionen mit y = x$^{\frac{1}{n}}$ = $\sqrt[n]{x}$ sind *streng monoton steigend*.

(3) Der Wertebereich ist die Menge aller reellen Zahlen y mit y ≥ 0.

(4) $x_0 = 0$ ist einzige Nullstelle.

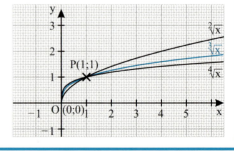

3. Gib die Funktionswerte der Funktion mit $y = \sqrt{x}$ $[y = \sqrt[3]{x}]$ an den Stellen (für die Argumente) 0,7; 1,3; 4,5; 6,1 gerundet auf 2 Stellen nach dem Komma an.

4. An welchen Stellen nimmt die Funktion mit $y = \sqrt{x}$ $[y = \sqrt[3]{x}]$ den Wert 1,5, den Wert 0,5 an?

Eigenschaften der Potenzfunktionen mit negativen ganzzahligen Exponenten

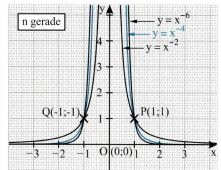

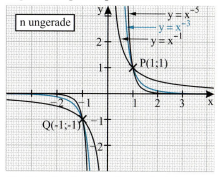

(1) Die Graphen der Potenzfunktionen mit $y = x^{-n}$ ($x \in \mathbb{R}^*$) mit *geradem* n sind *symmetrisch zur y-Achse*.
Sie haben die Punkte P(1; 1) und Q(−1; 1) gemeinsam.

(2) Die Funktionen sind
für x < 0 *streng monoton steigend*
und für x > 0 *streng monoton fallend*.

(3) Beide Koordinatenachsen sind *Asymptoten* des Graphen.

(4) Der Wertebereich ist die Menge aller reellen Zahlen y mit y > 0.

(5) Die Funktion hat keine Nullstellen.

(1) Die Graphen der Potenzfunktionen mit $y = x^{-n}$ ($x \in \mathbb{R}^*$) mit *ungeradem* n sind *punktsymmetrisch zum Ursprung*.
Sie haben die Punkte P(1; 1) und R(−1; −1) gemeinsam.

(2) Die Funktionen sind
für x < 0 und für x > 0
jeweils *streng monoton fallend*.

(3) Beide Koordinatenachsen sind *Asymptoten* des Graphen.

(4) Der Wertebereich ist die Menge aller reellen Zahlen y mit y ≠ 0.

(5) Die Funktion hat keine Nullstellen.

---

5. Berechne die Funktionswerte der Funktion mit $y = x^{-1}$ $[y = x^{-2}]$ an den Stellen (für die Argumente) $\frac{3}{4}$; $-\frac{3}{4}$; 1,5; −1,5; 4; −4. Beachte die Symmetrie.

6. An welchen Stellen nimmt die Funktion mit $y = x^{-1}$ $[y = x^{-2}]$ den Wert 2, den Wert $\frac{1}{4}$, den Wert −2, den Wert $-\frac{1}{4}$ an?

7. Stelle fest, welche der Punkte

$P_1(2; \frac{1}{2})$, $P_2(2; -\frac{1}{2})$, $P_3(-2; -\frac{1}{2})$, $P_4(-2; \frac{1}{2})$, $P_5(3; \frac{1}{9})$, $P_6(-3; \frac{1}{9})$, $P_7(3; -\frac{1}{9})$

zum Graphen der Funktion mit $y = x^{-1}$ $[y = x^{-2}]$ gehören.

21 Exponentialfunktionen — Logarithmusfunktionen

Eigenschaften der Exponentialfunktionen

Für jede **Exponentialfunktion mit y = a^x** mit beliebiger Basis a ≠ 1 und x ∈ ℝ gilt:

(1) Die Funktion ist
  — für a > 1 *streng monoton steigend;*
  — für 0 < a < 1 *streng monoton fallend.*

(2) Der Graph liegt oberhalb der x-Achse. Der Wertebereich ist die Menge der positiven reellen Zahlen.

(3) Der Graph schmiegt sich
  — für a > 1 dem negativen Teil der x-Achse an;
  — für 0 < a < 1 dem positiven Teil der x-Achse an.
  Die x-Achse ist *Asymptote* des Graphen.

(4) Jedesmal, wenn x um s wächst, wird der Funktionswert a^x mit dem Faktor a^s multipliziert *(Grundeigenschaft).*

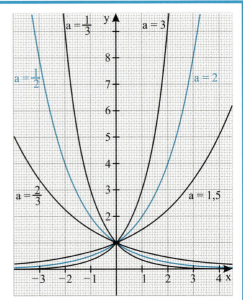

(5) Alle Graphen haben den Punkt P(0; 1) und nur diesen Punkt gemeinsam.

(6) Die Graphen der Exponentialfunktionen mit $y = a^x$ und $y = \left(\frac{1}{a}\right)^x$ gehen durch Spiegelung an der y-Achse auseinander hervor.

---

1. a) Lies an den Graphen der Funktionen zu $y = 3^x$ und $y = (\frac{1}{3})^x$ (siehe Kasten) Näherungswerte ab für

    $3^{1,5}$; $(\frac{1}{3})^{1,5}$; $3^{-0,5}$; $(\frac{1}{3})^{-0,5}$; $3^{2,4}$; $(\frac{1}{3})^{2,4}$; $3^{-2,7}$; $(\frac{1}{3})^{-2,7}$.

    Kontrolliere die Ergebnisse mit dem Taschenrechner.

   b) Lies am Graphen der Funktion zu $y = 3^x [y = (\frac{1}{3})^x]$ Näherungswerte für Stellen x (Argumente x) ab, die zu den Funktionswerten 0,5; 1,5; 3; 6,1 gehören.

2. Wie ändert sich der Funktionswert zu $y = 3^x$ [zu $y = (\frac{1}{3})^x$], wenn man x
    a) um 1 vergrößert;   c) um 4 vergrößert;   e) um 4 verkleinert;
    b) um 2 vergrößert;   d) um 1 verkleinert;   f) verdoppelt?

3. Der Graph der Exponentialfunktion mit $y = a^x$ geht durch den Punkt P. Bestimme die Basis a.
    a) P(3; 64)   b) P(−2; 25)   c) P(−3; 0,064)   d) P(2; 0,01)

Eigenschaften der Logarithmusfunktionen

Für jede **Logarithmusfunktion mit y = log_a x** mit $x \in \mathbb{R}$, $a > 0$, $a \neq 1$ gilt:

(1) Die Funktion ist
 — für $a > 1$ *streng monoton steigend;*
 — für $0 < a < 1$ *streng monoton fallend.*

(2) Der Graph liegt rechts von der y-Achse. Jede reelle Zahl kommt als Funktionswert vor. Der Wertebereich ist $\mathbb{R}$.
 Es gilt:
 — für $a > 1$:
  $\log_a x < 0$, falls $0 < x < 1$
  $\log_a x = 0$, falls $x = 1$
  $\log_a x > 0$, falls $x > 1$
 — für $0 < a < 1$:
  $\log_a x > 0$, falls $0 < x < 1$
  $\log_a x = 0$, falls $x = 1$
  $\log_a x < 0$, falls $x > 1$

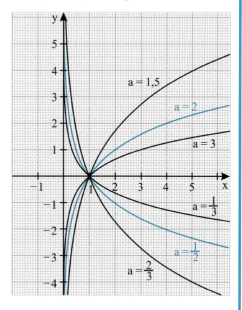

(3) Der Graph schmiegt sich
 — dem negativen Teil der y-Achse an für $a > 0$;
 — dem positiven Teil der y-Achse an für $0 < a < 1$.
 Die y-Achse ist *Asymptote* des Graphen.

(4) Jedesmal, wenn x mit s multipliziert wird, wird zu dem Funktionswert $\log_a x$ der Summand $\log_a s$ addiert *(Grundeigenschaft)*.

(5) Alle Graphen haben den Punkt $P(1; 0)$ und nur diesen Punkt gemeinsam.

(6) Die Graphen der Logarithmusfunktionen mit $y = \log_a x$ und $y = \log_{\frac{1}{a}} x$ gehen durch Spiegelung an der x-Achse hervor.

---

4. **a)** Lies an den Graphen der Funktionen zu $y = \log_3 x$ und $y = \log_{\frac{1}{3}} x$ Näherungswerte ab für $\log_3 0{,}5$; $\log_{\frac{1}{3}} 0{,}5$; $\log_3 2{,}5$; $\log_{\frac{1}{3}} 2{,}5$; $\log_3 5$; $\log_{\frac{1}{3}} 5$.

 b) Lies am Graphen der Funktion zu $y = \log_3 x$ [$y = \log_{\frac{1}{3}} x$] Näherungswerte für Stellen x (Argumente x) ab, die zu den Funktionswerten 0,5; 1,5; −0,5; −1,5 gehören.

5. Wie verändert sich der Funktionswert zu $y = \log_3 x$ [zu $y = \log_{\frac{1}{3}} x$], wenn man x

 a) verdoppelt; **b)** verdreifacht; **c)** halbiert; **d)** drittelt?

6. Der Graph der Logarithmusfunktion mit $y = \log_a x$ geht durch den Punkt P. Bestimme die Basis a.

 a) $P(4; 16)$ **b)** $P(243; 5)$ **c)** $P(0{,}125; 3)$ **d)** $P(0{,}0625; -4)$.

22 Längenverhältnis zweier Strecken – Strahlensätze

22.1 Längenverhältnis zweier Strecken

Das **Längenverhältnis zweier Strecken** ist der Quotient ihrer Längen bzw. bei gleicher Einheit der Quotient ihrer Maßzahlen.

Beispiel: $|AB| = 4$ cm; $|CD| = 6$ cm

Längenverhältnisse: $\dfrac{|AB|}{|CD|} = \dfrac{4\,\text{cm}}{6\,\text{cm}} = \dfrac{4}{6} = \dfrac{2}{3}$

$\dfrac{|CD|}{|AB|} = \dfrac{6\,\text{cm}}{4\,\text{cm}} = \dfrac{6}{4} = \dfrac{3}{2}$

Beachte: Statt $\dfrac{|AB|}{|CD|} = \dfrac{2}{3}$ schreibt man auch $|AB| : |CD| = 2 : 3$

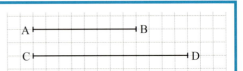

1. Bestimme mithilfe der Zeichnung die Längenverhältnisse der Strecken $\overline{AB}$ und $\overline{CD}$.

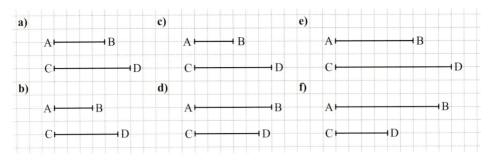

2. Berechne die Längenverhältnisse $\dfrac{a}{b}$ und $\dfrac{b}{a}$. Kürze soweit wie möglich.

   a) $a = 36$ cm
      $b = 12$ cm
   b) $a = 90$ cm
      $b = 75$ cm
   c) $a = 120$ cm
      $b = 2$ m
   d) $a = \frac{1}{2}$ m
      $b = \frac{3}{4}$ m
   e) $a = 0{,}3$ m
      $b = 0{,}8$ m
   f) $a = \sqrt{32}$ cm
      $b = \sqrt{18}$ cm

3. Zeichne zwei Strecken $\overline{AB}$ und $\overline{CD}$ mit dem Längenverhältnis:

   a) $\dfrac{|AB|}{|CD|} = \dfrac{3}{5}$
   b) $\dfrac{|AB|}{|CD|} = 3$
   c) $\dfrac{|AB|}{|CD|} = 1{,}5$
   d) $\dfrac{|AB|}{|CD|} = 0{,}6$
   e) $\dfrac{|AB|}{|CD|} = 2{,}4$

4. Es gilt $\dfrac{|AB|}{|CD|} = \dfrac{2}{3}$. Bestimme die fehlende Länge.

   a) $|CD| = 27$ cm
   b) $|CD| = 60$ cm
   c) $|AB| = 80$ dm
   d) $|AB| = 72$ mm

5. Ein Dreieck hat die Seitenlängen $a = 12$ cm, $b = 8$ cm und $c = 18$ cm. Berechne alle sechs Längenverhältnisse.

22.2 Projektionssatz – Teilung einer Strecke

Projektionssatz

Gegeben sind zwei Geraden g und h sowie eine Schar von parallelen Geraden.
Wenn eine Parallelenschar aus der Geraden g gleich lange Strecken ausschneidet, dann auch aus der Geraden h.
Wenn $|AB| = |BC| = |CD| = |DE| = |EF|$, dann $|A^*B^*| = |B^*C^*| = |C^*D^*| = |D^*E^*| = |E^*F^*|$.

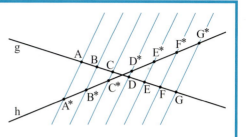

Zerlegung einer Strecke in 5 gleich lange Teilstrecken

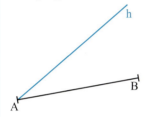

Gegeben ist die Strecke $\overline{AB}$. Zeichne eine beliebige Halbgerade h mit dem Anfangspunkt A.

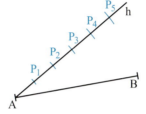

Trage mit dem Zirkel auf der Halbgeraden h von A aus 5 gleich lange Strecken ab. Man erhält die Punkte P_1, P_2, P_3, P_4, P_5.

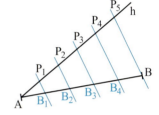

Zeichne die Verbindungsgerade BP_5. Zeichne nun durch P_1, P_2, P_3, P_4 die Parallelen zu BP_5.
Man erhält auf AB die Teilpunkte B_1, B_2, B_3, B_4, die die Strecke $\overline{AB}$ in 5 gleich lange Strecken zerlegen.

1. Zeichne eine 8 cm lange Strecke. Zerlege sie in **a)** 3, **b)** 7, **c)** 6, **d)** 10, **e)** 9 gleich lange Teilstrecken.

2. Markiere auf dem Zahlenstrahl mithilfe des Zirkels zunächst die Punkte zu den Zahlen 0, 1, 2, 3 usw. Konstruiere nun den Punkt zu der angegebenen Bruchzahl.

    a) $\frac{3}{5}$ **b)** $\frac{6}{7}$ **c)** $\frac{3}{2}$ **d)** $\frac{5}{8}$ **e)** $\frac{8}{5}$ **f)** $\frac{5}{6}$ **g)** $\frac{4}{9}$ **h)** $\frac{7}{10}$

3. Zeichne eine 7 cm lange Strecke $\overline{AB}$. Zeichne eine Strecke $\overline{AC}$, sodass gilt:

    a) $|AC| = \frac{1}{3}|AB|$ **c)** $|AC| = \frac{2}{3}|AB|$ **e)** $|AC| = \frac{3}{5}|AB|$ **g)** $|AC| = \frac{3}{4}|AB|$

    b) $|AC| = \frac{1}{5}|AB|$ **d)** $|AC| = \frac{4}{3}|AB|$ **f)** $|AC| = \frac{7}{5}|AB|$ **h)** $|AC| = \frac{5}{3}|AB|$

4. Zeichne eine 9 cm lange Strecke $\overline{AB}$. Zeichne nun einen Punkt C auf der Strecke $\overline{AB}$, für den das Längenverhältnis $|AC| : |AB|$ den abgegebenen Wert besitzt.

    a) $\frac{2}{5}$ **b)** $\frac{3}{4}$ **c)** $\frac{2}{3}$ **d)** $\frac{5}{7}$ **e)** $\frac{5}{6}$ **f)** $\frac{1}{4}$ **g)** $\frac{5}{8}$ **h)** $\frac{5}{9}$

22.3 Strahlensätze

Strahlensätze

Gegeben sind zwei Halbgeraden g und h mit gemeinsamem Anfangspunkt Z, ferner zwei Geraden a und b, welche die Halbgeraden g und h in den Punkten A und A* bzw. B und B* schneiden. Dann gilt:

1. Strahlensatz: Wenn a ∥ b, dann $\dfrac{|ZA|}{|ZB|} = \dfrac{|ZA^*|}{|ZB^*|}$

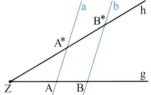

In Worten: Wenn a parallel zu b, dann ist das Längenverhältnis zweier Strecken auf der einen Halbgeraden gleich dem Längenverhältnis der entsprechenden Strecken auf der anderen Halbgeraden.

Umkehrung des 1. Strahlensatzes: Wenn $\dfrac{|ZA|}{|ZB|} = \dfrac{|ZA^*|}{|ZB^*|}$, dann a ∥ b.

2. Strahlensatz: Wenn a ∥ b, dann $\dfrac{|AA^*|}{|BB^*|} = \dfrac{|ZA|}{|ZB|}$ und $\dfrac{|A^*A|}{|B^*B|} = \dfrac{|ZA^*|}{|ZB^*|}$

In Worten: Wenn a parallel zu b, dann ist das Längenverhältnis der beiden Strecken auf den parallelen Geraden jeweils gleich dem Längenverhältnis der beiden von Z ausgehenden Strecken auf den Halbgeraden.

Die **Umkehrung des 2. Strahlensatzes** *gilt nicht.*

---

1. Ergänze aufgrund eines Strahlensatzes zu einer wahren Aussage.

   a) $\dfrac{|ZA|}{|ZB|} = \dfrac{\Box}{\Box}$ e) $\dfrac{\Box}{|ZS|} = \dfrac{|ZC|}{\Box}$ i) $\dfrac{|ZB|}{\Box} = \dfrac{\Box}{|ZT|}$

   b) $\dfrac{|ZR|}{|ZS|} = \dfrac{\Box}{\Box}$ f) $\dfrac{|CT|}{\Box} = \dfrac{\Box}{|ZS|}$ j) $\dfrac{\Box}{|ZC|} = \dfrac{|ZR|}{\Box}$

   c) $\dfrac{|AR|}{|BS|} = \dfrac{\Box}{\Box}$ g) $\dfrac{|AR|}{|CT|} = \dfrac{\Box}{\Box}$ k) $\dfrac{|BS|}{|CT|} = \dfrac{\Box}{\Box}$

   d) $\dfrac{|ZC|}{\Box} = \dfrac{\Box}{|ZR|}$ h) $\dfrac{|ZT|}{\Box} = \dfrac{\Box}{|ZA|}$ l) $\dfrac{|ZA|}{|AB|} = \dfrac{\Box}{\Box}$

2. Von zwei Strecken ist ihr Längenverhältnis a : b = 2 : 3 [7 : 4] und die Länge der einen Strecke bekannt. Konstruiere die andere Strecke.   a) a = 5 cm   b) b = 2,8 cm

3. Von den sechs Längen $a_1, a_2, b_1, b_2, c_1, c_2$ sind vier gegeben. Berechne die beiden nicht gegebenen Längen.

   a) $a_1 = 2$ cm
      $b_1 = 4$ cm
      $b_2 = 7$ cm
      $c_1 = 3,2$ cm

   b) $a_1 = 5,4$ cm
      $b_2 = 9,9$ cm
      $c_1 = 4,8$ cm
      $c_2 = 8,8$ cm

   c) $a_2 = 6,4$ cm
      $b_2 = 9,6$ cm
      $c_1 = 3,5$ cm
      $c_2 = 5,6$ cm

   d) $a_1 = 3,4$ cm
      $a_2 = 5,1$ cm
      $b_1 = 4,8$ cm
      $c_2 = 3,9$ cm

   e) $a_2 = 7,5$ cm
      $b_1 = 3,6$ cm
      $b_2 = 6$ cm
      $c_2 = 5,5$ cm

   f) $a_1 = 6,5$ cm
      $a_2 = 7,8$ cm
      $b_2 = 7,2$ cm
      $c_1 = 4,5$ cm

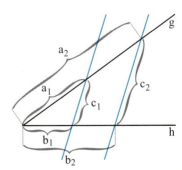

23 Flächensätze am rechtwinkligen Dreieck

Satz des Pythagoras

Im rechtwinkligen Dreieck sind die beiden Kathetenquadrate zusammen genauso groß wie das Hypotenusenquadrat.

$a^2 + b^2 = c^2$

a: Länge der einen Kathete
b: Länge der anderen Kathete
c: Länge der Hypotenuse

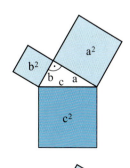

Kathetensatz

Im rechtwinkligen Dreieck ist ein Kathetenquadrat genauso groß wie das Rechteck aus der Hypotenuse und dem zur Kathete gehörenden Hypotenusenabschnitt.

$a^2 = p \cdot c$
$b^2 = q \cdot c$

p, q: Länge der Hypotenusenabschnitte

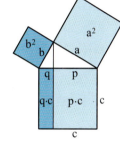

Höhensatz

Im rechtwinkligen Dreieck ist das Höhenquadrat genauso groß wie das Rechteck aus den beiden Hypotenusenabschnitten.

$h^2 = q \cdot p$

h: Dreieckshöhe

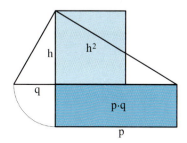

1. In einem rechtwinkligen Dreieck sind die Längen zweier Seiten gegeben. Berechne die Länge der dritten Seite. (Dabei sei c jeweils die Länge der Hypotenuse.)

   a) b = 8 cm
      c = 17 cm
   b) a = 5 mm
      c = 10 mm
   c) a = 7 dm
      b = 25 dm
   d) b = 11 m
      c = 17 m
   e) a = 2,1 km
      c = 4,3 km
   f) a = 4,3 cm
      b = 2,7 cm
   g) b = 2,1 cm
      c = 3,4 cm
   h) a = 5,6 m
      c = 7,9 m
   i) a = 4,5 dm
      b = 8,2 dm

   Gegeben: a = 3 cm; b = 4 cm
   Berechne: c
   Lösung: $c^2 = a^2 + b^2$
   $c = \sqrt{a^2 + b^2}$
   $c = \sqrt{9 + 16}$ cm
   $c = \sqrt{25}$ cm
   $c = 5$ cm

2. Von den drei Größen a, b und e eines Rechtecks sind zwei gegeben. Berechne die dritte.

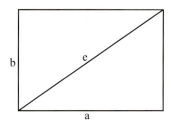

a) a = 9 cm
   b = 4 cm

b) a = 5 dm
   b = 11 dm

c) a = 1,3 km
   b = 2,5 km

d) b = 6,2 m
   e = 7,1 m

e) a = 87 mm
   b = 95 mm

f) e = 0,8 km
   a = 0,2 km

3. Von einem Quadrat ist gegeben:

a) Die Länge der Seite: a = 6 cm [0,3 cm]. Berechne die Länge der Diagonalen.
b) Die Länge der Diagonalen: d = 10 cm [1 m]. Berechne die Länge der Seite.
c) Die Länge der Diagonalen: d = 5 cm [0,25 m]. Berechne den Flächeninhalt.

4. Von den drei Größen a, e und f einer Raute (eines Rhombus) sind zwei gegeben. Berechne die dritte Größe.

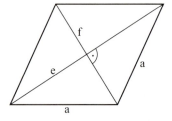

a) e = 6 cm
   f = 10 cm

b) a = 5 mm
   e = 8 mm

c) e = 4,8 m
   f = 3,2 m

d) a = 4,3 km
   f = 3,8 km

e) e = 0,4 m
   f = 0,3 m

f) a = 0,5 km
   f = 0,4 km

5. Von den drei Größen c, s und h eines gleichschenkligen Dreiecks sind zwei gegeben. Berechne die dritte.

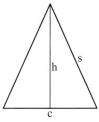

a) c = 8 cm
   s = 5 cm

b) c = 7,2 m
   s = 5,8 m

c) s = 5 dm
   h = 2 dm

d) s = 3,3 km
   h = 2,9 km

e) h = 21 mm
   c = 40 mm

f) h = 0,6 km
   c = 0,8 km

6. Von einem gleichseitigen Dreieck ist gegeben:

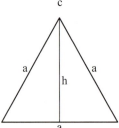

a) Die Seitenlänge a = 8 cm [0,9 m].
   Berechne die Höhe h und den Flächeninhalt A.
b) Die Höhe h = 6 m [3,2 m].
   Berechne die Seitenlänge a und den Flächeninhalt A.
c) Der Flächeninhalt A = 32 cm² [0,48 cm²].
   Berechne die Seitenlänge a und die Höhe h.

7. Ein regelmäßiges Sechseck hat die Seitenlänge a = 6 cm. Berechne den Flächeninhalt.

8. Von einem gleichschenkligen Trapez sind gegeben:

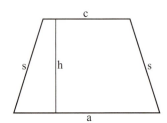

a) s = 6 cm; c = 3 cm; h = 4 cm
   Berechne die Länge a der Basis.
b) a = 9 cm; c = 4 cm; s = 5 cm
   Berechne die Höhe h.

9. Von einem Kreis sind gegeben:

   a) Der Radius r = 5 cm [0,8 m] und die Sehnenlänge s = 7,2 cm [1,4 m]. Berechne den Abstand des Mittelpunktes von der Sehne.
   b) Der Radius r = 3 cm und der Mittelpunktsabstand h = 2,4 cm. Berechne die Länge der Sehne.

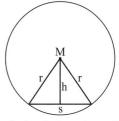

10. Von den sechs Stücken a, b, c, h, p und q eines rechtwinkligen Dreiecks sind zwei gegeben. Berechne die übrigen.

    a) a = 6 cm   c) h = 3 cm   e) h = 3 cm   g) c = 4,5 cm   i) c = 10 cm   k) a = 5 cm
       p = 4 cm   a = 5 cm   p = 1 cm   q = 2 cm   b = 8 cm   q = 4 cm
    b) b = 3 cm   d) h = 6 cm   f) p = 8 cm   h) c = 8,5 cm   j) c = 13 cm   l) b = 7 cm
       q = 2 cm   q = 5 cm   q = 2 cm   a = 5 cm   h = 6 cm   p = 8 cm

11. Gegeben ist ein Rechteck mit den Seitenlängen a = 6 cm und b = 8 cm. Wie groß ist der Abstand einer Ecke von einer Diagonalen?

12. Von einem Quader sind die Kantenlängen a, b und c gegeben. Berechne die Längen sämtlicher Flächendiagonalen und die Länge der Raumdiagonalen.

    a) a = 3 cm   c) a = 9 m
       b = 4 cm   b = 12 m
       c = 12 cm   c = 5 m

    b) a = 16 mm   d) a = 3 cm   e) a = 6 cm   f) a = 3,4 cm
       b = 12 mm   b = 5 dm   b = 6 cm   b = 5,1 cm
       c = 21 mm   c = 2 dm   c = 7 cm   c = 2,9 cm

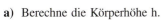

13. Ein Würfel mit der Kantenlänge a = 6 cm ist gegeben. Berechne die Länge einer Flächendiagonalen sowie die Länge der Raumdiagonalen.

14. Eine Pyramide mit quadratischer Grundfläche ist durch die Grundkante a = 6 cm und die Seitenkante s = 8 cm gegeben.

    a) Berechne die Körperhöhe h.
    b) Berechne die Höhe h_s einer Seitenfläche.
    c) Berechne den Flächeninhalt einer Seitenfläche.

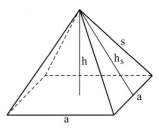

15. Von den fünf Größen a, b, c, g, h_w eines Walmdaches sind vier gegeben. Berechne die fehlende Größe.

    a) a = 10 m   b) a   = 12 m
       b = 6 m   b   = 6 m
       c = 7 m h_w = 7 m
       g = 5 m   c   = 8 m

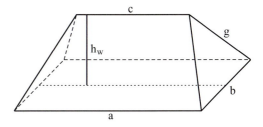

24 Berechnungen an Vielecken und am Kreis

24.1 Berechnungen an Vielecken

Flächeninhalt des Rechtecks
$A = a \cdot b$

Umfang des Rechtecks
$u = 2 \cdot (a + b)$
Beispiel: $a = 6$ cm; $b = 3{,}5$ cm
$A = 6 \text{ cm} \cdot 3{,}5 \text{ cm} = 21 \text{ cm}^2$
$u = 2 \cdot (6 \text{ cm} + 3{,}5 \text{ cm}) = 19 \text{ cm}$

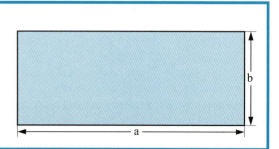

1. Berechne den Flächeninhalt und den Umfang des Rechtecks.

   a) $a = 5$ cm
      $b = 9$ cm
   b) $a = 11$ cm
      $b = 7$ cm
   c) $a = 23$ mm
      $b = 29$ mm
   d) $a = 37$ mm
      $b = 18$ mm
   e) $a = 2{,}3$ cm
      $b = 7{,}8$ cm
   f) $a = 5{,}6$ cm
      $b = 3{,}4$ cm
   g) $a = 17$ m
      $b = 26$ m
   h) $a = 43$ m
      $b = 29$ m
   i) $a = 4{,}5$ km
      $b = 6{,}4$ km
   j) $a = 13{,}1$ km
      $b = 8{,}6$ km

2. Berechne die fehlenden Größen des Rechtecks.

	a)	b)	c)	d)	e)	f)	g)
a	6 cm	4,2 m			4 cm		
b			11 mm	2,9 cm		7,8 m	
A	24 cm²	9,66 m²	66 mm²	17,98 cm²			15 mm²
u					32 cm	36,4 m	16 mm

3. Ein Grundstück ist 23,9 m breit und 29,6 m lang. Berechne die Größe des Grundstücks.

4. Eine Wiese ist 130 m lang und 51 m breit. Gib den Flächeninhalt in m² und a an.
   Die Wiese soll eingezäunt werden. Wie lang ist der Zaun?

5. Ein Schlafzimmer, das 3,65 m breit und 4,70 m lang ist, soll mit Teppichboden ausgelegt werden. 1 m² Teppichboden kostet 35,80 €. Berechne die Materialkosten.

6. Eine Fensterscheibe ist 2,05 m lang und 1,37 m breit. 1 m² Isolierglas (einschließlich Mehrwertsteuer) kostet 138 €. Berechne die Kosten für das Glas.

7. Eine rechteckige Garageneinfahrt ist 12 m breit und 5 m lang; sie soll mit Platten belegt werden. Eine Platte ist 0,5 m breit und 0,5 m lang. Wie viele Platten werden benötigt?

Flächeninhalt des Quadrates
A = a²

Umfang des Quadrates
u = 4 · a

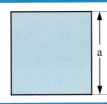

Beispiel: a = 3,5 cm
A = (3,5 cm)² = 12,25 cm²
u = 4 · 3,5 cm = 14 cm

8. Berechne den Flächeninhalt und den Umfang des Quadrates.

   a) a = 6 cm   c) a = 5,8 cm   e) a = 2,4 km   g) a = 11,2 m   i) a = 3,8 km
   b) a = 14 mm   d) a = 25 m   f) a = 5 km   h) a = 7,35 m   j) a = 9,1 cm

9. Berechne die fehlenden Größen des Quadrates.

	a)	b)	c)	d)	e)	f)	g)
a	4,5 m						
A		49 cm²	6,25 km²	42,25 cm²			
u					12 cm	26 m	29,2 km

Flächeninhalt des Parallelogramms
A = g · h

Umfang des Parallelogramms
u = 2 · (a + b)

Beispiel: a = g = 6 cm; b = 2,6 cm;
h = 2,4 cm
A = 6 cm · 2,4 cm = 14,4 cm²
u = 2 · (6 cm + 2,6 cm) = 17,2 cm

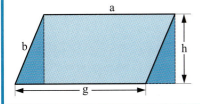

10. Berechne Flächeninhalt und Umfang des Parallelogramms.

a)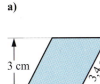

b)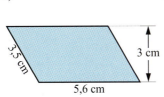

c)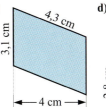

d)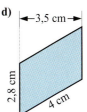

11. Berechne den Flächeninhalt des Parallelogramms.

	a)	b)	c)	d)	e)	f)	g)
g	3,5 cm	5,8 cm	0,6 km	7,1 dm	23 mm	58 cm	312 m
h	2,6 cm	7,3 cm	3,2 km	12,3 dm	47 mm	92 cm	219 m
A							

12. Berechne die fehlenden Größen des Parallelogramms.

	a)	b)	c)	d)	e)	f)	g)
g	5 cm	6,5 cm	8,4 m	12,3 km			
h					9 cm	3,5 m	5,9 km
A	15 cm²	29,25 cm²	42,84 m²	84,87 km²	108 cm²	26,25 m²	49,56 km²

13. Im Bild rechts sieht man eine Treppenhausschräge. Die graue Fläche soll getäfelt werden.

a) Berechne die Größe der Wandfläche.
b) Der Schreiner berechnet für das Täfeln 66,25 € pro m². Berechne die Kosten.

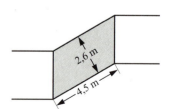

14. Die Fläche (im Bild rechts) soll aufgeforstet werden.

a) Wie groß ist die Fläche, die aufgeforstet werden soll?
b) Die Aufforstung mit Mischwald (Fichten und Buchen) kostet 6 000 € pro ha. Berechne die Kosten.

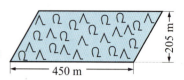

Flächeninhalt des Dreiecks

$A = \frac{1}{2} \cdot h \cdot g$

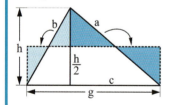

Umfang des Dreiecks

$u = a + b + c$

Beispiel: a = 3,5 cm; b = 2,5 cm; c = g = 4 cm; h = 2,2 cm

$A = \frac{1}{2} \cdot 2{,}2 \text{ cm} \cdot 4 \text{ cm} = 4{,}4 \text{ cm}^2$

u = 3,5 cm + 2,5 cm + 4 cm = 10 cm

---

15. Berechne Flächeninhalt und Umfang des Dreiecks.

a) 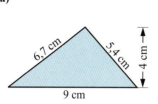   b) 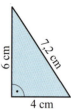   c) 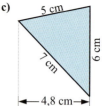   d)

16. Berechne den Flächeninhalt des Dreiecks.

	a)	b)	c)	d)	e)	f)	g)
g	8,6 cm	13,5 cm	2,4 km	5,9 dm	56 mm	87 cm	565 m
h	12,4 cm	8,4 cm	3,5 km	3,1 dm	24 mm	99 cm	930 m
A							

17. Berechne die fehlenden Größen des Dreiecks.

	a)	b)	c)	d)	e)	f)	g)
g	4 cm	5 cm	4,5 m	7,6 km			
h					6 cm	7 m	5,7 km
A	6 cm²	6,25 cm²	15,75 m²	16,34 km²	27 cm²	29,75 m²	39,33 km²

18. Das Turmdach soll neu mit Naturschiefer gedeckt werden.

   a) Berechne die Größe der Dachfläche.
   b) Für 1 m² sind 80 € zu zahlen. Berechne die Kosten.

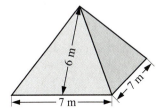

19. Ein Giebelfenster soll verglast werden.

   a) Wie groß ist die Scheibe?
   b) 1 m² einfaches Glas kostet 28 €. Für die dreieckige Form der Scheibe wird ein Aufschlag von 80% berechnet. Wie hoch sind die Kosten?

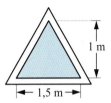

Flächeninhalt des Trapezes

$A = \frac{1}{2} \cdot a \cdot h + \frac{1}{2} \cdot c \cdot h = \frac{1}{2} \cdot (a + c) \cdot h$

Umfang des Trapezes

$u = a + b + c + d$

Beispiel: a = 5 cm; b = 2,2 cm; c = 3 cm; d = 1,9 cm; h = 1,8 cm

$A = \frac{1}{2} \cdot (5\,cm + 3\,cm) \cdot 1,8\,cm = 7,2\,cm^2$

$u = 5\,cm + 2,2\,cm + 3\,cm + 1,9\,cm = 12,1\,cm$

---

20. Berechne Flächeninhalt und Umfang des Trapezes.

   a) 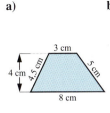   b) 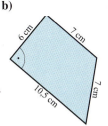   c) 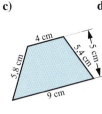   d)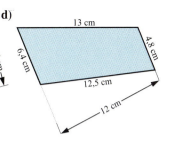

21. Berechne den Flächeninhalt des Trapezes.

	a)	b)	c)	d)	e)	f)	g)
a	4,5 cm	130 m	3,4 km	67 mm	14 dm	0,7 m	225 m
c	7,5 cm	66 m	7,8 km	91 mm	8 dm	1,9 m	370 m
h	8 cm	32 m	5,6 km	53 mm	22 dm	2,1 m	129 m

22. Berechne die fehlenden Größen des Trapezes.

	a)	b)	c)	d)	e)	f)	g)
a	5 cm	5,7 m	7,2 km	8 cm	6,7 m		
c	3 cm	2,5 m	3,8 km			7 m	1,8 cm
h				3 cm	4,8 m	5 m	3,2 cm
A	12 cm²	14,76 m²	13,75 km²	21 cm²	25,92 m²	45 m²	10,24 cm²

23. **a)** In das Giebelfenster wurde eine neue Fensterscheibe mit Isolierglas eingesetzt.
Berechne die Größe des Fensters.
b) Für 1 m² werden 143 € berechnet.
Berechne die Kosten.

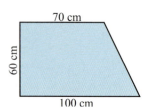

24. Der Giebel soll mit Holz verschalt werden. Für 1 m² sind 96,50 € zu entrichten. Berechne die Kosten.

a)
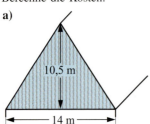

b)
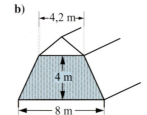

c)
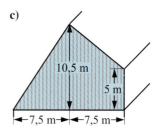

24.2 Berechnungen am Kreis

Flächeninhalt des Kreises

$A = \pi \cdot r^2$; $A = \pi \cdot \dfrac{d^2}{4}$

Umfang des Kreises

$u = 2\pi \cdot r$; $u = \pi \cdot d$

Beispiel: $r = 3$ cm
$A = \pi \cdot 3^2$ cm² $\approx 3{,}14 \cdot 9$ cm² $= 28{,}26$ cm²
$u = 2\pi \cdot 3$ cm $\approx 3{,}14 \cdot 6$ cm $= 18{,}84$ cm

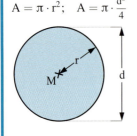

$\pi = 3{,}1415926\ldots$

1. Berechne Flächeninhalt und Umfang des Kreises.

a) r = 2,5 cm c) r = 2,38 m e) r = 18 mm g) d = 2,5 km i) d = 84 mm
b) r = 5,7 cm d) r = 0,15 km f) d = 7 m h) d = 6,8 dm j) d = 6,2 cm

2. Berechne den Radius [den Flächeninhalt] des Kreises.

a) u = 9 cm b) u = 3 m c) u = 2 km d) u = 7,4 dm e) u = 165 m

3. Berechne den Radius [den Umfang] des Kreises.
   a) A = 58 cm²   b) A = 1 m²   c) A = 5,48 dm²   d) A = 32 a   e) A = 375 ha

4. Bestimme Durchmesser und Querschnitt eines Baumstamms mit 55 cm [1,35 m; 3,46 m] Umfang.

5. Welchen Durchmesser hat ein Leitungsdraht von 50 mm² [1 cm²; 0,7 mm²] Querschnitt?

6. Die Radien eines Kreisringes betragen $r_1 = 6$ cm, $r_2 = 4$ cm.
   a) Wie groß ist der Flächeninhalt des Kreisringes?
   b) Wie groß ist der Radius eines Kreises, der zum Kreisring flächeninhaltsgleich ist?

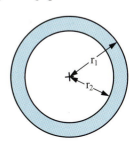

7. Um [in] einen Kreis mit dem Radius r = 6 cm soll ein Ring mit dem Flächeninhalt 88 cm² gelegt werden. Wie breit muss der Ring sein?

Länge des Kreisbogens

$$b_\alpha = 2\pi r \cdot \frac{\alpha}{360°}$$

Flächeninhalt des Kreisausschnitts

$$A_\alpha = \pi r^2 \cdot \frac{\alpha}{360°} = \frac{b_\alpha \cdot r}{2}$$

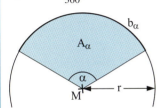

Beispiel: r = 3 cm; α = 120°

$$b_{120°} = 2\pi \cdot 3 \text{ cm} \cdot \frac{120°}{360°} \approx 6{,}28 \text{ cm}$$

$$A_{120°} = \pi \cdot 3^2 \text{ cm}^2 \cdot \frac{120°}{360°} \approx 9{,}42 \text{ cm}^2$$

8. Von den Größen r, b_α, α und A_α eines Kreisausschnittes sind zwei gegeben. Berechne die beiden anderen.
   a) r = 5 cm   c) b_α = 2 m   e) A_α = 10 m²   g) A_α = 45 m²   i) α = 270°
      α = 60°   r = 0,5 m   r = 5 m b_α = 15 m b_α = 60 m
   b) A_α = 10 m²   d) b_α = 18 mm   f) A_α = 20 cm²   h) r = 8 cm   j) α = 35°
      r = 4 m   α = 25°   α = 72° b_α = 40 cm b_α = 1,6 dm

Flächeninhalt des Kreisabschnitts

$$A = \frac{1}{2}b_\alpha \cdot r - \frac{1}{2}s(r - h)$$

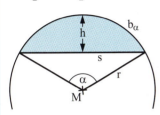

Beispiel: r = 3 cm; α = 120°; s = 5,2 cm; h = 1,5 cm

$$b_\alpha = 2 \cdot \pi \cdot 3 \cdot \frac{120°}{360°} = 6{,}28 \text{ cm}$$

$$A = \frac{1}{2} \cdot 6{,}28 \text{ cm} \cdot 3 \text{ cm} - \frac{1}{2} \cdot 5{,}2 \text{ cm} (3 \text{ cm} - 1{,}5 \text{ cm})$$

$$= 5{,}52 \text{ cm}^2$$

s: Länge der Kreissehne; h: Höhe des Kreisabschnitts

9. Berechne den Flächeninhalt des Kreisabschnitts mit dem Radius r = 6 cm und dem Mittelpunktswinkel a) α = 60°;   b) α = 90°;   c) α = 120°.

25 Berechnungen an Körpern

25.1 Berechnungen am Quader

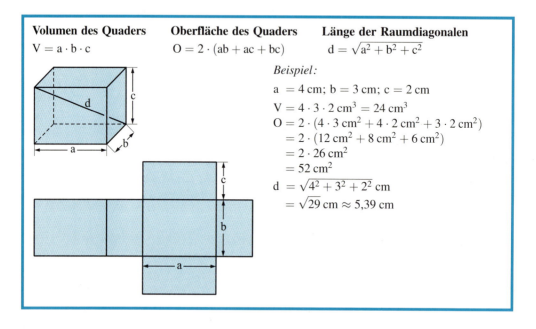

Volumen des Quaders
$V = a \cdot b \cdot c$

Oberfläche des Quaders
$O = 2 \cdot (ab + ac + bc)$

Länge der Raumdiagonalen
$d = \sqrt{a^2 + b^2 + c^2}$

Beispiel:
$a = 4$ cm; $b = 3$ cm; $c = 2$ cm
$V = 4 \cdot 3 \cdot 2 \text{ cm}^3 = 24 \text{ cm}^3$
$O = 2 \cdot (4 \cdot 3 \text{ cm}^2 + 4 \cdot 2 \text{ cm}^2 + 3 \cdot 2 \text{ cm}^2)$
$ = 2 \cdot (12 \text{ cm}^2 + 8 \text{ cm}^2 + 6 \text{ cm}^2)$
$ = 2 \cdot 26 \text{ cm}^2$
$ = 52 \text{ cm}^2$
$d = \sqrt{4^2 + 3^2 + 2^2}$ cm
$ = \sqrt{29}$ cm $\approx 5{,}39$ cm

1. Berechne Volumen, Oberfläche und Länge der Raumdiagonalen des Quaders.

   a) $a = 5$ cm
      $b = 7$ cm
      $c = 12$ cm

   b) $a = 24$ dm
      $b = 34$ dm
      $c = 6$ dm

   c) $a = 120$ mm
      $b = 65$ mm
      $c = 9$ mm

   d) $a = 90$ cm
      $b = 45$ cm
      $c = 15$ cm

   e) $a = 9$ m
      $b = 15$ m
      $c = 7$ m

   f) $a = 0{,}3$ m
      $b = 0{,}6$ m
      $c = 0{,}7$ m

   g) $a = 3{,}1$ cm
      $b = 2{,}9$ cm
      $c = 1{,}4$ cm

   h) $a = 0{,}9$ dm
      $b = 1{,}2$ dm
      $c = 7{,}1$ dm

   i) $a = 1{,}24$ m
      $b = 2{,}57$ m
      $c = 0{,}25$ m

   j) $a = 3$ m
      $b = 1{,}4$ m
      $c = 5{,}6$ m

2. Berechne die fehlende Kantenlänge des Quaders.

   a) $a = 4$ cm
      $b = 7$ cm
      $V = 308 \text{ cm}^3$

   b) $b = 2{,}5$ m
      $c = 1{,}4$ m
      $V = 7 \text{ m}^3$

   c) $a = 1{,}4$ dm
      $c = 0{,}3$ dm
      $V = 0{,}0084 \text{ dm}^3$

   d) $a = 5$ cm
      $b = 6$ cm
      $O = 214 \text{ cm}^2$

   e) $b = 2{,}5$ m
      $c = 1{,}8$ m
      $O = 15{,}02 \text{ m}^2$

3. Ein Zimmer ist 5,3 m lang, 4,2 m breit und 2,5 m hoch.
   a) Berechne das Volumen des Zimmers.
   b) Wand- und Deckenflächen sollen geputzt werden. Wie viel m² sind das?

4. Eine Holzkiste ist 1,25 m lang, 0,75 m breit und 0,65 m hoch.
   a) Berechne das Volumen der Kiste.
   b) Wie viel m² Holz werden zur Herstellung der Kiste benötigt?

5. Herr Mantel baut ein Ferienhaus mit Flachdach. Das Haus ist 19 m lang, 11 m breit und 5,5 m hoch. Der Kubikmeter umbauter Raum kostet 310 €. Wie teuer wird das Haus?

6. Ein 350 m langer, 1,5 m breiter und 4,5 m tiefer Graben soll ausgehoben werden. Wie viel m³ Erde müssen bewegt werden?

7. Auf einem Bauplatz wird eine Grube ausgehoben. Sie ist 16,50 m lang, 11,30 m breit und 1,80 m tief. Wie viel m³ Erde müssen ausgehoben werden?

8. Ein Schwimmbad ist 50 m lang, 12 m breit und 2 m tief.
   a) Das Schwimmbad soll gefliest werden. 1 m² Fliesen einschließlich Arbeitslohn kostet 48 €. Berechne die Kosten.
   b) Der Kubikmeter Wasser kostet 1,80 €. Wie teuer ist die Füllung des Bades?

25.2 Berechnungen am Würfel

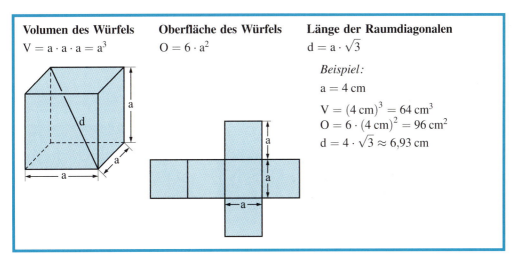

Volumen des Würfels
$V = a \cdot a \cdot a = a^3$

Oberfläche des Würfels
$O = 6 \cdot a^2$

Länge der Raumdiagonalen
$d = a \cdot \sqrt{3}$

Beispiel:
$a = 4$ cm
$V = (4 \text{ cm})^3 = 64 \text{ cm}^3$
$O = 6 \cdot (4 \text{ cm})^2 = 96 \text{ cm}^2$
$d = 4 \cdot \sqrt{3} \approx 6,93$ cm

1. Berechne Volumen, Oberfläche und Länge der Raumdiagonalen des Würfels mit der angegebenen Kantenlänge.
   a) a = 5 cm   c) a = 140 cm   e) a = 5 m   g) a = 1,4 dm   i) a = 3,5 m
   b) a = 21 dm d) a = 55 cm   f) a = 0,7 m h) a = 1,9 cm   j) a = 2,75 m

2. Berechne die Kantenlänge des Würfels, dessen Volumen gegeben ist.
   a) V = 8 m³   b) V = 125 cm³   c) V = 27 dm³   d) V = 64 mm³   e) V = 0,216 m³

3. Berechne die Kantenlänge des Würfels, dessen Oberflächengröße gegeben ist.
   a) O = 150 cm²   b) O = 1 014 dm²   c) O = 73,5 m²   d) O = 156 cm²   e) O = 241 m²

4. Berechne die Kantenlänge des Würfels, dessen Raumdiagonale gegeben ist.
   a) d = 3 m   b) d = 4 dm   c) d = 6 m   d) d = 15 cm   e) d = 34 cm

5. Berechne Volumen, Oberfläche und Länge der Raumdiagonalen eines Würfels mit einer 0,49 m² großen Grundfläche.

25.3 Berechnungen am Prisma

Volumen des Prismas
V = G · h

Mantelfläche des Prismas
M = u · h

Oberfläche des Prismas
O = 2 · G + M

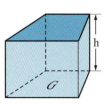

Beispiel (dreieckige Grundfläche):
g = c = 4 cm; h_c = 3 cm; a = 3,8 cm; b = 3,4 cm
Körperhöhe: h = 5 cm

$V = \left(\frac{1}{2} \cdot 4 \text{ cm} \cdot 3 \text{ cm}\right) \cdot 5 \text{ cm} = 30 \text{ cm}^3$

M = (3,8 cm + 3,4 cm + 4 cm) · 5 cm = 56 cm²

$O = 2 \cdot \left(\frac{1}{2} \cdot 4 \text{ cm} \cdot 3 \text{ cm}\right) + 56 \text{ cm}^2 = 68 \text{ cm}^2$

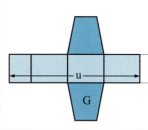

1. Ein (gerades) Prisma mit der Höhe h = 7,6 cm hat als Grundfläche

   a) ein rechtwinkliges Dreieck;   **b)** ein Dreieck;   **c)** ein Parallelogramm.

   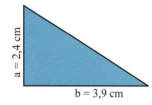
   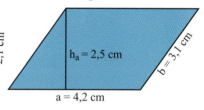

   Berechne das Volumen und die Oberfläche des Prismas.

2. Ein (gerades) Prisma mit der Höhe h = 8 m hat als Grundfläche ein gleichseitiges Dreieck (a = 6 m). Berechne Volumen und Oberfläche des Prismas.

3. Bei einem (geraden) Prisma seien u der Umfang der Grundfläche, h die Körperhöhe, G die Größe der Grundfläche, M die Größe der Mantelfläche und O die Größe der Oberfläche. Berechne aus den drei gegebenen Größen die beiden anderen.

   a) u = 13,7 cm
       G = 9,35 cm²
       h = 5,5 cm

   b) G = 33,5 m²
       h = 14,5 m
       M = 287,435 m²

   c) u = 19,4 cm
       M = 584,25 cm²
       O = 761,25 cm²

   d) u = 43,5 dm
       h = 27,6 dm
       O = 1 434,87 dm²

4. Auf ebenem Gelände soll für eine geradlinige Straße ein Damm aufgeschüttet werden (Länge 130 m). Weitere Maße siehe Bild.
   Wie viel Kubikmeter Erde werden für die Aufschüttung benötigt?

   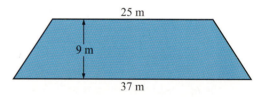

5. Das Bild zeigt den Querschnitt eines Eisenträgers.
   Der Träger ist 4,5 m lang.
   Berechne das Gewicht des Trägers (1 cm³ Eisen wiegt 7,4 g).

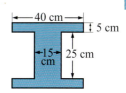

6. Ein Trog von 1,60 m Länge hat als Querschnitt ein gleichschenkliges Trapez mit a = 65 cm, c = 40 cm und h_T = 32 cm.

   a) Wie viel *l* fasst der Trog?
   b) Wie viel m² Bretter werden zu seiner Herstellung gebraucht?

7. Die Giebelfläche eines 12,50 m langen Satteldaches ist ein gleichschenkliges Dreieck mit g = 9,20 m und h = 6,20 m. Berechne das Volumen des umbauten Raumes.

25.4 Berechnungen am Zylinder

Volumen des Zylinders
$V = \pi r^2 \cdot h$

Mantelfläche des Zylinders
$M = 2\pi r \cdot h$

Oberfläche des Zylinders
$O = 2\pi r^2 + 2\pi rh$

Beispiel: r = 3 cm; h = 5 cm
$V = \pi \cdot 3^2 \cdot 5 \text{ cm}^3 = 45\pi \text{ cm}^3 \approx 141{,}37 \text{ cm}^3$
$M = 2 \cdot \pi \cdot 3 \cdot 5 \text{ cm}^2 = 30\pi \text{ cm}^2 \approx 94{,}25 \text{ cm}^2$
$O = (2\pi \cdot 9 + 30\pi) \text{ cm}^2 \approx 150{,}80 \text{ cm}^2$

1. Berechne das Volumen, den Mantelflächeninhalt und den Oberflächeninhalt.

   a) r = 5 cm
      h = 40 cm
   b) r = 15 mm
      h = 80 mm
   c) r = 5 dm
      h = 12 dm
   d) r = 3 m
      h = 12 m
   e) r = 1,2 m
      h = 7,8 m
   f) d = 7 cm
      h = 90 cm
   g) d = 8 mm
      h = 125 mm
   h) d = 12 dm
      h = 84 dm
   i) d = 8 m
      h = 25 m
   j) d = 3,8 m
      h = 12,7 m

2. Von den fünf Größen Radius r, Körperhöhe h, Mantelfläche M, Oberfläche O und Volumen V eines Zylinders sind zwei gegeben. Berechne die drei fehlenden.

   a) r = 4 cm
      h = 6,5 cm
   b) h = 8 m
      M = 25 m²
   c) M = 0,4 m²
      O = 1,2 m²
   d) O = 15 dm²
      r = 1 dm
   e) r = 3 cm
      V = 75 cm³
   f) V = 25 *l*
      h = 0,5 m
   g) h = 4,8 m
      r = 25 cm
   h) r = 2,5 cm
      V = 0,5 *l*
   i) V = 300 *l*
      M = 1,2 m²
   j) O = 2 m²
      h = 4 m

3. Eine zylindrische Tonne hat den inneren Durchmesser d = 65 cm und die Körperhöhe h = 90 cm.

   a) Wie viel Liter Wasser fasst die Tonne?   b) Wie hoch stehen 200 *l* in der Tonne?

4. Ein Ofenrohr soll 2 m lang sein und einen Durchmesser von 14 cm haben. Wie viel Eisenblech wird benötigt?

5. Ein zylindrischer Gasbehälter soll einen Durchmesser von 22 m haben. Er soll 6 000 m³ Gas fassen. Wie hoch muss der Behälter sein?

6. Eine Litfaßsäule hat einen Umfang von 3,50 m, sie ist 2,90 m hoch. Ein Sockel von 30 cm soll nicht beklebt werden. Berechne die Größe der Werbefläche.

7. Eine Konservendose von 1 l Inhalt hat einen Durchmesser von 12 cm. Es sollen 1 500 Dosen hergestellt werden. Wie viel Blech wird benötigt, wenn man für den Abfall 15% berechnet.

8. Ein 12 m tiefer Brunnen von 2 m äußerem Durchmesser soll hergestellt werden. Die Wandstärke soll 30 cm betragen. Wie viel m³ Beton werden für die Wand benötigt?

9. Ein Rundstahl hat einen Durchmesser von 15 cm und ist 4,25 m lang. 1 cm³ Stahl wiegt 7,85 g. Wie schwer ist der Rundstahl?

25.5 Berechnungen an der Pyramide

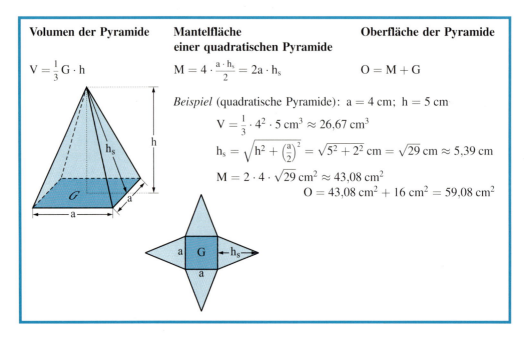

1. Berechne das Volumen, die Mantelfläche und die Oberfläche der quadratischen Pyramide.

   a) $a = 6$ m
      $h = 11$ m

   b) $a = 5,1$ m
      $h = 6,3$ m

   c) $a = 4$ cm
      $h = 6$ cm

   d) $a = 9$ mm
      $h = 23$ mm

   e) $a = 7,4$ m
      $h = 12,9$ m

2. Eine Pyramide mit rechteckiger Grundfläche ($a = 6,2$ m, $b = 4,3$ m) ist 3,15 m hoch. Berechne Volumen, Mantelfläche und Oberfläche.

3. Bei einer quadratischen Pyramide sind die Grundkante a = 4 cm und die Seitenkante s = 8 cm lang. Berechne Volumen, Mantelfläche und Oberfläche.

4. Berechne das Volumen der Pyramide mit der Körperhöhe h = 7,65 m und
   a) dreieckiger Grundfläche: g = 3,4 m; h_D = 2,7 m
   b) trapezförmiger Grundfläche: a = 4,5 m, c = 3,1 m; h_T = 2,6 m

5. Eine regelmäßige dreiseitige Pyramide hat die Grundkante a = 4 m und die Höhe h = 5 m. Berechne Volumen, Oberfläche und Mantelfläche.

6. Ein pyramidenförmiges Dach mit quadratischer Grundfläche (a = 6,50 m) ist 7,90 m hoch. Das Dach soll mit Kunstschiefer eingedeckt werden; 1 m² kostet 66 €. Berechne die Kosten.

25.6 Berechnungen am Kegel

Volumen des Kegels   **Mantelfläche des Kegels**   **Oberfläche des Kegels**

$V = \frac{1}{3}\pi r^2 \cdot h$ $M = \pi rs$ $O = \pi r^2 + \pi rs$

Beispiel: r = 2 cm; h = 5 cm

$V = \frac{1}{3} \cdot \pi \cdot 2^2 \cdot 5 \text{ cm}^3 = \frac{20}{3}\pi \text{ cm}^3 \approx 20{,}94 \text{ cm}^3$

Länge der Mantellinie: $s = \sqrt{5^2 + 2^2} \text{ cm} = \sqrt{29} \text{ cm} \approx 5{,}39 \text{ cm}$

$M = \pi \cdot 2 \cdot \sqrt{29} \text{ cm}^2 \approx 33{,}84 \text{ cm}^2$

$O = (\pi \cdot 2^2 + \pi \cdot 2 \cdot \sqrt{29}) \text{ cm}^2 \approx 46{,}40 \text{ cm}^2$

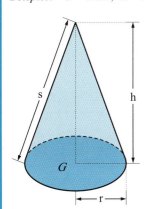
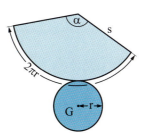

1. Berechne Volumen V, Größe M der Mantelfläche und Größe O der Oberfläche des Kegels.
   a) r = 3 m   c) r = 4 dm   e) r = 4,5 m   g) d = 19 dm   i) d = 7 m
      h = 10 m   h = 17 cm   h = 20,4 m   h = 38 dm   h = 19 m
   b) r = 8 cm   d) r = 19 mm   f) d = 24 cm   h) d = 17 mm   j) d = 6,4 m
      h = 43 cm   h = 82 mm   h = 35 cm   h = 44 mm   h = 18,6 m

2. Von den Größen Radius r, Körperhöhe h, Länge s der Mantellinie, Mantelfläche M, Oberfläche O und Volumen V eines Kegels sind zwei gegeben. Berechne die fehlenden Größen.
   a) r = 2 cm   c) s = 8 cm   e) s = 7 dm   g) h = 14 cm   i) M = 3,5 m²
      h = 3 cm   r = 6 cm   M = 1 m²   V = 2,5 l   O = 4,5 m²
   b) h = 4 dm   d) r = 8 cm   f) r = 0,3 m   h) s = 3 dm   j) r = 125 mm
      s = 5 dm   V = 1 l   O = 1,8 m²   O = 40 dm²   V = 945 cm³

3. Ein Trichter hat den oberen Durchmesser 20 cm. Er soll (ohne Ansatzrohr) 1 *l* fassen. Wie hoch muss der Trichter sein?

4. Ein Turm hat ein kegelförmiges Dach mit dem Durchmesser 6 m; die Mantellinie ist 10 m lang.
   a) Wie groß ist der Dachraum?
   b) Wie groß ist die Dachfläche?
   c) Das Dach soll mit Naturschiefer eingedeckt werden; 1 m² kostet 78 €. Berechne den Preis.

25.7 Berechnungen an der Kugel

Volumen der Kugel

$V = \frac{4}{3}\pi r^3$

Oberfläche der Kugel

$O = 4\pi r^2$

Beispiel: $r = 2$ cm

$V = \frac{4}{3}\pi \cdot 2^3$ cm³

$= \frac{32}{3}\pi$ cm³ $\approx 33{,}51$ cm³

$O = 4\pi \cdot 2^2$ cm²

$= 16\pi$ cm² $\approx 50{,}27$ cm²

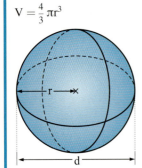

1. Berechne Volumen V und Größe O der Oberfläche der Kugel.
   a) r = 4 cm   c) r = 16 dm   e) r = 5,3 m   g) d = 43 mm   i) d = 15 m
   b) r = 36 mm   d) r = 6 m   f) d = 7 cm   h) d = 5 dm   j) d = 9,3 m

2. Von den drei Größen Radius r, Oberfläche O und Volumen V einer Kugel ist eine Größe gegeben. Berechne die fehlenden.
   a) r = 0,8 m   b) O = 1 dm²   c) V = 1 *l*   d) O = 4 m²   e) V = 10 m³

3. Ein Fußball hat den Durchmesser d = 24 cm. Wieviel cm² Leder werden verarbeitet, wenn für Verschnitt 20% gerechnet wird?

4. Eine Seifenblase mit einem Durchmesser 10 cm ist aus einem 5 mm dicken Tropfen entstanden. Wie dick ist die Seifenblasenhülle?

5. Der Mond hat einen Durchmesser von 3 480 km. Berechne sein Volumen und seine Oberfläche.

6. Die Erde hat einen Radius von 6 370 km. Berechne ihr Volumen und ihre Oberfläche.

7. Berechne das Gewicht einer Glaskugel mit einem Durchmesser von 2 dm. 1 dm³ Glas wiegt 2,5 kg.

26 Trigonometrie

26.1 Sinus, Kosinus, Tangens für den Bereich 0° ≤ α ≤ 360°

Sinus, Kosinus, Tangens

Für spitze Winkel (im rechtwinkligen Dreieck) gilt:

$\sin \alpha = \dfrac{\text{Länge der Gegenkathete von }\alpha}{\text{Länge der Hypotenuse}} = \dfrac{a}{c}$

$\cos \alpha = \dfrac{\text{Länge der Ankathete von }\alpha}{\text{Länge der Hypotenuse}} = \dfrac{b}{c}$

$\tan \alpha = \dfrac{\text{Länge der Gegenkathete von }\alpha}{\text{Länge der Ankathete von }\alpha} = \dfrac{a}{b}$

Für den Punkt $P_\alpha(x; y)$ auf dem Einheitskreis gilt:
$\sin \alpha = y;\ \cos \alpha = x$

Für $0° \leq \alpha \leq 180°$ gilt: Für $0° \leq \alpha \leq 360°$ gilt:
$\sin \alpha = \sin(180 - \alpha)$ $\sin \alpha = -\sin(360° - \alpha)$
$\cos \alpha = -\cos(180° - \alpha)$ $\cos \alpha = \cos(360° - \alpha)$
$\tan \alpha = -\tan(180° - \alpha)$ $\tan \alpha = -\tan(360° - \alpha)$

Zusammenhänge zwischen Sinus, Kosinus, Tangens:

$\sin \alpha = \cos(90° - \alpha)$ $(\sin \alpha)^2 + (\cos \alpha)^2 = 1$

$\cos \alpha = \sin(90° - \alpha)$ $\tan \alpha = \dfrac{\sin \alpha}{\cos \alpha}$

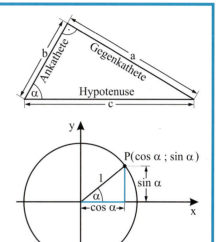

1. Berechne in dem rechtwinkligen Dreieck $\sin \alpha$, $\sin \beta$, $\cos \alpha$, $\cos \beta$, $\tan \alpha$, $\tan \beta$.

   a) 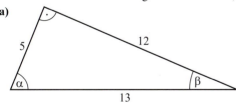   b) 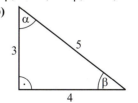   c)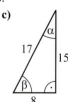

2. Bestimme $\sin \alpha$, $\cos \alpha$, $\tan \alpha$ durch Zeichnen eines Dreiecks ABC mit $\gamma = 90°$, $c = 10$ cm sowie

   a) $\alpha = 28°$;   b) $\alpha = 42°$;   c) $\alpha = 60°$;   d) $\alpha = 78°$;   e) $\alpha = 80°$.

3. Zeichne ein geeignetes rechtwinkliges Dreieck und miss den Winkel α.

   a) $\sin \alpha = \dfrac{1}{3}$ b) $\cos \alpha = \dfrac{4}{5}$ c) $\tan \alpha = \dfrac{3}{4}$

4. a) Drücke mithilfe von Kosinus aus.

      $\sin 12°$; $\sin 27°$; $\sin 34°$; $\sin 48°$; $\sin 67°$

   b) Drücke mithilfe von Sinus aus.

      $\cos 19°$; $\cos 33°$; $\cos 41°$; $\cos 58°$; $\cos 82°$

   $\sin 15° = \cos(90° - 15°) = \cos 75°$
   $\cos 25° = \sin(90° - 25°) = \cos 65°$

5. a) Berechne jeweils cos α und tan α ohne den Winkel selbst zu bestimmen.

$\sin \alpha = \frac{3}{5}$ $\left[\frac{2}{5}; \frac{5}{13}; 0{,}3; 0{,}24; 0{,}34\right]$

b) Berechne jeweils sin α und tan α ohne den Winkel selbst zu bestimmen.

$\cos \alpha = \frac{2}{5}$ $\left[\frac{1}{2}; \frac{1}{4}; \frac{7}{25}; 0{,}2; 0{,}12\right]$

Gegeben: $\sin \alpha = \frac{1}{2}$

$\cos \alpha = \sqrt{1 - \sin^2 \alpha}$
$= \sqrt{1 - \frac{1}{4}} = \sqrt{\frac{3}{4}} = \frac{1}{2}\sqrt{3}$

$\tan \alpha = \frac{\sin \alpha}{\cos \alpha} = \frac{\frac{1}{2}}{\frac{1}{2}\sqrt{3}}$

$= \frac{1}{\sqrt{3}} = \frac{1}{3}\sqrt{3}$

6. In einer Tafel für trigonometrische Funktionen sind die Werte für sin α, cos α und tan α für den Bereich 0 ≤ α ≤ 90° angegeben.
Die oben angegebenen Formeln erlauben es, die Werte auch für 90° ≤ α ≤ 360° anzugeben.
Bestimme wie im Beispiel.

$\sin 225° = -\sin(360° - 225°)$
$= -\sin 135°$
$= -\sin(180° - 135°)$
$= -\sin 45°$
$= -0{,}7071$

a) sin 154° **e)** sin 190° **i)** cos 101° **m)** cos 310° **q)** tan 97°   **u)** tan 200°
b) sin 137° **f)** sin 210° **j)** cos 129° **n)** cos 217° **r)** tan 109° **v)** tan 299°
c) sin 100° **g)** sin 300° **k)** cos 92°   **o)** cos 354° **s)** tan 155° **w)** tan 341°
d) sin 175° **h)** sin 345° **l)** cos 168° **p)** cos 243° **t)** tan 127° **x)** tan 113°

7. Für welche Winkel α zwischen 0° und 360° gilt:

a) sin α = 0,4384   **f)** cos α = −0,9848
b) sin α = −0,2588 **g)** cos α = 0,6691
c) sin α = 0,8090   **h)** cos α = 0,1219
d) sin α = 0,2924   **i)** tan α = 1,7321
e) cos α = 0,6428   **j)** tan α = −0,8693

$\sin \alpha = -0{,}4540$
$\sin \alpha_0 = +0{,}4540$
$\alpha_0 = 27°$
$\alpha_1 = 180° + 27° = 207°$
$\alpha_2 = 360° - 27° = 333°$

Ergebnis:
$\mathbb{L} = \{207°; 333°\}$

26.2 Berechnungen am rechtwinkligen Dreieck

Beispiel 1:
In einem rechtwinkligen Dreieck ABC sind gegeben:
b = 5 cm, α = 35°, β = 90°
Berechne die übrigen Größen a, c und γ.

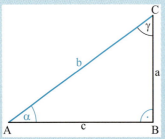

Lösung:
Berechnung von a: $\frac{a}{b} = \sin \alpha$;
a = b · sin α
= 5 cm · sin 35°
≈ 2,8678822 cm

Berechnung von c: $\frac{c}{b} = \cos \alpha$;
c = b · cos α
= 5 cm · cos 35°
≈ 4,0957602 cm

Berechnung von γ: α + γ = 90°;
γ = 90° − α = 90° − 35° = 55°

Ergebnis: a = 2,9 cm; c = 4,1 cm; γ = 55°

Beispiel 2:
In einem rechtwinkligen Dreieck ABC sind gegeben:
a = 5 cm, c = 13 cm, γ = 90°.
Berechne die übrigen Größen b, α, β.

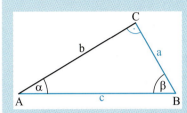

Lösung:
Berechnung von b: $a^2 + b^2 = c^2$;
$b = \sqrt{c^2 - a^2}$
$= \sqrt{13^2 - 5^2}$ cm
$= 12$ cm

Berechnung von α:
$\sin \alpha = \frac{a}{c} = \frac{5\,\text{cm}}{13\,\text{cm}} \approx 0{,}3846154$;
α = 22,619865°

Berechnung von β:
$\cos \beta = \frac{a}{c} = \frac{5\,\text{cm}}{13\,\text{cm}} \approx 0{,}3846154$; β ≈ 67,380135°

Ergebnis: b = 12 cm; α = 22,6°; β = 67,4°

---

1. Berechne aus den gegebenen Größen des rechtwinkligen Dreiecks ABC die übrigen.

   a) b = 7 cm; α = 13°; γ = 90°
   b) b = 4,3 cm; β = 43°; α = 90°
   c) b = 195 m; γ = 61°; β = 90°
   d) c = 40 cm; β = 32°; γ = 90°
   e) b = 20,3 m; β = 35°; γ = 90°
   f) a = 60 m; b = 50 m; α = 90°
   g) c = 253 cm; β = 21°; γ = 90°
   h) a = 42,7 m; c = 83,2 m; β = 90°
   i) c = 97,5 m; b = 68,4 m; α = 90°
   j) c = 342,6 m; a = 113,1 m; β = 90°
   k) a = 272 mm; c = 353 mm; γ = 90°
   l) a = 65,9 cm; b = 272,4 cm; β = 90°
   m) a = 209 m; α = 61°; γ = 90°
   n) b = 15,47 m; β = 55°; α = 90°
   o) c = 233 m; α = 63°; γ = 90°
   p) a = 1 045 km; γ = 41°; α = 90°

2. Eine Seilbahn überwindet auf einer Strecke von 350 m eine Höhendifferenz von 260 m. Wie groß ist der Steigungswinkel?

3. Von einem 80 m entfernten Kirchturm wird mithilfe eines Theodoliten der Höhenwinkel α = 51° gemessen. Der Beobachtungspunkt liegt 1,50 m höher als der Fußpunkt des Turms. Wie hoch ist der Turm?

4. Ein Würfel hat die Kantenlänge a = 12 cm.
   Berechne den Winkel α, den die Raumdiagonale mit der Flächendiagonalen bildet.

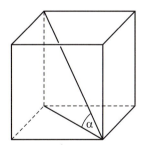

5. Ein Quader hat die Kantenlängen a = 3 cm, b = 2 cm, c = 4 cm.
   a) Berechne den Winkel, den die Flächendiagonale mit der Kante a bildet.
   b) Berechne den Winkel, den die Flächendiagonale mit der Raumdiagonalen bildet.

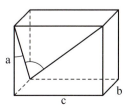

26.3 Berechnungen am gleichschenkligen Dreieck

Beispiel:
Von einem gleichschenkligen Dreieck ist die Länge der Basis (c = 58 m) und der Basiswinkel ($\alpha = 53°$) gegeben.
Berechne den Winkel γ an der Spitze, die Höhe h, die Länge s eines Schenkels und den Flächeninhalt A.

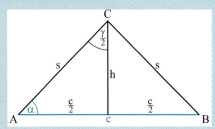

Lösung:
Berechnung von γ: $\quad 2\alpha + \gamma = 180°$;
$\gamma = 180° - 2\alpha = 180° - 106° = 74°$

Berechnung von s: $\quad \cos \alpha = \dfrac{\frac{c}{2}}{s}$;

$s = \dfrac{\frac{c}{2}}{\cos \alpha} = \dfrac{29\text{ m}}{\cos 53°} \approx 48{,}187564 \text{ m}$

Berechnung von h: $\quad \tan \alpha = \dfrac{h}{\frac{c}{2}}$;

$h = \dfrac{c}{2} \cdot \tan \alpha = 29 \text{ m} \cdot \tan 53° \approx 38{,}484300 \text{ m}$

Berechnung von A: $\quad A = \dfrac{c \cdot h}{2} \approx 1\,116{,}04 \text{ m}^2$

Ergebnis: $\gamma = 74°$; $s = 48{,}19$ m;
$h = 38{,}48$ m; $A = 1\,116{,}04$ m^2

---

1. Bestimme aus den gegebenen Größen des gleichschenkligen Dreiecks die übrigen.

   a) c = 18 m; s = 15 m
   b) c = 160 m; $\gamma = 128°$
   c) c = 22 m; $\alpha = 79°$
   d) s = 69,32 m; $\gamma = 52°$
   e) s = 107,7 cm; $\alpha = 13°$
   f) h = 24 m; $\alpha = 35°$

2. Die Seiten eines Rechtecks sind a = 4,2 cm und b = 5,6 cm. Berechne die Länge der Diagonalen und die von den Diagonalen gebildeten Winkel.

3. In einem Rechteck ist die Diagonale 10,8 cm lang; der von den beiden Diagonalen gebildete spitze Winkel ist 75° groß. Berechne die Seitenlängen des Rechtecks.

4. Von den Größen α, β, a, e, f und A einer Raute (eines Rhombus) sind zwei gegeben. Berechne die übrigen.

   a) a = 61,6 m; $\alpha = 78°$
   b) a = 68,4 km; f = 112 km
   c) e = 1,5 m; f = 0,4 m

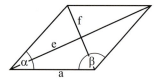

5. Von einem Drachenviereck sind die Seitenlängen a = 4,2 cm und b = 6,1 cm, ferner der Winkel $\alpha = 106°$ gegeben.
   Wie groß sind β, γ, δ, e, f?

6. In einem Kreis mit dem Radius r = 3,4 cm beträgt der Mittelpunktswinkel $\alpha = 85°$.
   Wie lang ist die zu diesem Winkel gehörige Sehne, wie groß ist der Abstand der Sehne vom Kreismittelpunkt?

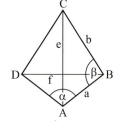

7. Berechne bei der nebenstehenden Dachkonstruktion den Neigungswinkel α der Dachfläche sowie die Raumhöhe des Daches.

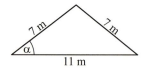

26.4 Berechnungen an beliebigen Dreiecken

Sinussatz

$\dfrac{a}{b} = \dfrac{\sin \alpha}{\sin \beta}$; $\dfrac{b}{c} = \dfrac{\sin \beta}{\sin \gamma}$; $\dfrac{c}{a} = \dfrac{\sin \gamma}{\sin \alpha}$

Oder auch:

$\dfrac{a}{\sin \alpha} = \dfrac{b}{\sin \beta} = \dfrac{c}{\sin \gamma}$

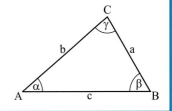

Beispiel 1 (SWW):
In einem Dreieck sind gegeben: $a = 5{,}2$ m; $\alpha = 64°$; $\beta = 49°$.
Berechne die übrigen Größen.

Lösung:
Berechnung von γ: $\alpha + \beta + \gamma = 180°$;
$\gamma = 180° - \alpha - \beta = 180° - 64° - 49° = 67°$

Berechnung von b: $\dfrac{b}{a} = \dfrac{\sin \beta}{\sin \alpha}$; $b = a \cdot \dfrac{\sin \beta}{\sin \alpha} = 5{,}2$ m $\cdot \dfrac{\sin 49°}{\sin 64°} \approx 4{,}366395$ m

Berechnung von c: $\dfrac{c}{a} = \dfrac{\sin \gamma}{\sin \alpha}$; $c = a \cdot \dfrac{\sin \gamma}{\sin \alpha} = 5{,}2$ m $\cdot \dfrac{\sin 67°}{\sin 64°} \approx 5{,}3256085$ m

Ergebnis: $\gamma = 67°$; $b = 4{,}37$ m; $c = 5{,}33$ m

Beispiel 2 (SSW):
In einem Dreieck sind gegeben: $a = 111{,}2$ m; $b = 170{,}6$ m; $\alpha = 34°$. Berechne die übrigen Größen.

Lösung:
Berechnung von β: $\dfrac{\sin \beta}{\sin \alpha} = \dfrac{b}{a}$;

$\sin \beta = \dfrac{b}{a} \sin \alpha = \dfrac{170{,}6 \text{ m}}{111{,}2 \text{ m}} \cdot \sin 34° \approx 0{,}8578985$

$\beta_1 \approx 59{,}08°$; $\beta_2 \approx 180° - 59{,}08° = 120{,}92°$

Da der Winkel α der kleineren Seite gegenüberliegt, gibt es zwei Lösungen

Berechnung von γ: $\alpha + \beta + \gamma = 180°$; $\gamma = 180° - \alpha - \beta$
$\gamma_1 = 180° - 34° - 59{,}08°$ $\gamma_2 = 180° - 34° - 120{,}92°$
$\gamma_1 = 86{,}92°$ $\gamma_2 = 25{,}08°$

Berechnung von c: $\dfrac{c}{a} = \dfrac{\sin \gamma}{\sin \alpha}$; $c = a \cdot \dfrac{\sin \gamma}{\sin \alpha}$

$c_1 = 111{,}2$ m $\cdot \dfrac{\sin 86{,}92°}{\sin 34°}$ $c_2 = 111{,}2 \cdot \dfrac{\sin 25{,}08°}{\sin 34°}$

$\approx 198{,}57078$ m $\approx 84{,}292597$ m

Ergebnis: $\beta_1 = 59{,}1°$; $\gamma_1 = 86{,}9°$; $c_1 = 198{,}57$ m; $\beta_2 = 120{,}9°$; $\gamma_2 = 25{,}1°$; $c_2 = 84{,}29$ m

1. Berechne die fehlenden Größen des Dreiecks.

   a) $a = 20{,}4$ m; $\alpha = 42°$; $\beta = 75°$
   b) $b = 24{,}3$ cm; $\alpha = 57°$; $\beta = 10°$
   c) $c = 48{,}5$ cm; $\alpha = 53°$; $\beta = 42°$
   d) $a = 3{,}46$ m; $\beta = 27°$; $\gamma = 138°$
   e) $b = 22{,}8$ m; $\alpha = 69°$; $\gamma = 79°$
   f) $a = 6{,}8$ km; $\beta = 59°$; $\gamma = 55°$
   g) $b = 738{,}9$ m; $\alpha = 66°$; $\beta = 41°$
   h) $c = 11{,}1$ cm; $\beta = 54°$; $\gamma = 70°$
   i) $a = 44{,}4$ m; $c = 77{,}8$ m; $\gamma = 42°$
   j) $a = 23$ cm; $b = 11$ cm; $\alpha = 150°$
   k) $a = 70{,}5$ m; $b = 30{,}2$ m; $\beta = 25°$
   l) $a = 226{,}3$ m; $b = 117{,}5$ m; $\alpha = 119°$
   m) $b = 6{,}42$ km; $c = 8{,}91$ km; $\beta = 35°$
   n) $a = 73$ m; $b = 64$ m; $\alpha = 80°$
   o) $b = 11$ cm; $c = 7$ cm; $\gamma = 36°$
   p) $b = 3$ km; $c = 2$ km; $\beta = 36°$

2. Um die Entfernung eines Schiffes vom Hafen A zu ermitteln, wählt man eine Standlinie c (c = 1,3 km) und misst die Winkel α und β (α = 75°; β = 56°).
Berechne die Entfernung.

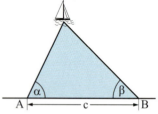

3. Von den Endpunkten einer 400 m langen Standlinie aus wird ein senkrecht über dieser befindliche Hubschrauber unter den Höhenwinkel α = 31,83° und β = 27,33° betrachtet. Bestimme die Höhe des Hubschraubers und die Entfernung von den Endpunkten der Standlinie.

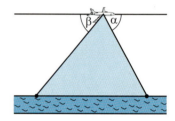

4. Von einem Flugzeug aus soll die Länge eines senkrecht darunter befindlichen Stückes eines Kanals vermessen werden. Es wurden in 750 m Höhe die Senkungswinkel α = 23° und β = 38° gemessen.
Wie lang ist das Kanalstück?

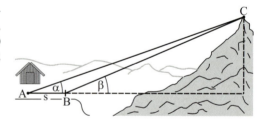

5. Um die Höhe des Berges von der Bergstation einer Seilbahn aus zu bestimmen, misst man von einer Standlinie s (s = 10 m) die beiden Winkel α und β (α = 17,5°; β = 18,75°).
Die Augenhöhe beträgt 1,50 m.
Berechne die Höhe des Berges.

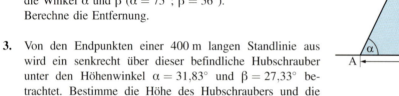

6. Es soll die Entfernung zweier Punkte A und B bestimmt werden, die wegen eines dazwischenliegenden Sees nicht direkt messbar ist. Man steckt von einem Punkt A aus eine Standlinie $\overline{AC}$ der Länge 63 m ab und ermittelt von ihren Endpunkten aus die Sichtwinkel α = 72° und γ = 55° zum anderen Punkt.
Wie weit sind die Punkte A und B voneinander entfernt?

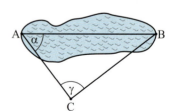

7. Zur Bestimmung der Breite |AB| eines Kanals wird von einem Punkt C in der Verlängerung von $\overline{AB}$ aus eine Standlinie $\overline{CD}$ der Länge 56 m unter dem Winkel ε = 57,5° gegen diese angelegt. Von dem Punkt D aus werden dann die Punkte A und B anvisiert und die Winkel α = 63,1° und β = 15,5° zwischen Standlinie und Visierlinie gemessen.
Wie breit ist der Kanal?

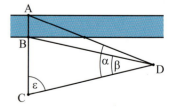

Kosinussatz

$a^2 = b^2 + c^2 - 2bc \cdot \cos \alpha$
$b^2 = a^2 + c^2 - 2ac \cdot \cos \beta$
$c^2 = a^2 + b^2 - 2ab \cdot \cos \gamma$

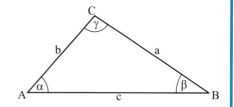

Beispiel 3 (SWS):
Von einem Dreieck sind gegeben: $a = 40$ m; $b = 50$ m; $\gamma = 29°$. Berechne die übrigen Größen.

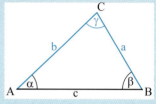

Lösung:
Berechnung von c: $c^2 = a^2 + b^2 - 2ab \cos \gamma$
$$c = \sqrt{a^2 + b^2 - 2ab \cos \gamma}$$
$$= (\sqrt{40^2 + 50^2 - 2 \cdot 40 \cdot 50 \cdot \cos 29°}) \text{ m}$$
$$= 24{,}525929 \text{ m} \approx 24{,}53 \text{ m}$$

Berechnung von α: $a^2 = b^2 + c^2 - 2bc \cos \alpha$
$$\cos \alpha = \frac{b^2 + c^2 - a^2}{2bc} = \frac{50^2 + 24{,}53^2 - 40^2}{2 \cdot 50 \cdot 24{,}53} = 0{,}6121977$$
$$\alpha = 52{,}25142° \approx 52{,}3°$$

Berechnung von β: $\alpha + \beta + \gamma = 180°$
$$\beta = 180° - \alpha - \gamma = 180° - 52{,}3° - 29° = 98{,}7°$$

Ergebnis: $c = 24{,}53$ m; $\alpha = 52{,}3°$; $\beta = 98{,}7°$

Beispiel 4 (SSS)
Von einem Dreieck sind gegeben: $a = 6$ cm; $b = 5$ cm; $c = 7$ cm. Berechne die übrigen Größen.

Lösung:
Berechnung von α: $a^2 = b^2 + c^2 - 2bc \cos \alpha$
$$\cos \alpha = \frac{b^2 + c^2 - a^2}{2bc} = \frac{5^2 + 7^2 - 6^2}{2 \cdot 5 \cdot 7} = 0{,}5428571$$
$$\alpha = 57{,}12165° \approx 57{,}1°$$

Berechnung von β: $b^2 = a^2 + c^2 - 2ac \cos \beta$
$$\cos \beta = \frac{a^2 + c^2 - b^2}{2ac} = \frac{6^2 + 7^2 - 5^2}{2 \cdot 6 \cdot 7} = 0{,}7142857$$
$$\beta = 44{,}415309° \approx 44{,}4°$$

Berechnung von γ: $\alpha + \beta + \gamma = 180°$
$$\gamma = 180° - \alpha - \beta = 180° - 57{,}1° - 44{,}4° = 78{,}5°$$

Ergebnis: $\alpha = 57{,}1°$; $\beta = 44{,}4°$; $\gamma = 78{,}5°$

8. Berechne die fehlenden Größen des Dreiecks.

a) b = 27 cm; c = 24 cm; α = 41°
b) a = 81 m; b = 92 m; γ = 104°
c) c = 22,9 m; a = 23,2 m; β = 15°
d) b = 5 km; c = 4 km; α = 48°
e) a = 3 cm; b = 2 cm; γ = 31°
f) a = 6 m; b = 5 m; γ = 113°
g) a = 10 cm; c = 3,3 cm; β = 161°
h) a = 80 cm; b = 90 cm; c = 60 cm
i) a = 29,1 m; b = 35,3 m; c = 26,4 m
j) a = 2,7 km; b = 10,3 km; c = 12 km
k) a = 52 m; b = 15 m; c = 41 m
l) a = 10 cm; b = 8 cm; c = 6 cm
m) a = 26,09 m; b = 33,74 m; c = 52,57 m
n) a = 12 cm; b = 19 cm; c = 31 cm

9. Zwei gerade Wegstrecken gehen in einem Punkt unter einem Winkel von 98° auseinander. Sie sind 4,1 km und 5,8 km lang. Wie weit liegen ihre Endpunkte auseinander?

10. Ein 2,6 m langer Stab ist um 70° gegen die Horizontale geneigt und wirft einen 4,8 m langen Schatten. Berechne den Winkel der Sonnenstrahlen mit der Horizontalen (die Sonnenhöhe), wenn die Sonnenstrahlen in die Ebene des Neigungswinkels einfallen.

11. Die Entfernung der beiden Orte P und Q kann wegen des dazwischenliegenden Berges nicht gemessen werden.
Man misst die Entfernungen |PR| und |RQ| sowie den Winkel ∡ PRQ.
Man erhält: |PR| = 290 m; |RQ| = 600 m; ε = 100°.
Berechne die Entfernung |PQ|.

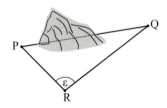

12. Zwischen zwei Orten A und B befindet sich ein Berg, der durch einen Tunnel in der Richtung $\overline{AB}$ durchbohrt werden soll. Um die Lage und die Länge des Tunnels zu bestimmen, werden von einem Punkt C aus die Entfernungen |CA| = 1 447 m und |CB| = 3 225 m sowie der Winkel γ = 57° zwischen $\overline{CA}$ und $\overline{CB}$ gemessen.

a) Unter welchem Winkel muss in A gegen $\overline{AC}$ und in B gegen $\overline{BC}$ gearbeitet werden?
b) Wie lang ist der Tunnel, wenn von A und B aus bis zu den Endpunkten des Tunnels in Richtung $\overline{AB}$ die Streckenlängen |AD| = 415 m und |BE| = 734 m gemessen werden?

13. Berechne die fehlenden Größen des Parallelogramms.

a) a = 18 cm; e = 12,5 cm; β = 42°
b) a = 12 cm; b = 8 cm; e = 15 cm
c) a = 23 cm; e = 26 cm; α = 38°
d) a = 3,75 m; b = 5,38 m; β = 75°

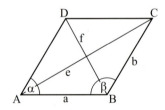

14. Berechne die fehlenden Größen des Trapezes.

a) a = 15 cm; b = 9 cm; c = 6 cm; β = 44°
b) a = 9 cm; b = 5 cm; α = 38°; β = 79°
c) a = 13 cm; b = 5 cm; c = 9 cm; d = 4 cm

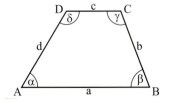

15. Von einem Viereck ABCD sind die Größen a = 12 cm; b = 8 cm; c = 6 cm; d = 7 cm und β = 65° gegeben. Berechne die Winkel α, γ, δ sowie die Länge der Diagonalen e und f.

che Funktionen

s

m *Gradmaß* als auch

les Kreisbogens und
Winkels.

eines Winkels gilt:

$t = x \cdot \frac{180°}{\pi}$

$= 5,5$

$= 5,5 \cdot \frac{180°}{\pi} \approx 292,2°$

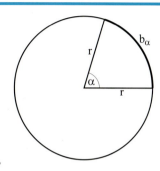

n Gradmaß bei b) im Bogenmaß. Berechne jeweils das
ommastellen.

$-97°$; $-241°$; $-286°$; $395°$; $619°$; $766°$; $1024°$
$-1,81$; $-3,87$; $-5,11$ $7,94$; $10,5$; $13,9$; $20,7$

tion

der Kosinusfunktion

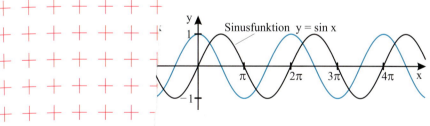

usfunktion besitzen die kleinste Periode 2π:
$+ k \cdot 2\pi) = \cos x$ ($k \in \mathbb{Z}$).
llstellen $k \cdot \pi$ mit $k \in \mathbb{Z}$.
Nullstellen $(2k+1) \cdot \frac{\pi}{2}$ mit $k \in \mathbb{Z}$.

(3) Der Wertebereich der Sinus- und der Kosinusfunktion ist die Menge aller reellen Zahlen y mit $-1 \leq y \leq 1$.

(4) Die Sinuskurve ist punktsymmetrisch zum Koordinatenursprung. Die Kosinuskurve ist achsensymmetrisch zur y-Achse.

1. Bestimme mit dem Taschenrechner:

   a) sin 0,4
      cos 0,4
   b) sin (−0,3)
      cos (−0,3)
   c) sin 1,7
      cos 1,7
   d) sin (−1,9)
      cos (−1,9)
   e) sin 2,9
      cos 2,9
   f) sin (−7,9)
      cos (−7,9)

2. Bestimme alle x mit $0 \leq x < 2\pi$, für die gilt:

   a) sin x = 0,1
      sin x = −0,1
      cos x = 0,3
      cos x = −0,3
   b) sin x = 0,27
      cos x = 0,27
      sin x = −0,44
      cos x = −0,44
   c) sin x = 0,56
      cos x = 0,56
      sin x = −0,67
      cos x = −0,67
   d) sin x = 0,4596
      cos x = 0,4596
      sin x = −0,5914
      cos x = −0,5914

Eigenschaften der Funktionen mit y = a · sin x (a > 0)

(1) Der Graph der Funktion entsteht aus der Sinuskurve durch Strecken (Stauchen) in Richtung der y-Achse mit dem Faktor a, falls a > 1 (falls 0 < a < 1).
(2) Nullstellen der Funktion sind $k \cdot \pi$ mit $k \in \mathbb{Z}$.
(3) Die kleinste Periode ist 2π.
(4) Der größte Funktionswert ist a, der kleinste −a.
(5) Der Wertebereich ist die Menge aller reellen Zahlen y mit $-a \leq y \leq a$.

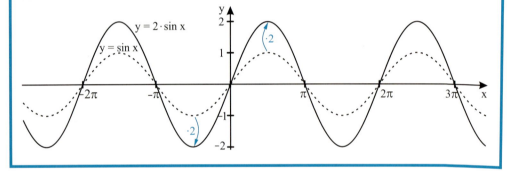

---

3. a) Skizziere den Graphen der Funktion mit y = 2,5 sin x im Intervall $-2\pi \leq x \leq 2\pi$. Notiere auch den Wertebereich.

   b) Skizziere den Graphen der Funktion mit y = 0,75 · sin x im Intervall $-2\pi \leq x \leq 2\pi$. Notiere auch den Wertebereich.

4. Gib zu dem Graphen die Funktionsgleichung an.

   a)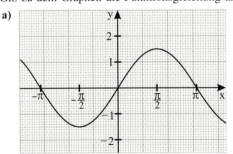

   b)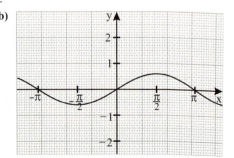

Eigenschaften der Funktionen mit y = sin (b · x) mit b > 0
(1) Der Graph der Funktion entsteht aus der Sinuskurve durch Strecken (Stauchen) in Richtung der x-Achse mit dem Faktor b, falls 0 < b < 1 (falls b > 1).
(2) Nullstellen der Funktion sind $\frac{k \cdot \pi}{b}$ mit $k \in \mathbb{Z}$.
(3) Die kleinste Periode ist $\frac{2\pi}{b}$.
(4) Der größte Funktionswert ist 1, der kleinste Funktionswert ist −1.
(5) Der Wertebereich ist die Menge aller reellen Zahlen y mit $-1 \leq y \leq 1$.

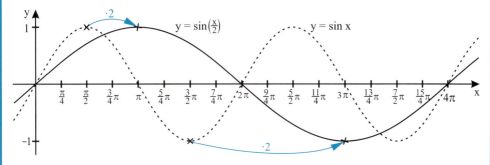

5. a) Skizziere den Graphen der Funktion mit $y = \sin\left(\frac{x}{3}\right)$ im Intervall $0 \leq x \leq 6\pi$.
   b) Gib die Periode an.
   c) Notiere die Nullstellen im Intervall $-6\pi \leq x \leq 12\pi$.

6. a) Skizziere den Graphen der Funktion mit $y = \sin(4x)$ im Intervall $-2\pi \leq x \leq 2\pi$.
   b) Gib die Periode an.
   c) Notiere die Nullstellen im Intervall $-2\pi \leq x \leq 2\pi$.

Eigenschaften der Funktion mit y = sin (x − c)
(1) Der Graph der Funktion entsteht aus der Sinuskurve durch Verschieben in Richtung der x-Achse nach rechts (nach links) falls c > 0 (falls c < 0).
(2) Die Nullstellen der Funktion sind $k \cdot \pi + c$.
(3) Der Wertebereich der Funktion ist die Menge aller reellen Zahlen y mit $-1 \leq y \leq 1$.

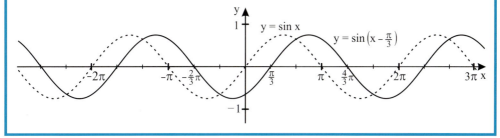

7. Gegeben ist die Funktion mit $y = \sin\left(x - \frac{\pi}{2}\right)$ $\left[y = \sin\left(x + \frac{\pi}{2}\right)\right]$.
   a) Skizziere den Graphen im Intervall $0 \leq x \leq 4\pi$.
   b) Gib die Nullstellen im Intervall $-2\pi \leq x \leq 4\pi$ an.

Lösungen

Seite 5

1. Maßeinheiten und ihre Umwandlung

1.1 Längen

1. a) 70 dm; 6 000 m; 50 cm   **b)** 56 dm; 94 cm; 7 km   **c)** 7 200 mm; 37 000 mm; 2 900 000 cm   **d)** 63 dm; 76 m

2. a) 47,7 cm; 6,26 m; 12,03 m   **b)** 12,625 km; 8,057 km; 6,008 km   **c)** 0,48 m; 0,6 cm; 0,750 km   **d)** 6,5 m; 1,3 cm

3. a) 481 cm; 67 dm; 4 964 m   **c)** 69 cm; 8 dm; 700 m   **e)** 6 004 m; 325 mm
b) 12 700 m; 503 cm; 83 mm   **d)** 1 mm; 560 m; 5 mm   **f)** 9 341 mm; 659 mm

1.2 Flächeninhalte

1. a) 3 400 cm^2;   5 700 dm^2;   700 ha;   160 000 m^2 **c)** 7 a;   38 ha;   19 km^2;   27 a
b) 3 900 m^2;   4 100 mm^2;   9 400 a;   7 000 000 m^2 **d)** 5 m^2;   27 cm^2;   6 m^2

Seite 6

2. a) 6,23 m^2;   17,07 a;   46,56 ha;   31,06 km^2;   9,50 cm^2
b) 13,86 km^2;   7,03 dm^2;   36,75 cm^2;   4,53 a;   64,02 m^2
c) 9,01 ha;   65,12 dm^2;   13,02 m^2;   6,76 ha

3. a) 357 a   **b)** 908 ha   **c)** 1 560 a   **d)** 3 640 ha   **e)** 64 m^2 **f)** 4 dm^2
2 640 m^2 450 mm^2 4 380 dm^2 837 m^2 27 a   80 cm^2
452 dm^2 1 223 cm^2 3 714 mm^2 5 190 cm^2 94 ha   15 mm^2
1 970 ha   4 664 dm^2 603 a   1 370 m^2 30 ha   40 dm^2
950 mm^2 7 380 a   808 ha   2 809 dm^2

1.3 Volumina (Rauminhalte)

1. a) 12 000 cm^3;   8 000 mm^3;   27 000 dm^3;   32 000 mm^3;   52 000 dm^3;   314 000 dm^3
b) 8 m^3;   7 dm^3;   15 cm^3;   99 cm^3;   5 m^3;   580 dm^3
c) 4 000 ml;   27 000 ml;   3 l;   60 l;   93 l **d)** 6 l;   25 000 l;   43 ml;   93 ml;   7 l

2. a) 6,483 m^3;   2,035 m^3;   12,009 m^3;   18,071 m^3;   5,092 m^3;   80,007 m^3
b) 7,342 l;   4,073 l;   9,005 l;   14,077 l;   18,108 l;   66,273 l
c) 344,505 dm^3;   19,007 dm^3;   1,075 dm^3;   575,068 dm^3;   53,310 dm^3
d) 0,775 m^3;   0,325 l;   0,050 l;   0,003 l;   0,25 m^3

3. a) 4 255 dm^3 **b)** 15 490 dm^3 **c)** 3 500 dm^3 **d)** 250 dm^3 **e)** 17 425 ml **f)** 5 590 ml
20 412 cm^3 4 350 cm^3 7 400 dm^3 400 cm^3 8 354 ml 125 ml
17 540 mm^3 45 590 mm^3 2 700 mm^3 5 mm^3 786 ml 6 400 ml
31 809 dm^3 9 060 cm^3 13 300 dm^3 418 dm^3 5 364 ml 9 700 ml
15 819 dm^3 41 470 mm^3 43 900 cm^3 800 mm^3

Seite 7

1.4 Gewichte (Massen)

1. a) 12 000 mg;   7 200 mg;   600 mg   **c)** 6 g;   6,2 g;   0,56 g   **e)** 9 kg;   4,5 kg;   0,4 kg
b) 66 000 g;   4 500 g;   500 g   **d)** 19 000 kg;   400 kg;   12 500 kg   **f)** 6 t;   5,2 t;   0,47 t

2. a) 24 000 g;   2 600 g;   400 mg;   6 100 kg   **c)** 10 kg;   10,4 t;   0,9 g;   520 000 mg
b) 6,3 t;   0,9 kg;   0,45 g;   1,2 t   **d)** 5 200 kg;   600 mg;   100 g;   0,7 t

3. a) 92 000 g;   17 000 mg;   96 000 kg;   4,5 kg;   17,2 t;   4,3 g;   4 300 kg
b) 0,65 kg;   0,67 t;   9,2 g;   600 mg;   7 060 g;   7 890 kg;   1 500 mg
c) 19 500 g;   3,45 g;   23 100 kg;   7,5 t;   3 500 g;   9,45 kg;   0,125 kg

1.5 Zeitspannen

1. a) 360 s;   900 s;   1 440 s   **d)** 4 h;   5 h;   12 h   **g)** 480 s;   720 min;   120 h
b) 9 min;   3 min;   14 min   **e)** 96 h;   288 h;   168 h   **h)** 7 h;   3 min;   7 d
c) 240 min;   780 min;   1 080 min   **f)** 2 d;   6 d;   9 d   **i)** 18 000 s;   43 200 s;   10 080 min

2. a) 439 s;   1 013 s;   1 507 s   **b)** 504 min;   705 min;   997 min   **c)** 65 h;   162 h;   343 h   **d)** 759 s;   61 203 s;   299 h

3. a) 2 min 25 s;   3 min 19 s;   4 min 10 s   **b)** 1 h 23 min;   2 h 36 min;   5 h 40 min   **c)** 2 d 7 h;   3 d 8 h;   4 d 4 h

Seite 8   **2 Bruchzahlen**

2.1 Gewöhnliche Brüche – Rechnen mit gewöhnlichen Brüchen

1. –   **2. a)** $\frac{8}{5}$; $\frac{11}{7}$; $\frac{9}{4}$; $\frac{17}{9}$; $\frac{36}{13}$; $\frac{29}{8}$; $\frac{38}{9}$; $\frac{62}{7}$ **c)** $\frac{23}{5}$; $\frac{23}{7}$; $\frac{25}{2}$; $\frac{17}{4}$; $\frac{39}{5}$; $\frac{53}{9}$; $\frac{68}{6}$; $\frac{35}{1}$; $\frac{40}{11}$

   b) $\frac{33}{2}$; $\frac{56}{3}$; $\frac{83}{6}$; $\frac{129}{5}$; $\frac{108}{7}$; $\frac{101}{8}$; $\frac{101}{18}$ **d)** $\frac{51}{4}$; $\frac{267}{40}$; $\frac{91}{8}$; $\frac{69}{5}$; $\frac{104}{7}$; $\frac{151}{8}$; $\frac{115}{6}$

3. a) $2\frac{1}{3}$; $4\frac{1}{2}$; $3\frac{1}{3}$; $33\frac{1}{3}$; $1\frac{1}{4}$; $4\frac{1}{4}$; $4\frac{3}{5}$; $3\frac{4}{5}$; $2\frac{7}{8}$; $5\frac{3}{8}$

   b) $1\frac{10}{13}$; $7\frac{2}{7}$; $1\frac{7}{12}$; $5\frac{3}{5}$; $5\frac{1}{7}$; $24\frac{1}{4}$; $4\frac{1}{9}$; $8\frac{2}{11}$; $7\frac{2}{15}$; $15\frac{19}{20}$

   c) $6\frac{1}{2}$; 17; $14\frac{3}{4}$; $15\frac{3}{5}$; $15\frac{1}{6}$; $14\frac{4}{7}$; $15\frac{5}{8}$; $13\frac{8}{9}$; $15\frac{6}{10}$

   d) $3\frac{8}{14}$; $4\frac{3}{15}$; 4; $7\frac{7}{20}$; $5\frac{22}{25}$; $5\frac{8}{30}$; $4\frac{25}{50}$; $5\frac{36}{40}$; $5\frac{16}{60}$

Seite 9 **4. a)** $\frac{1}{2}$; $\frac{3}{4}$; $\frac{2}{5}$; $\frac{1}{4}$; $\frac{1}{2}$; $\frac{5}{8}$ **c)** $\frac{6}{7}$; $\frac{4}{5}$; $\frac{3}{4}$; $\frac{2}{5}$; $\frac{3}{5}$; $\frac{4}{7}$ **e)** $\frac{5}{2}$; $\frac{15}{4}$; $\frac{5}{2}$; 3; $\frac{5}{2}$; $\frac{10}{3}$ **g)** $\frac{7}{18}$; $\frac{7}{12}$; $\frac{25}{6}$; $\frac{8}{3}$; $\frac{5}{2}$; 4

   b) $\frac{2}{3}$; $\frac{3}{4}$; $\frac{1}{3}$; $\frac{4}{9}$; $\frac{7}{9}$; $\frac{5}{9}$ **d)** $\frac{15}{16}$; $\frac{9}{16}$; $\frac{1}{2}$; $\frac{3}{7}$; $\frac{1}{18}$; $\frac{1}{6}$ **f)** $\frac{3}{5}$; $\frac{3}{2}$; 2; $\frac{4}{5}$; 4; 3

5. a) $\frac{11}{13}$ **b)** $\frac{7}{13}$ **c)** $\frac{6}{11}$ **d)** $\frac{10}{13}$ **e)** $\frac{3}{5}$ **f)** $\frac{13}{16}$ **g)** $\frac{17}{20}$ **h)** $\frac{11}{15}$

6. a) $\frac{2}{4}$; $\frac{4}{6}$; $\frac{6}{10}$; $\frac{10}{16}$; $\frac{8}{6}$; $\frac{20}{16}$; $\frac{22}{6}$; $\frac{24}{10}$ **f)** $\frac{11}{22}$; $\frac{22}{33}$; $\frac{33}{55}$; $\frac{55}{88}$; $\frac{44}{99}$; $\frac{110}{33}$; $\frac{121}{88}$; $\frac{132}{55}$

   b) $\frac{3}{6}$; $\frac{6}{9}$; $\frac{9}{15}$; $\frac{15}{24}$; $\frac{12}{9}$; $\frac{30}{24}$; $\frac{33}{9}$; $\frac{36}{15}$ **g)** $\frac{12}{24}$; $\frac{24}{36}$; $\frac{36}{60}$; $\frac{60}{96}$; $\frac{48}{108}$; $\frac{120}{36}$; $\frac{132}{96}$; $\frac{144}{60}$

   c) $\frac{7}{14}$; $\frac{14}{21}$; $\frac{21}{35}$; $\frac{35}{56}$; $\frac{28}{63}$; $\frac{70}{21}$; $\frac{77}{56}$; $\frac{84}{35}$ **h)** $\frac{25}{50}$; $\frac{50}{75}$; $\frac{75}{125}$; $\frac{125}{200}$; $\frac{100}{225}$; $\frac{250}{75}$; $\frac{275}{200}$; $\frac{300}{125}$

   d) $\frac{9}{18}$; $\frac{18}{27}$; $\frac{27}{45}$; $\frac{45}{72}$; $\frac{36}{81}$; $\frac{90}{27}$; $\frac{99}{72}$; $\frac{108}{45}$ **i)** $\frac{100}{200}$; $\frac{200}{300}$; $\frac{300}{500}$; $\frac{500}{800}$; $\frac{400}{900}$; $\frac{1000}{300}$; $\frac{1100}{800}$; $\frac{1200}{500}$

   e) $\frac{10}{20}$; $\frac{20}{30}$; $\frac{30}{50}$; $\frac{50}{80}$; $\frac{40}{90}$; $\frac{100}{30}$; $\frac{110}{80}$; $\frac{120}{50}$

7. a) $\frac{2}{4}$; $\frac{4}{8}$; $\frac{12}{24}$ **b)** $\frac{4}{6}$; $\frac{16}{24}$; $\frac{30}{45}$ **c)** $\frac{6}{8}$; $\frac{9}{12}$; $\frac{60}{80}$ **d)** $\frac{6}{15}$; $\frac{22}{55}$; $\frac{60}{150}$ **e)** $\frac{16}{12}$; $\frac{48}{36}$; $\frac{124}{93}$ **f)** $\frac{35}{25}$; $\frac{63}{45}$; $\frac{112}{80}$

8. a) $\frac{3}{9}$; $\frac{7}{21}$; $\frac{25}{75}$ **b)** $\frac{12}{20}$; $\frac{33}{55}$; $\frac{60}{100}$ **c)** $\frac{30}{12}$; $\frac{55}{22}$; $\frac{80}{32}$ **d)** $\frac{36}{42}$; $\frac{72}{84}$; $\frac{180}{210}$ **e)** $\frac{49}{56}$; $\frac{77}{88}$; $\frac{140}{160}$ **f)** $\frac{121}{99}$; $\frac{99}{81}$; $\frac{132}{108}$

9. a) $\frac{8}{12}$; $\frac{7}{}$ **c)** $\frac{9}{12}$; $\frac{10}{}$ **e)** $\frac{12}{18}$; $\frac{11}{}$ **g)** $\frac{4}{14}$; $\frac{7}{}$ **i)** $\frac{9}{12}$; $\frac{11}{}$ **k)** $\frac{20}{24}$; $\frac{9}{}$

   b) $\frac{9}{15}$; $\frac{8}{}$ **d)** $\frac{9}{12}$; $\frac{2}{}$ **f)** $\frac{15}{20}$; $\frac{16}{}$ **h)** $\frac{15}{40}$; $\frac{28}{}$ **j)** $\frac{8}{12}$; $\frac{9}{}$ **l)** $\frac{18}{60}$; $\frac{25}{}$

10. a) $\frac{5}{8} > \frac{3}{8}$; $\frac{5}{12} < \frac{11}{12}$; $\frac{4}{9} < \frac{11}{9}$; $\frac{7}{5} > \frac{3}{5}$; $\frac{7}{15} < \frac{11}{15}$ **c)** $\frac{3}{4} < \frac{5}{6}$; $\frac{7}{8} > \frac{5}{6}$; $\frac{8}{9} < \frac{11}{12}$; $\frac{7}{12} < \frac{4}{5}$; $\frac{5}{7} < \frac{7}{9}$

   b) $\frac{3}{4} > \frac{5}{8}$; $\frac{11}{12} > \frac{3}{4}$; $\frac{2}{3} < \frac{5}{6}$; $\frac{8}{6} = \frac{4}{3}$; $\frac{2}{5} < \frac{7}{15}$ **d)** $\frac{19}{21} > \frac{5}{6}$; $\frac{2}{3} < \frac{17}{25}$; $\frac{11}{20} < \frac{14}{25}$; $\frac{6}{11} > \frac{7}{13}$; $\frac{11}{15} > \frac{11}{20}$

Seite 10 **11. a)** 25 km   **b)** 15 kg   **c)** 75 min   **d)** 60 m

12. a) $\frac{3}{8}$ kg = 375 g   **b)** $\frac{4}{5}$ m = 8 dm   **c)** $\frac{5}{6}$ h = 50 min   **d)** $\frac{3}{2}$ l = 1 500 cm^3 **e)** $\frac{5}{8}$ km = 625 m   **f)** $\frac{5}{4}$ m^2 = 125 dm^2

13. a) 500 g; 1 500 g; 250 g; 1 250 g; 125 g; 625 g; 875 g; 1 375 g; 24 g

   b) 25 cm; 75 cm; 40 cm; 60 cm; 120 cm; 90 cm; 35 cm; 12 cm; 14 cm

14. a) 60 €   **b)** 84 m   **c)** 40 l **d)** 60 min   **e)** 108 kg

15. a) 150 min   **b)** 64 min   **c)** 30 l **d)** 72 kg   **e)** 120 €   **f)** 108 m^2 **g)** 352 m^3 **h)** 750 g

16. a) 104 l **b)** 60 min   **c)** 1 500 €   **d)** 120 km

Seite 11 **17. a)** $\frac{5}{12}$ **b)** $\frac{9}{16}$ **c)** $\frac{3}{20}$ **d)** $\frac{3}{5}$ **e)** $\frac{4}{5}$ **f)** $\frac{2}{3}$ **g)** $\frac{1}{5}$ **h)** $\frac{3}{4}$ **i)** $\frac{2}{5}$

18. a) $\frac{4}{5}$; $\frac{7}{9}$ **b)** 1; 1   **c)** $\frac{1}{5}$; $\frac{12}{21} = \frac{4}{7}$ **d)** $\frac{13}{15}$; $\frac{25}{31}$ **e)** $\frac{3}{30} = \frac{1}{10}$; $\frac{4}{36} = \frac{1}{9}$ **f)** $\frac{4}{32} = \frac{1}{8}$; $\frac{6}{40} = \frac{3}{20}$

19. a) $\frac{11}{9}$; $\frac{16}{12} = \frac{4}{3}$ **b)** $\frac{13}{18}$; $\frac{3}{14}$ **c)** $\frac{4}{18} = \frac{2}{9}$; $\frac{10}{24} = \frac{5}{12}$ **d)** $\frac{5}{30} = \frac{1}{6}$; $\frac{1}{72}$ **e)** $\frac{57}{84} = \frac{19}{28}$; $\frac{44}{48} = \frac{11}{12}$ **f)** $\frac{6}{25}$; $\frac{27}{44}$

20. a) $\frac{53}{42}$; $\frac{23}{18}$ **b)** $\frac{11}{36}$; $\frac{7}{24}$ **c)** $\frac{31}{33}$; $\frac{23}{20}$ **d)** $\frac{29}{84}$; $\frac{29}{60}$ **e)** $\frac{79}{80}$; $\frac{199}{136}$ **f)** $\frac{67}{143}$; $\frac{143}{210}$

21. a) $\frac{31}{36}$; $\frac{23}{40}$ **b)** $\frac{72}{105} = \frac{24}{35}$; $\frac{103}{90}$ **c)** $\frac{19}{60}$; $\frac{31}{48}$ **d)** $\frac{7}{48}$; $\frac{17}{30}$ **e)** $\frac{65}{72}$; $\frac{17}{54}$ **f)** $\frac{129}{100}$; $\frac{31}{84}$

22. a) $9\frac{14}{15}$; $13\frac{1}{2}$; $4\frac{8}{21}$; $73\frac{46}{49}$ **b)** $5\frac{3}{5}$; $6\frac{5}{7}$; $6\frac{1}{3}$; $21\frac{1}{2}$ **c)** $11\frac{23}{27}$; $19\frac{1}{3}$; $11\frac{83}{90}$; $12\frac{47}{60}$

23. a) $4\frac{2}{7}$; $6\frac{3}{5}$; $3\frac{1}{4}$; $2\frac{4}{11}$ **b)** $3\frac{1}{3}$; $4\frac{3}{10}$; $4\frac{1}{12}$; $23\frac{4}{11}$ **c)** $3\frac{11}{35}$; $3\frac{7}{15}$; $6\frac{23}{45}$; $5\frac{25}{36}$

Seite 12 **24. a)** $6\frac{1}{5}$; $4\frac{5}{7}$; $6\frac{2}{5}$; $3\frac{2}{3}$ **b)** $8\frac{1}{4}$; $12\frac{2}{3}$; $10\frac{2}{3}$; $2\frac{11}{28}$ **c)** $30\frac{136}{165}$; $16\frac{27}{40}$; $9\frac{53}{84}$; $1\frac{37}{60}$

25. a) $\frac{4}{15}$; $\frac{4}{35}$; $\frac{21}{80}$; $\frac{6}{65}$ **b)** $\frac{7}{10}$; $\frac{3}{10}$; $\frac{3}{13}$; $\frac{11}{16}$ **c)** $\frac{3}{25}$; $\frac{9}{16}$; $\frac{9}{64}$; $\frac{110}{161}$ **d)** $\frac{3}{5}$; $\frac{2}{7}$; $\frac{1}{3}$; $\frac{9}{10}$ **e)** $\frac{1}{10}$; $\frac{1}{3}$; $\frac{5}{18}$ **f)** $\frac{7}{15}$; $\frac{7}{80}$

124

26. a) $1\frac{4}{11}$; $\frac{8}{9}$; $1\frac{1}{15}$; $1\frac{1}{17}$; $5\frac{3}{5}$ **b)** $\frac{4}{3}$; $\frac{3}{2}$; $\frac{7}{3}$; $\frac{5}{4}$; $3\frac{1}{2}$ **c)** $1\frac{3}{5}$; $1\frac{4}{5}$; $3\frac{1}{3}$; $5\frac{1}{4}$; $2\frac{1}{2}$ **d)** 10; 20; $4\frac{2}{3}$; $7\frac{1}{5}$; $22\frac{1}{2}$

27. a) $1\frac{1}{2}$; $2\frac{1}{6}$; 1; $1\frac{13}{20}$ **b)** 10; $3\frac{1}{3}$; 8; $19\frac{1}{6}$ **c)** $25\frac{2}{3}$; $11\frac{1}{8}$; $113\frac{9}{16}$; $57\frac{19}{25}$ **d)** $31\frac{3}{7}$; $46\frac{2}{3}$; 25; $44\frac{2}{5}$

28. a) $1\frac{6}{11}$; $1\frac{6}{13}$; $1\frac{1}{15}$; $1\frac{1}{3}$ **c)** $\frac{8}{15}$; $\frac{12}{35}$; $1\frac{1}{20}$; $\frac{50}{63}$ **e)** $\frac{9}{20}$; $\frac{25}{96}$; $\frac{14}{187}$; $\frac{42}{145}$
b) $\frac{22}{27}$; $1\frac{17}{22}$; $1\frac{1}{15}$; $\frac{52}{55}$ **d)** 6; 12; 10; $11\frac{1}{9}$ **f)** $1\frac{6}{13}$; $\frac{38}{53}$; $1\frac{11}{41}$; $2\frac{7}{11}$

Seite 13

29. a) $\frac{4}{11}$; $\frac{1}{10}$; $\frac{2}{21}$; $\frac{1}{15}$; $\frac{5}{28}$ **b)** $\frac{2}{111}$; $\frac{4}{99}$; $\frac{3}{94}$; $\frac{5}{287}$; $\frac{25}{651}$ **c)** $\frac{11}{15}$; $\frac{17}{21}$; $2\frac{1}{7}$; $3\frac{5}{24}$; $\frac{19}{20}$

30. a) $8\frac{2}{5}$; $16\frac{1}{2}$; $6\frac{2}{3}$; $26\frac{2}{3}$; $5\frac{1}{4}$ **b)** $28\frac{1}{2}$; $20\frac{2}{3}$; $24\frac{4}{5}$; $12\frac{2}{3}$; $30\frac{5}{14}$ **c)** 2; 5; 5; 6; $3\frac{3}{11}$

31. a) $\frac{3}{5}$; $1\frac{1}{4}$; $\frac{5}{9}$; $2\frac{1}{2}$; 3 **b)** $\frac{6}{11}$; $2\frac{2}{5}$; $\frac{5}{9}$; $\frac{1}{5}$; $1\frac{1}{2}$

32. a) $\frac{5}{6}$ **c)** $4\frac{1}{6}$ **e)** $3\frac{1}{4}$ **g)** $6\frac{1}{3}$ **33. a)** $14\frac{2}{5}$ **c)** $225\frac{3}{4}$ **e)** $129\frac{1}{3}$ **g)** $\frac{1}{8}$
b) $\frac{13}{42}$ **d)** $3\frac{1}{6}$ **f)** $4\frac{1}{6}$ **h)** $4\frac{11}{42}$ **b)** $11\frac{1}{5}$ **d)** $151\frac{1}{4}$ **f)** $88\frac{2}{3}$ **h)** $9\frac{5}{9}$

34. a) 18 kg; **b)** 72 kg; **c)** 108 kg; **d)** 186 kg; **e)** 279 kg; **f)** 372 kg; **g)** 387 kg

35. a) 190 €; **b)** 290 €; **c)** 575 €; **d)** 490 €; **e)** $1\,905$ €

36. a) Roggen $\frac{1}{5}$; Hafer $\frac{7}{40}$; Weizen $\frac{1}{4}$; Gerste $\frac{3}{20}$; Grünkorn $\frac{1}{8}$; Buchweizen $\frac{1}{10}$ **37. a)** $\frac{3}{4}$ l **b)** $1\frac{1}{20}$ l **38.** $1\frac{7}{20}$ km

39. Für 16 Kuchen: 6 kg Weizenmehl, 24 kg Äpfel, $2\frac{2}{5}$ kg Butter, $3\frac{3}{5}$ kg Zucker
　　Für 24 Kuchen: 9 kg Weizenmehl, 36 kg Äpfel, $3\frac{3}{5}$ kg Butter, $5\frac{2}{5}$ kg Zucker
　　Für 30 Kuchen: $11\frac{1}{4}$ kg Weizenmehl, 45 kg Äpfel, $4\frac{1}{2}$ kg Butter, $6\frac{3}{4}$ kg Zucker

40. $\frac{9}{40}$ kg **41.** $\frac{10}{21}$ Schwimmerinnen; $\frac{2}{21}$ Nichtschwimmerinnen

Seite 14

2.2 Dezimalbrüche – Rechnen mit Dezimalbrüchen

1. a) $0{,}6$; $0{,}04$; $0{,}005$; $0{,}0002$; $0{,}00007$ **c)** $3{,}7$; $3{,}49$; $1{,}679$; $0{,}7526$; $0{,}73961$
b) $0{,}23$; $0{,}089$; $0{,}346$; $0{,}0167$; $0{,}00945$ **d)** $3{,}4$; $19{,}12$; $5{,}03$; $25{,}575$; $7{,}076$

2. a) $\frac{9}{10}$; $\frac{13}{100}$; $\frac{7}{100}$; $\frac{811}{1000}$; $\frac{51}{1000}$; $\frac{8}{1000}=\frac{1}{125}$ **b)** $9\frac{51}{100}$; $18\frac{1}{100}$; $3\frac{3}{1000}$; $161\frac{7}{10}$; $14\frac{25}{100}=14\frac{1}{4}$
c) $314\frac{71}{10\,000}$; $\frac{701\,204}{1\,000\,000}=\frac{175\,301}{250\,000}$; $8\frac{341\,111}{1\,000\,000}$; $12\frac{125}{1\,000}=12\frac{1}{8}$

3. a) $0{,}5$; $0{,}4$; $0{,}75$; $0{,}625$; $0{,}55$; $0{,}025$; $0{,}9375$; $1{,}75$; $1{,}375$; $1{,}55$
b) $0{,}76$; $0{,}02$; $0{,}888$; $0{,}085$; $0{,}9875$; $0{,}604$; $1{,}16$; $2{,}488$

4. a) $0{,}6$; $0{,}25$; $0{,}375$; $0{,}875$; $0{,}45$; $0{,}075$; $1{,}1875$; $0{,}46$; $0{,}2125$
b) $0{,}68$; $0{,}06$; $0{,}872$; $0{,}095$; $0{,}7375$; $0{,}396$; $2{,}04$; $3{,}272$

5. a) $48{,}9$; $23{,}3$; $40{,}2$; $80{,}1$ **b)** $204{,}95$; $18{,}22$; $116{,}7$; $347{,}21$ **c)** $15{,}52044$; $21{,}78885$; $133{,}8695$; $160{,}4504$

6. a) $0{,}8$; $4{,}5$; $0{,}4$; $4{,}6$ **b)** $0{,}65$; $1{,}65$; $6{,}85$; $3{,}46$ **c)** $69{,}27$; $313{,}97$; $2{,}295$; $5{,}507$ **d)** $7{,}57$; $7{,}31$; $27{,}849$; $22{,}57$

Seite 15

7. a) $37{,}5$; 803; $121{,}25$ **d)** $37\,500$; $803\,000$; $121\,250$ **8. a)** $10{,}4$; $175{,}735$; $57{,}6$ **d)** $7{,}71$; $39{,}14$; $3{,}06$
b) 375; $8\,030$; $1\,212{,}5$ **e)** 516; $147{,}5$; $8\,450$ **b)** $0{,}28$; $0{,}024$; $0{,}00016$ **e)** $211{,}3125$; $142{,}99$; $61{,}4055$
c) $3\,750$; $80\,300$; $12\,125$ **c)** $104{,}7$; $1\,676{,}8$; $201{,}089$

9. a) $23{,}48$; $3{,}28$; $52{,}63$; $0{,}246$; $8{,}615$ **10. a)** $2{,}45$; $0{,}1325$; $55{,}775$; $0{,}0055$; $0{,}047$
b) $14{,}77$; $4{,}27$; $13{,}215$; $0{,}122$; $2{,}82$ **b)** $0{,}245$; $0{,}01325$; $5{,}5775$; $0{,}00055$; $0{,}0047$
c) $0{,}0245$; $0{,}001325$; $0{,}55775$; $0{,}000055$; $0{,}00047$

11. a) 70; 60; 80; 3; $0{,}9$; $0{,}08$ **12. a)** $5{,}2$; $12{,}7$; $15{,}24$; $29{,}7$; 361 **13. a)** $89{,}65$; $190{,}56$
b) 15; 6; 30; 3; 20; 120 **b)** 210; 42; $0{,}31$; $5{,}6$; $9{,}1$ **b)** $63{,}25$; $321{,}23$
c) $127{,}1$; $289{,}89$

Seite 16

3 Prozentrechnung

3.1 Prozentbegriff

1. a) $\frac{1}{100}=0{,}01$; $\frac{13}{100}=0{,}13$; $\frac{8}{100}=0{,}08$; $\frac{22}{100}=0{,}22$; $\frac{50}{100}=0{,}5$; $\frac{35}{100}=0{,}35$; $\frac{3}{100}=0{,}03$; $\frac{73}{100}=0{,}73$; $\frac{95}{100}=0{,}95$; $\frac{100}{100}=1$;
$\frac{66}{100}=0{,}66$; $\frac{48}{100}=0{,}48$; $\frac{5}{100}=0{,}05$; $\frac{86}{100}=0{,}86$
b) $\frac{110}{100}=1{,}1$; $\frac{150}{100}=1{,}5$; $\frac{200}{100}=2$; $\frac{105}{100}=1{,}05$; $\frac{250}{100}=2{,}5$; $\frac{104}{100}=1{,}04$; $\frac{300}{100}=3$; $\frac{125}{100}=1{,}25$; $\frac{175}{100}=1{,}75$; $\frac{340}{100}=3{,}4$; $\frac{425}{100}=4{,}25$
c) $\frac{3{,}8}{100}=0{,}038$; $\frac{12{,}5}{100}=0{,}125$; $\frac{48{,}6}{100}=0{,}486$; $\frac{0{,}5}{100}=0{,}005$; $\frac{0{,}9}{100}=0{,}009$; $\frac{4{,}25}{100}=0{,}0425$; $\frac{31{,}7}{100}=0{,}317$; $\frac{78{,}9}{100}=0{,}789$;
$\frac{1{,}75}{100}=0{,}0175$; $\frac{2{,}5}{100}=0{,}025$; $\frac{16{,}3}{100}=0{,}163$

2. a) 43%; 17%; 9%; 33%; 92%; 41%; 140%; 231%

 b) 57,4%; 12,4%; 27,6%; 7,4%; 1,65%; 0,75%

 c) 103%; 130%; 245%; 360%; 84,5%; 125,5%; 175,6%; 231,4%

3. a) 50%; 25%; 75%; 20%; 60%; 80%; 10%; 30%; 70%; 35%; 15%; 8%; 38%

 b) 12,5%; 37,5%; 62,5%; 87,5%; 6,25%; 18,75%; 43,75%; 56,25%; 17,5%; 27,5%; 0,8%; 4,8%

 c) 66,7%; 16,7%; 83,3%; 14,3%; 28,6%; 42,9%; 57,1%; 71,4%; 11,1%; 22,2%; 44,4%; 55,6%; 77,8%; 88,9%; 8,3%

Seite 17 **3.2 Die drei Grundaufgaben der Prozentrechnung**

1. a) 21 €   [105 kg; 12,90 €; 11,4 m; 4,18 €; 1,296 kg; 0,0255 m³; 24,7902 m²]

 b) 35 €   [175 kg; 21,50 €; 19 m; 6,97 €; 2,16 kg; 0,0425 m³; 41,317 m²]

 c) 49 €   [245 kg; 30,10 €; 26,6 m; 9,76 €; 3,024 kg; 0,0595 m³; 57,8438 m²]

 d) 98 €   [490 kg; 60,20 €; 53,2 m; 19,52 €; 6,048 kg; 0,119 m³; 115,6876 m²]

 e) 245 €   [1 225 kg; 150,50 €; 133 m; 48,79 €; 15,12 kg; 0,2975 m³; 289,219 m²]

 f) 371 €   [1 855 kg; 227,90 €; 201,4 m; 73,88 €; 22,896 kg; 0,4505 m³; 437,9602 m²]

 g) 665 €   [3 325 kg; 408,50 €; 361 m; 132,43 €; 41,04 kg; 0,8075 m³; 785,023 m²]

 h) 560 €   [2 800 kg; 344 €; 304 m; 111,52 €; 34,56 kg; 0,68 m³; 661,072 m²]

2. a) 1 200 €   [14 400 €; 72 kg; 960 m; 16,1 kg; 10,8 km; 38,4 l; 1 414,7 m²]

 b) 1 800 €   [21 600 €; 108 kg; 1 440 m; 24,3 kg; 16,2 km; 57,6 l; 2 122,05 m²]

 c) 900 €   [10 800 €; 54 kg; 720 m; 12,15 kg; 8,1 km; 28,8 l; 1 061,025 m²]

 d) 1 050 €   [12 600 €; 63 kg; 840 m; 14,175 kg; 9,45 km; 33,6 l; 1 237,8625 m²]

 e) 660 €   [7 920 €; 39,6 kg; 528 m; 8,91 kg; 5,94 km; 21,12 l; 778,085 m²]

 f) 1 380 €   [16 560 €; 82,8 kg; 1 104 m; 18,63 kg; 12,42 km; 44,16 l; 1 626,905 m²]

 g) 678 €   [8 136 €; 40,68 kg; 542,4 m; 9,153 kg; 6,102 km; 21,696 l; 799,3055 m²]

3. a) 2,50 €   [24 kg; 1,80 €; 0,36 €; 0,4565 kg; 0,00365 km; 0,037425 m³; 4,2967 m²]

 b) 22,50 €   [216 kg; 16,20 €; 3,24 €; 4,1085 kg; 0,03285 km; 0,336825 m³; 38,6703 m²]

 c) 11,25 €   [108 kg; 8,10 €; 1,62 €; 2,05425 kg; 0,016425 km; 0,1684125 m³; 19,33515 m²]

 d) 28,75 €   [276 kg; 20,70 €; 4,14 €; 5,24075 kg; 0,041975 km; 0,4303975 m³; 49,41205 m²]

 e) 45,50 €   [436,8 kg; 32,76 €; 6,55 €; 8,3083 kg; 0,06643 km; 0,681135 m³; 78,19994 m²]

 f) 61,50 €   [590,4 kg; 44,28 €; 8,856 €; 11,2299 kg; 0,08979 km; 0,920655 m³; 105,69882 m²]

 g) 115,50 €   [1 108,8 kg; 83,16 €; 16,63 €; 21,0903 kg; 0,16863 km; 1,729035 m³; 198,50754 m²]

 h) 378 €   [3 628,8 kg; 272,16 €; 54,43 €; 69,0228 kg; 0,55188 km; 5,65866 m³; 649,66104 m²]

4. 387 Schüler   **5.** 133,5 g; 96 g   **6.** 16,25 €   **7.** 195,132 m²   **8.** 43,02 €

9. a) 600 €   **b)** 236 kg   **c)** 178,95 m²   **d)** 107 €   **e)** 2 286 €   **f)** 2 000 kg

 180 €   963 kg   573,08 m²   59 €   1 386 €   4 000 kg

 376 €   3 214 kg   569,77 m²   354 €   3 000 €   5 000 kg

 670 €   654 kg   1 271,43 m²   620 €   6 000 €   4 000 kg

 456 €   852 kg   735,82 m²   324 €   8 000 €   6 000 kg

Seite 18 **10. a)** 600 €   [2 000 g; 2 700 kg; 36 000 m; 8 400 kg; 12 600 l]

 b) 120 €   [400 g; 540 kg; 7 200 m; 1 680 kg; 2 520 l]

 c) 240 €   [800 g; 1 080 kg; 14 400 m; 3 360 kg; 5 040 l]

 d) 200 €   [666,7 g; 900 kg; 12 000 m; 2 800 kg; 4 200 l]

 e) 1 200 €   [4 000 g; 5 400 kg; 72 000 m; 16 800 kg; 25 200 l]

 f) 100 €   [333,3 g; 450 kg; 6 000 m; 1 400 kg; 2 100 l]

 g) 40 €   [133,3 g; 180 kg; 2 400 m; 560 kg; 840 l]

 h) 48 €   [160 g; 216 kg; 2 880 m; 672 kg; 1 008 m²]

 i) 30 €   [100 g; 135 kg; 1 800 m; 420 kg; 630 l]

 j) 41,96 €   [139,86 g; 188,81 kg; 2 517,48 m; 587,41 kg; 881,12 l]

 k) 857,14 €   [2 857,14 g; 3 857,14 kg; 51 428,57 m; 12 000 kg; 18 000 l]

 l) 400 €   [1 333,3 g; 1 800 kg; 24 000 m; 5 600 kg; 8 400 l]

 m) 61,22 €   [204,08 g; 275,51 kg; 3 673,47 m; 857,14 kg; 1 285,71 l]

 n) 57,14 €   [190,48 g; 257,14 kg; 3 428,57 m; 800 kg; 1 200 l]

11. 124 € pro Person   **12.** 2 500 Personen   **13.** 950 €   **14.** 7 142,857 g ≈ 7,143 kg

15. a) 20%; 9%; 24%; 25%   **16. a)** 25%   [9,67%; 130,43%; 89,35%; 51,63%; 5,78%]

 b) 7,5%; 66,7%; 100%; 150%   **b)** 12,5%   [15,625%; 62,5%; 5,83%; 9,375%; 7,125%]

 c) 7%; 9%; 10%; 33,3%   **c)** 25%   [14,0625%; 67,1875%; 22,59%; 45,9375%]

17. 25%   **18.** 60%   **19.** 5%

126

Seite 19

3.3 Erhöhung und Verminderung des Grundwertes

1. a) 735 € [665 €];   504 € [456 €];   102,9 kg [93,1 kg];   475,65 m² [430,35 m²];   29,925 l [27,075 l];
10,2375 m³ [9,2625 m³];   86,415 m [78,185 m]

b) 770 € [630 €];   528 € [432 €];   107,8 kg [88,2 kg];   498,3 m² [407,7 m²];   31,35 l [25,65 l];
10,725 m³ [8,775 m³];   90,53 m [74,07 m]

c) 840 € [560 €];   576 € [384 €];   117,6 kg [78,4 kg];   543,6 m² [362,4 m²];   34,2 l [22,8 l];
11,7 m³ [7,8 m³];   98,76 m [65,84 m]

d) 756 € [644 €];   518,40 € [441,60 €];   105,84 kg [90,16 kg];   489,24 m² [416,76 m²];
30,78 l [26,22 l];   10,53 m³ [8,97 m³];   88,884 m [75,716 m]

e) 791 € [609 €];   542,40 € [417,60 €];   110,74 kg [85,26 kg];   511,89 m² [394,11 m²];
32,205 l [24,795 l];   11,0175 m³ [8,4825 m³];   92,999 m [71,601 m]

f) 933,33 € [466,67 €];   640 € [320 €];   130,67 kg [65,33 kg];   604 m² [302 m²];   38 l [19 l];
13 m³ [6,5 m³];   109,73 m [57,87 m]

g) 731,50 € [668,50 €];   501,60 € [458,40 €];   102,41 kg [93,59 kg];   473,385 m² [432,615 m²];
29,7825 l [27,2175 l];   10,18875 m³ [9,31125 m³];   86,0035 m [78,5965 m]

h) 745,50 € [654,50 €];   511,20 € [448,80 €];   104,37 kg [91,63 kg];   482,445 m² [423,555 m²];
30,3525 l [26,6475 l];   10,38375 m³ [9,11625 m³];   87,6495 m [76,9505 m]

2. 2 041,60 €

Seite 20

3. 646,48 €   **4.** 241,53 €   **5.** 52 €   **6.** 1 122 Schüler   **7.** 1 466,47 €

8. 14 742 €   **9.** 306,90 €   **10.** 228,45 €   **11.** 45 €   **12.** 8 130,851 m³   **13.** 1 574,39 €

14. 260 Fahrräder   **15.** 241 €   **16.** 9%   **17.** 6,31%   **18.** 3 846,154 kg Weizen; 4 285,714 kg Roggen

Seite 21

4 Zinsrechnung

4.1 Die Grundaufgaben der Zinsrechnung

1. 2%:
a) 8 €	**d)** 60 €	**g)** 400 €	**j)** 11 €	**m)** 146 €	**p)** 108,60 €
b) 18 €	**e)** 40 €	**h)** 600 €	**k)** 8,40 €	**n)** 122 €	**q)** 175 €
c) 12 €	**f)** 100 €	**i)** 1 600 €	**l)** 15,80 €	**o)** 96 €	**r)** 183,20 €

1,5%:
a) 6 €	**d)** 45 €	**g)** 300 €	**j)** 8,25 €	**m)** 109,50 €	**p)** 81,45 €
b) 13,50 €	**e)** 30 €	**h)** 450 €	**k)** 6,30 €	**n)** 91,50 €	**q)** 131,25 €
c) 9 €	**f)** 75 €	**i)** 1 200 €	**l)** 11,85 €	**o)** 72 €	**r)** 137,40 €

3%:
a) 12 €	**d)** 90 €	**g)** 600 €	**j)** 16,50 €	**m)** 219 €	**p)** 162,90 €
b) 27 €	**e)** 60 €	**h)** 900 €	**k)** 12,60 €	**n)** 183 €	**q)** 262,50 €
c) 18 €	**f)** 150 €	**i)** 2 400 €	**l)** 23,70 €	**o)** 144 €	**r)** 274,80 €

3,25%:
a) 13 €	**d)** 97,50 €	**g)** 650 €	**j)** 17,88 €	**m)** 237,25 €	**p)** 176,48 €
b) 29,25 €	**e)** 65 €	**h)** 975 €	**k)** 13,65 €	**n)** 198,25 €	**q)** 284,38 €
c) 19,50 €	**f)** 162,50 €	**i)** 2 600 €	**l)** 25,68 €	**o)** 156 €	**r)** 297,70 €

4%:
a) 16 €	**d)** 120 €	**g)** 800 €	**j)** 22 €	**m)** 292 €	**p)** 217,20 €
b) 36 €	**e)** 80 €	**h)** 1 200 €	**k)** 16,80 €	**n)** 244 €	**q)** 350 €
c) 24 €	**f)** 200 €	**i)** 3 200 €	**l)** 31,60 €	**o)** 192 €	**r)** 366,40 €

4,25%:
a) 17 €	**d)** 127,50 €	**g)** 850 €	**j)** 23,38 €	**m)** 310,25 €	**p)** 230,78 €
b) 38,25 €	**e)** 85 €	**h)** 1 275 €	**k)** 17,85 €	**n)** 259,25 €	**q)** 371,88 €
c) 25,50 €	**f)** 212,50 €	**i)** 3 400 €	**l)** 33,58 €	**o)** 204 €	**r)** 389,30 €

3,75%:
a) 15 €	**d)** 112,50 €	**g)** 750 €	**j)** 20,63 €	**m)** 273,75 €	**p)** 203,63 €
b) 33,75 €	**e)** 75 €	**h)** 1 125 €	**k)** 15,75 €	**n)** 228,75 €	**q)** 328,13 €
c) 22,50 €	**f)** 187,50 €	**i)** 3 000 €	**l)** 29,63 €	**o)** 180 €	**r)** 343,50 €

5%:
a) 20 €	**d)** 150 €	**g)** 1 000 €	**j)** 27,50 €	**m)** 365 €	**p)** 271,50 €
b) 45 €	**e)** 100 €	**h)** 1 500 €	**k)** 21 €	**n)** 305 €	**q)** 437,50 €
c) 30 €	**f)** 250 €	**i)** 4 000 €	**l)** 39,50 €	**o)** 240 €	**r)** 458 €

2. 720 €   [1 440 €;   2 160 €;   3 600 €]   **3.** 575 €   [2 300 €]

4. 11,25%:
a) 405 €	**e)** 270 €	**i)** 371,25 €	**m)** 21,38 €
b) 303,75 €	**f)** 168,75 €	**j)** 337,50 €	**n)** 47,25 €
c) 202,50 €	**g)** 33,75 €	**k)** 24,75 €	**o)** 33,75 €
d) 135 €	**h)** 236,25 €	**l)** 271,13 €	**p)** 1,13 €

15,5%:
a) 558 €	**e)** 372 €	**i)** 511,50 €	**m)** 29,45 €
b) 418,50 €	**f)** 232,50 €	**j)** 465 €	**n)** 65,10 €
c) 279 €	**g)** 46,50 €	**k)** 34,10 €	**o)** 46,50 €
d) 186 €	**h)** 325,50 €	**l)** 373,55 €	**p)** 1,55 €

127

Seite 22 **5.** 3 618,17 €   **6.**

13,13 €	143,92 €	86,67 €	23,65 €	162,50 €	535,76 €	28,20 €

7. a) 4%   **b)** 6%   **c)** 3%   **d)** 2%   **e)** 1,5%   **f)** 3,25%   **g)** 3,5%   **h)** 2,5%

8. 3%   **9.** Herr Borg: 1,5%   Frau Borg: 2%   **10. a)** 4%   **b)** 6%   **c)** 5%   **d)** 3%

11. 12%   **12.** 11,5%   **13.** 2%   **14.** 10,71%

Seite 23 **15. a)** 750 €   **b)** 2 400 €   **c)** 4 900 €   **d)** 1 350 €   **e)** 8 126,67 €   **f)** 11 647,08 €

16. a) 3 000 €   [2 250 €;   1 000 €]   **c)** 15 000 €   [5 454,55 €;   7 500 €]
  b) 6 000 €   [2 400 €;   1 714,29 €]   **d)** 3 600 €   [900 €;   514,29 €]

17. 30 000 €   **18.** 120 000 €   **19.** 7 Monate   **20.** 254 Tage

Seite 24 **21.**

4 Monate	6 Monate	8 Monate	7 Monate	8 Monate

4.2 Zinseszinsrechnung

1.

840,50 €	1 236,27 €	1 716,66 €	2 494,57 €	2 016,49 €	2 912,17 €

2.

4 977,35 €	2 575,65 €	974,24 €	1 245,94 €	6 011,06 €	8 661,05 €

3. 6 083,26 €   **4.** 2 653,30 €   [7 039,99 €]

Seite 25 **5 Dreisatzrechnung**

5.1 Dreisatz bei proportionalen Zuordnungen

1. 560 g Hühnerbrust   [350 g Paprika]

2. a)

Länge (cm)	Preis (€)
6	168
3	84
15	420
5	140
1	28
10	280

b)

Weglänge (km)	Zeit (min)
5	60
10	120
2	24
8	96
16	192
4	48

c)

Gewicht (kg)	Preis (€)
5	3,40
20	13,60
4	2,72
8	5,44
24	16,32
12	8,16

3. a) 8,70 €   **b)** 8,95 €   **c)** 8,36 €   **4.** 13,5 kg   **5.** 800 km   **6.** 142,45 €   **7.** 20,40 €

Seite 26 **8.** 7 Hefte   **9.** 308 Dachziegel   **10.** 16,667 kg

11. a) 54,44 €;   43,56 €;   32,67 €;   59,89 €   **b)** 27,55 l;   45,92 l;   55,10 l   **12. a)** 1,40 €   **b)** 15 Eier

13. a) 17,80 €   **b)** 15 Flaschen   **14. a)** 16,667 l   **b)** 15 kg   **15. a)** 270 kg   **b)** 11 Tage   **16. a)** 416,50 €   **b)** 72 m^2

17. a) 1 155 €   **b)** 10 Tage   **18. a)** 108 €   **b)** 12 Flaschen   **19. a)** 15-mal   **b)** 40 Stunden

Seite 27 **20. a)** 60 m   **b)** 20 Stunden   **21. a)** 7,35 €   **b)** 1250 g   **22. a)** 5,580 kg   **b)** 24 Schulhefte

23. a) 4 500 km   **b)** 4$\frac{1}{2}$ Stunden   **24. a)** 762,50 Schw. Fr.   **b)** 900 €

25. a) 13,50 €   [27 €;   58,50 €]   **b)** 17,25 €   [20,70 €;   31,05 €]   **c)** 30,58 €   [8,34 €;   16,68 €]

26. a) 1,44 €   [5,60 €;   10,24 €;   13,92 €]   **c)** 26,33 €   [131,67 €;   150,63 €]
  b) 2,508 kg   [5,375 kg;   10,392 kg]

27. a) 3,72 €   **b)** 329 g   **28. a)** 7,52 €   [9,40 €;   4,92 €]   **b)** 250 g   [350 g]   **29.** 3,706 kg

Seite 28   **5.2 Dreisatz bei antiproportionalen Zuordnungen**

1. a)

Schülerzahl	Fahrtzuschuss (€)
25	36
5	180
20	45
40	22,50

b)

Länge (cm)	Breite (cm)
45	16
9	80
18	40
36	20

c)

Stückzahl	Flächeninhalt (m^2)
18	8
6	24
12	12
4	36

2. 24 Tage   [16 Tage]   **3.** 24 Tage   [15 Tage]   **4.** 24 Tage   [12 Tage]   **5.** 15 Stunden   [30 Stunden]

6. 24 Tage   [12 Tage]   **7. a)** 30 Wochen   **b)** 4 kg   **8. a)** 27-mal   **b)** 9 Lastwagen

Seite 29   **6 Positive und negative rationale Zahlen**

6.1 Anordnung rationaler Zahlen

1. a) $-9 < 7$; $-12 < -9$; $+25 > +11$; $0 > -12$; $-10 > -100$
   b) $-2,8 < +3,4$; $-4,9 < -4,8$; $-6,7 < 0$; $+4,5 > -2,5$; $-8,7 < +0,2$
   c) $-5,24 < -2,35$; $12,39 > -19,51$; $0 > -0,15$; $+8,75 > 7,58$; $-9,75 < +0,75$

2. a) $-12 < -6 < -2 < -1 < 0 < 5$ **b)** $-7,3 < -5,3 < -1,25 < 0 < 3,85 < 5,2$

6.2 Rechnen mit rationalen Zahlen

1. a) -14; -2; -4;   2   **b)** -5; -20; -74;   23   **c)** -194;   94; -74; -76 **d)** -380; -181; -211;   30

Seite 30   **2. a)** 0,6; $-2,1$; $-13,2$;   3,5   **c)** $-31,05$;   9,4; $-93,02$; $-21,58$ **3. a)** -91 **c)** -593
        b) $-14,1$;   22,1; $-119,1$;   60,6   **d)** $\frac{3}{4}$; $1\frac{1}{2}$; $-1\frac{1}{4}$; $-\frac{1}{6}$ **b)** -10 **d)** $-18,9$

4. a) -13;   2;   14;   11   **b)** -61; -24; -32;   160   **c)** -70;   237;   54; -212 **d)** 201;   764; -886; -468

5. a) $-9,2$;   2,2;   14,4;   9,9   **c)** 144,05;   88,19;   19,6; $-19,79$
    b) $-29,1$; $-9,6$; $-70,6$;   83,1   **d)** $-3\frac{3}{4}$; $-\frac{1}{8}$;   10; $-4\frac{3}{8}$

6. a) -31 **c)** 292   **7. a)** -37;   18; -41; -30 **c)** $-3,5$; $-15,6$;   0,8; $-16,5$
    b) -139 **d)** 3,4   **b)** -173; -111;   22; -25 **d)** $-2,2$; $-12,2$; $-13,7$; $-9,9$

8. a) -10; -5; -365; -738 **b)** -117; -93;   54; -60 **c)** $-1,3$; $-11,3$; $-13,2$;   39,2

9. a) $(+24) + (-18) < +24$ **c)** $0 > (-15) + (-15)$ **e)** $(-0,7) + (7,2) < +7,2$
    b) $(-2,9) + (-0,8) < -2,9$ **d)** $0 = (-3,2) + (+3,2)$ **f)** $(-0,66) + (+\frac{2}{3}) > 0$

Seite 31   **10. a)** -21; -21;   21;   21   **c)** -105;   70;   104;   84   **e)** -475;   322; $-2\,556$;   0
     b) 55; -55; -55;   55   **d)** $4\,368$; -1836; -962; $1\,428$

11. a) $-12,8$; -7;   2   **b)** 1,05; $-0,09$; $-0,64$ **c)** $-0,072$; $-0,65$;   6,479   **d)** $-219,7$;   100,8; $-2,115$

12. a) $-56,05$;   19,62; $-88,8125$ **b)** $-1\,309,72$;   50,958; $-35,0828$ **c)** $-\frac{21}{40}$; $-\frac{7}{10}$; $\frac{21}{32}$ **d)** $\frac{3}{10}$; $-\frac{9}{39}$; $-\frac{9}{20}$

13. a) 16; -125 **c)** -1;   1   **e)** $-1,728$; $-3,375$ **g)** $\frac{9}{16}$; $-\frac{1}{32}$
    b) 81; -32 **d)** 0,36; $-0,008$ **f)** $-0,125$;   0,0081

14. a) -11;   8; -8 **c)** -13;   31; -18 **15. a)** 0,4; $-0,3$; $-0,06$ **c)** $-\frac{21}{50}$; $-\frac{5}{4}$; $\frac{27}{35}$
    b) 5; -16; -19 **d)** -92; -82;   99   **b)** 9; -90;   1,6   **d)** $-\frac{21}{10}$; $\frac{4}{15}$; $-\frac{3}{10}$

16. a) 9;   576; -80; -64 **c)** -36; -54; -5; -405 **e)** $-\frac{9}{8}$; $-\frac{1}{2}$; $\frac{1}{12}$; $\frac{17}{12}$
    b) -294;   35; -6;   49   **d)** -3;   1,44;   4; $-1,8$

Seite 32   **6.3 Berechnen von Termen – Vorrangregeln**

1. a) 38,18; $-10,3$; -9;   26,22;   5,4   **b)** 7,16;   8,3; $-25,1$;   94,37; $-21,88$

2. a) 168;   87   **b)** 27;   57   **c)** 22,25;   66   **d)** $-57,95$; $-36,53$ **e)** -3;   32   **f)** 3; -47

3. a) $-5,1$;   7,8;   47,525;   64,1;   14,7   **b)** 30,3;   9,14; $-28,34$;   8,65; $-2\,491,3$

4. a) 54,74;   44,7;   3,6   **b)** 3; -5; -4 **c)** $-3,97$; $-1,4$;   8,86   **d)** $-7,125$;   33,7201; $-15,475$

5. a) -3 **b)** -7 **c)** -4 **d)** $-\frac{8}{15}$ **e)** $\frac{6}{65}$

129

Seite 33 **7 Umformen ganzrationaler Terme**

7.1 Wertgleiche Terme – Termumformung

1. a)

x	$x+x+x+x$	$4 \cdot x$
-3	-12	-12
$\frac{1}{2}$	2	2
0	0	0
2	8	8
7	28	28

b)

c	$3 \cdot c$	$8 \cdot c$	$3 \cdot c + 8 \cdot c$	$11 \cdot c$
-3	-9	-24	-33	-33
$\frac{1}{2}$	$\frac{3}{2}$	4	$\frac{11}{2}$	$\frac{11}{2}$
0	0	0	0	0
2	6	16	22	22
7	21	56	77	77

c)

a	$a-1$	$a \cdot (a-1)$	$(1-a)$	$a \cdot (a-1) - (1-a)$	a^2	$a^2 - 1$
-3	-4	12	4	8	9	8
$\frac{1}{2}$	$-\frac{1}{2}$	$-\frac{1}{4}$	$\frac{1}{2}$	$-\frac{3}{4}$	$\frac{1}{4}$	$-\frac{3}{4}$
0	-1	0	1	-1	0	-1
2	1	2	-1	3	4	3
7	6	42	-6	48	49	48

2. $2 \cdot a + b$ ist gleichwertig mit den Termen (2), (4) und (5)

7.2 Produkte und Potenzen

1. a) $4a$; $2x$; $5r$ **b)** $2a+3b$; $4x+3y$; $y+3x$ **c)** $2a+3b$; $3r+3s$; $4x+3y$

2. a) $c+c+c+c+c$ **c)** $z+z+z+z+z+z+z$ **e)** $a+a+a+a+a+a+b+b+b+b+b+b+b$
b) $d+d+d+d+d+d+d+d$ **d)** $x+x+y+y+y+y+y$ **f)** $r+r+s+s+s+s+t+t+t+t+t$

Seite 34 **3. a)** $63x$; $44a$; $65z$ **b)** $30y$; $60b$; $88z$ **c)** $60a$; $210x$; $36z$ **d)** $160cd$; $84xy$; $48st$ **e)** $117ab$; $42bc$; $72ef$

4. a) $2a$; $6x$; $8bc$ **b)** $\frac{3}{10}c$; $\frac{21}{40}z$; $\frac{4}{7}rs$ **c)** $1,2y$; $4,8a$; $0,9cd$ **d)** $0,21x$; $0,6a$; $0,06de$ **e)** $0,45a$; $0,48x$; $0,375xy$

5. a) $-40x$; $-84a$; $-44z$ **b)** $-30y$; $-27s$; $-96a$ **c)** $28a$; $48x$; $91z$

6. a) $24xy$; $108ab$; $15rs$ **c)** $120xy$; $70ab$; $27cde$ **e)** $0,36rs$; $0,6b$; $0,08y$ **g)** $20abc$; $24xyz$; $-105rst$
b) $480cd$; $153yz$; $120ad$ **d)** $\frac{12}{14}ab = \frac{6}{7}ab$; $\frac{5}{12}xz$; $\frac{14}{27}ac$ **f)** $-12ab$; $5xy$; $-20cd$

7. a) $2x$; $4y$; $4z$ **b)** $-3z$; $-3x$; $-8a$ **c)** $-6b$; $-7z$; $-12y$ **d)** $8x$; $5c$; $2z$ **e)** $-6x$; $7y$; $-6z$

8. a) x^3; b^5; r^6 **b)** a^2b^3; r^4s^3; c^3d **c)** a^3b^3; x^3y^4; $r^3s^2t^3$

Seite 35 **9. a)** $a \cdot a \cdot a \cdot a$ **c)** $x \cdot x \cdot x \cdot x \cdot x \cdot x \cdot x \cdot x \cdot x \cdot x$ **e)** $a \cdot a \cdot a \cdot a \cdot a \cdot b \cdot b$
b) $u \cdot u \cdot u \cdot u \cdot u \cdot u \cdot u$ **d)** $y \cdot y \cdot y \cdot x \cdot x \cdot x \cdot x$ **f)** $u \cdot u \cdot v \cdot v \cdot v \cdot v \cdot v \cdot w \cdot w \cdot w \cdot w$

10. a) a^7 **b)** $3x^5$ **c)** $12a^{10}$ **d)** $\frac{1}{2}z^5$ **e)** $0,36b^6$ **f)** $-28a^7$ **g)** a^8b^4 **h)** $18a^2b^2$
   a^9 $7y^6$ $28x^6$ $\frac{21}{10}a^5$ $1,05a^6$ $-54r^7$ x^6y^3 $24x^3y$
   b^4 $4a^{10}$ $54c^7$ $\frac{18}{35}c^{12}$ $0,3x^{11}$ $12x^7$ $105xz^6$ $28u^6v^3$
   r^{15} $5z^7$ $48z^7$ $\frac{4}{9}x^{11}$ $5,2z^9$ $-25b^{10}$ $-56b^9c$ $6x^4y^5$

11. a) $9x^2$; $16y^2$; $49z^2$; $121a^2$ **b)** $4a^2$; $25x^2$; $36z^2$; $144b^2$ **c)** $\frac{1}{4}y^2$; $\frac{4}{9}a^2$; $\frac{16}{25}z^2$; $\frac{49}{36}b^2$ **d)** a^2b^2; x^2y^2; r^2s^2; a^4

7.3 Zusammenfassen gleichartiger Glieder

1. a) $7a$; $14x$; $13r$; $25u$; $9b$ **2. a)** $13a+2b$; $14x+7y$; $21u+7v$; $4r+11$; $7r-5s$
b) $7a$; $6b$; $8r$; 0; $6c$ **b)** $5x+4y$; $7r-2s$; $13a+6b$; $32z-7$; $12c-12d$
c) $16x$; $19a$; $17u$; $20b$; $9z$ **c)** $11x+14y$; $10a+6b$; $115e-45f+11$
d) $8c$; $11x$; $13a$; $12b$; $30y$

Seite 36 **3. a)** $\frac{8}{7}x$; u; $12,9a$; $8,7z$ **4. a)** $-8x$; $-7z$; $8b$; $9y$; $-10a$
b) $\frac{7}{8}b+\frac{1}{8}c$; $\frac{5}{4}y+\frac{1}{2}z$; $2,3u+2,8v$; $3,4a-4,6b$ **b)** $-3a$; $-8x$; $-31y$; $-18b$; $-36r$
c) $3\frac{3}{10}r+1\frac{5}{8}s$; $4\frac{1}{4}r+1\frac{2}{3}x$; $4\frac{9}{10}a+5\frac{5}{12}b$; $1\frac{1}{4}u+1\frac{5}{12}v$ **c)** $-5,5x$; $-3a$; $-12y+8z$; $-8r-10s$; $-3b-7a$

5. a) $9a^2$; $8x^3$; $5y^2$; $-5r^2$ **d)** $11(a+b)$; $8(b+c)$; $34(r-s)$; $18(x-y)$
b) $8xy$; $26ab^2$; $-6rs$; $1,3x^2y^3$ **e)** $12x^2+17y^2$; $6xy+12rs$; $5,7a^2+2,6b^2$; $3,9a^2b+11,9cd^2$
c) $9a^2$; $11xy$; $-10r^2$; $\frac{25}{8}ab^2$

6. a) $1\,131x$ **c)** $3ab+1,5cd+4,5y^2$ **7. a)** $-6x^5$ **c)** $29rs$

130

b) $714y^2 + 970z^2 + 1200$ **d)** $101,5xy^2 + 18,45a^2c^2$ **b)** $27a^7$ **d)** $5a^2b^2c^2$

7.4 Auflösen und Setzen von Klammern in einem Produkt

1. a) $7a + 7b$; $20 + 5c$; $9x + 36$; $3a - 3b$; $45 - 15y$ **d)** $a + ab$; $xy + 2x$; yz; $x - xy$; ab
  b) $5a + 5b$; $12 + 4v$; $3w + 21$; $4x - 4y$; $77 - 11a$ **e)** $-3x - 3y$; $-2a - 2b$; $-5c + 5d$; $-12 + 4x$; $\frac{3}{4}r + \frac{3}{4}s$
  c) $ax + bx$; $xz + yz$; $cs + ds$; $cy - dy$; $ax - ay$

Seite 37

2. a) $20x + 15$; $28 + 35a$; $12a - 28$; $40 - 56c$; $-21z - 15$; $-48c + 12$
  b) $27a + 36b$; $77x + 55y$; $36r - 84s$; $60c - 80d$; $-20x - 35y$; $-44a + 48b$
  c) $7ax + 5x$; $3ac + 14bc$; $6xz + 4z$; $7ru + 5su$; $15ab - 3a$; $12bc - 13bd$
  d) $6ax + 8ay$; $42xy + 6xz$; $10ax - 20bx$; $63br - 21bs$; $-2xy - 40xz$; $-60ab + 15ac$

3. a) $7x + 7y + 7z$; $9x - 9y + 9z$; $-3a + 3b - 12$; $9r - 9s - 36$
  b) $24x + 36y + 48z$; $40a - 72b + 80c$; $-42x + 54y + 18$; $12r + 84s - 96t$
  c) $4ax + 7bx + 8cx$; $21ux + 35vx + 14wx$; $44cr + 55cs - 11ct$; $60ax - 65ay - 70az$
  d) $\frac{3}{7}a + \frac{5}{13}b$; $\frac{8}{7}x - \frac{7}{15}y$; $9ar + 12as$; $\frac{2}{15}x^2 - \frac{2}{5}xy$

4. a) $119x^3 - 21x^2y + 35x^2z$; $18a^3 + 12ab^2 + 36ac^2$; $36r^2 + 28rs - 20rt$; $60x^2y - 55y^3 - 65yz^2$
  b) $72a^2b + 56ab^2 - 96ab$; $44p^2q - 99pq^2 + 55p^2q^2$; $35x^2y + 56xy^2 + 21xyz$; $6a^3bc - 14ab^3c - 8abc^3$
  c) $-12ax - 18bx + 9cx$; $-20ax + 24ay + 26az$; $-5a^2 - 20ab - 60ac$; $-77r^3s + 84r^2s^2 + 91rs^3$

5. a) $114a + 75b$; $38x - 63y$; $21c + 28d$; $5s + 18r$ **d)** $18x$; $76xy + 55xz - 20yz$; $44rs + 12rt$; $67a^2 + 21b^2 - 40ab$
  b) $13x^2 - 15xy$; $5ab + 12ac$; $54rs - 37r^2$; $13z^2 + 28y$ **e)** $15ax - 7a$; $155ab - 108ac + 98bc$; $-78ab - 12ac$;
  c) $10a + 2b$; $3x + 27y$; $3b - ac$; $2xy$ $-30x^3 + 80x^2 - 72x$

6. a) $5(x + y)$; $1,2(a + b)$; $\frac{7}{3}(r + s)$; $8(x - y)$; $3,2(u - v)$
  b) $8(a + bc)$; $5(xy - z)$; $2,1(cd + e^2)$; $1,5(1 - z)$; $\frac{1}{2}(x^2 + 1)$
  c) $x(5 + y)$; $a(7 - b)$; $a(b + a)$; $a(b - c)$; $u(u - v)$
  d) $x(1 + 3y)$; $a(a - 4b)$; $y(6x - 7z)$; $y(x^2 + 1,5y)$; $u(\frac{2}{3}v - \frac{1}{5})$
  e) $\frac{3}{7}(y - z)$; $7(u + 1)$; $x(2,4 + x)$; $u(u + 1)$; $x(5y - 6z)$

7. a) $7x(y + z)$; $0,5a(a - b)$; $\frac{3}{5}c(d - 1)$; $xy(12 + z)$; $ab(5a - 3b)$
  b) $3b(a + 4c)$; $9y(2x - z)$; $12v(2u + 3w)$; $5a(3a - 5b)$; $6y(4xy + 3z^2)$
  c) $4ab(5c + 6)$; $9ab(5a - 4b)$; $24yz(2x - 3)$; $6u^2v^2(4u + 3)$; $\frac{3}{10}x(x - 3y)$
  d) $x(a + b + c)$; $a(3a + 7b - 8b^2)$; $11y(4ay - 5b + 6cy)$; $5u(2u - 5v - 7u^2v^2)$; $6abx(2a^2x - 5 - bx)$

Seite 38

7.5 Auflösen und Setzen einer Minusklammer

1. a) $-4 - a$; $-b + 3$; $x - 5$; $a - 7$ **d)** $-3ab - 11cd$; $-8a^2 + 13b^2$; $7x^2 - 8xy$; $6rs + 9r^2$
  b) $-a - b$; $-x + y$; $r - s$; $c + d$ **e)** $-4a - 5b + 7c$; $-17x + 9y + 12z$; $8r - 9s + 6t$; $4c + 5d + 7e$
  c) $-3x - 7y$; $-12u + 13v$; $5a - 3b$; $2c + 4d$

2. a) $x - y - z$; $a - b + c$; $z - 6 + y$; $r + s + t$; $x + 7 - y$
  b) $3a + b$; $8x - 3y$; $10u + v$; $-8 - 2c$; $14r - 5s$
  c) $4x - 4y$; $-5a + 6b$; $16r - 8s$; $24u - 3v$; $15c + 9d$
  d) $8 + x - y$; $-3a - b + 3c$; $9x + y - 7$; $13r - 4s + 7t$; $32c + 7d + 5e$

3. a) $-2y$; $2s$; 0; $2x$ **b)** $12 - 2x$; $-a - 11$; $2s - 16$; $-x - 3$ **c)** $4x - 12y$; $26a + 6b$; $-7,5r - 0,8s$; $1\frac{1}{4}u + \frac{2}{5}v$

4. a) $61x + 6y$ **d)** $3,9a + 0,7b + 1,5c$ **g)** $-85a + 53b$ **j)** $4,8x + 12y + 34,2z$
  b) $34a + 31b$ **e)** $10a^2 + 4b^2 + 7,6c^2$ **h)** $2\frac{7}{10}u + \frac{1}{10}v + 5\frac{7}{24}w$ **k)** $-2,9r + 2,8s - 15,4t$
  c) $34u + 45v$ **f)** $66x$ **i)** $11,2a + 40,5b + 9,8c$ **l)** $\frac{5}{4}a + \frac{8}{3}b$

Seite 39

5. a) $-(4 + x)$; $-(a + b)$; $-(7y + 4)$ **d)** $-(3a + 2b)$; $-(4x - 5y)$; $-(-7r + s)$
  b) $-(a - b)$; $-(3 - x)$; $-(6z - 2)$ **e)** $-(-4a - 5b + 6z)$; $-(-x + 3,4 - y)$; $-(\frac{2}{3}u - \frac{1}{5}v + \frac{5}{6}w)$
  c) $-(-x + a)$; $-(-r + s)$; $-(-8a + 5)$

7.6 Auflösen von zwei Klammern in einem Produkt

1. a) $ac - ad + bc - bd$; $ac - ad - bc + bd$; $xy + xz + y^2 + yz$; $xy - xz + y^2 - yz$; $xy - xz - y^2 + yz$
  b) $ab + 8a + 3b + 24$; $bc - 3b + 5c - 15$; $xy - 4x - 8y + 32$; $4y - yz - 28 + 7z$; $-11a + ab - 66 + 6b$
  c) $12ab + 24a - 8b - 16$; $28xz + 28x - 35z - 35$; $99u - 55uv + 54 - 30v$; $45yz - 9y - 20z + 4$; $-2ab - 26a + 10b + 130$
  d) $20ac + 35ad + 12bc + 21bd$; $72ux - 48uy + 48vx - 32vy$; $15ru + 20rv - 6su - 8sv$; $15ac - 18ad - 20bc + 24bd$;
      $-8ax - 28ay - 12bx - 42by$

2. a) $a^2 + a - 20$; $z^2 + z - 42$; $x^2 - 17x + 72$; $70 + 3b - b^2$; $2x - 1 - x^2$

b) $a^2 + 4ab + 3b^2$; $3x^2 + 14xy + 8y^2$; $12u^2 - 21uv - 45v^2$; $28a^2 - 54ab + 18b^2$; $x^2 + xy - 2y^2$

c) $43yz + 12y^2 + 35z^2$; $36a^2 + 33ab - 15b^2$; $24r^2 - 10rs - 21s^2$; $136uv - 96u^2 - 44v^2$; $\frac{5}{8}x^2 - \frac{3}{2}xy - \frac{9}{8}y^2$

d) $40a^4 - 73a^2b - 33b^2$; $42x^4 - 110x^2y + 72y^2$; $45u^4 + 37u^2v^2 - 56v^4$; $105r^4 + 107r^2s^2 + 22s^4$; $\frac{73}{120}a^2b^2 - \frac{5}{9}a^4 - \frac{3}{20}b^4$

e) $35x^3 + 56x^2y^2 - 20xy - 32y^3$; $36r^3 - 24r^2s + 18rs^2 - 12s^3$; $43a^2b^2 - 12a^4 - 35b^4$; $96u^4 - 44u^2v^2 - 65v^4$; $0{,}21z^3 - 0{,}36yz - 0{,}84y^2z^2 + 1{,}44y^3$

3. a) $a^3 + b^3$; $a^3 - 2a^2b + 2ab^2 - b^3$; $10a^2 + 3ab + 2a - 18b^2 + 3b$; $27x^2 + 12xy - 9xz - 4y^2 - 6yz$

b) $35a^2 - 4ac - 42ab + 30bc - 15c^2$; $200u^2 - 230uv + 65v^2 + 160u - 104v$; $2a^3 + 11a^2 + 8a - 6$; $8x^4 - 24x^3 - 38x^2 + 30x + 35$

c) $30a^2 + 21ab - 36b^2 - 75ac + 60bc$; $18x^4 - 27x^3 - 62x^2 + 63x$; $10y^4 + y^3 - 41y^2 + 28y$; $8 + 6b - 19b^2 - 15b^3$

Seite 40   **4. a)** $45a^2 - 16ab - 18b^2$ **c)** $20u^2 + 88uv$ **e)** $32a^2 + 21ac - 61c^2$ **g)** $39st + 2s^2 - 61t^2$

b) $-79x^2 - 245xy - 182y^2$ **d)** $-75rs + 41s^2 - 116r^2$ **f)** $-4y^2 - 45yz + 36z^2$ **h)** $-6u^3 + 44u^2v - 27uv^2 - 24v^3$

5. a) $(7x - 3y)(5 + 3a)$; $(u - 3)(6a - 4b)$; $(x - 2)(2x + x^2)$; $(2a + 3b)(3c - 4d)$

b) $(2a + b)(a - 3ab)$; $(x - y)(12x^2 - 2x)$; $(-2b + c)(a^2 + 3b^2)$; $(3u - 5v)(3t + 7t^2)$

c) $(a - 4)(7 - a)$; $(x + y)^2(x + y - 1)$; $(x - y)(x^2 - y^2)$; $(a - b)(5ac^2 - 5bc^2 + 1)$

6. a) $(a + b)(3 + x)$ **c)** $(y - 4)(5 - 2x)$ **e)** $(2u - 3v)(u^2 - 3v)$

b) $(3a + 1)(3b + 2)$ **d)** $(2a - 3b)(a^2 + 3b)$ **f)** $(2r + s)(4r - 3s)$

7.7 Anwendungen der binomischen Formeln

1. a) $x^2 + 2xy + y^2$; $x^2 - 2xy + y^2$; $x^2 - y^2$ **c)** $e^2 + 2ef + f^2$; $e^2 - 2ef + f^2$; $e^2 - f^2$

b) $c^2 + 2cd + d^2$; $c^2 - 2cd + d^2$; $c^2 - d^2$ **d)** $r^2 + 2rs + s^2$; $r^2 - 2rs + s^2$; $r^2 - s^2$

2. a) $b^2 + 14b + 49$; $u^2 - 4u + 4$; $r^2 - 9$; $z^2 - z + \frac{1}{4}$ **b)** $36 + 12y + y^2$; $16 - 8d + d^2$; $49 - c^2$; $\frac{9}{16} - \frac{3}{2}a + a^2$

3. a) $9a^2 + 6ab + b^2$; $49x^2 - 14xy + y^2$; $25r^2 - 36$; $\frac{1}{4}r^2 - \frac{3}{4}r + \frac{9}{9}$

b) $25a^2 + 60ab + 36b^2$; $81y^2 - 126yz + 49z^2$; $49a^2 + 112ab + 64b^2$; $\frac{1}{9}x^2 + \frac{2}{15}xy + \frac{1}{25}y^2$

c) $49 - 70a + 25a^2$; $144 + 72x + 9x^2$; $81 - 4z^2$; $\frac{4}{9} - 2y + \frac{9}{4}y^2$

d) $25r^2 - 40rs + 16s^2$; $49v^2 - 100u^2$; $16r^2 - 9s^2$; $0{,}09u^2 - 0{,}16v^2$

e) $121x^2 - 144y^2$; $49r^2 - 42rs + 9s^2$; $16a^2 + 4ab + \frac{1}{4}b^2$; $1{,}44c^2 - 3{,}6cd + 2{,}25d^2$

Seite 41   **4. a)** $16 - 8x + x^2$; $a^2 - 14a + 49$; $9 + 6z + z^2$; $25 - 10a + a^2$

b) $9x^2 - 12xy + 4y^2$; $16a^2 + 40ab + 25b^2$; $49r^2 - 42rs + 9s^2$; $25c^2 - 60cd + 36d^2$

c) $36u^2 + 36uv + 9v^2$; $16z^2 - 16yz + 4y^2$; $81a^2 + 144ab + 64b^2$; $25c^2 + 60cd + 36d^2$

5. a) $a^2 + 2ab + b^2 - c^2$; $a^2 - 2ab + b^2 - c^2$; $u^2 - v^2 - 2vw - w^2$; $x^2 - y^2 + 2yz - z^2$; $a^2 + b^2 - 2bc + c^2$; $r^2 + s^2 + 2st + t^2$

b) $9a^2 + x^2 - 6xy + 9y^2$; $1 + r^2 + 4rs + 4s^2$; $7x^2 - a^2 + 10ab - 25b^2$; $3 - u^2 - 14uv - 49v^2$; $4u + 4a^2 - 12ab + 9b^2$; $6y - x^2 + 8xz - 16z^2$

c) $a^2 - 2ab + b^2 + c^2 + 2cd + d^2$; $a^2 + 2ab + b^2 + c^2 - 2cd + d^2$; $a^2 - 2ab + b^2 - c^2 - 2cd - d^2$; $a^2 + 2ab + b^2 - c^2 + 2cd - d^2$; $a^2 - 2ab + b^2 - c^2 + 2cd - d^2$; $a^2 - 2ab + b^2 + c^2 - 2cd + d^2$

d) $9a^2 - 12ab + 4b^2 - 49c^2 - 70cd - 25d^2$; $36x^2 + 60xy + 25y^2 + 16r^2 - 64rs + 64s^2$; $36r^2 - 84rs + 49s^2 + a^2 - 4ab + 4b^2$; $81a^2 + 144ab + 64b^2 - 121x^2 - 264xy - 144y^2$; $25x^2 - 40xy + 16y^2 - 36a^2 + 84ab - 49b^2$; $49c^2 + 84cd + 36d^2 + 64a^2 - 144ab + 81b^2$

6. a) $8a + 8$; $29x^2 - 26xy + 10y^2$; $5r^2 - 4rs - 9s^2$; $41a^2 + 116ab + 85b^2$

b) $-56r^2 + 886rs - 279s^2$; $89a^2 + 48ab + 9b^2 - 4$; $74x^2 - 90xy + 45y^2$; $313u^2 - 622uv + 317v^2$

c) $77x^2 - 126xy + 58y^2$; $153u^2 - 48uv + 39v^2$; $202a^2 - 408ab + 208b^2$; $-175x^2 + 390xy - 200y^2$

d) $116a^2 + 196ab + 114b^2$; $194x^2 - 225y^2$; $-385r^2 + 1218rs - 513s^2$; $229c^2 - 758cd + 231d^2$

7. a) $(r + s)(r - s)$ **b)** $(b + 3)(b - 3)$ **c)** $(0{,}6 + a)(0{,}6 - a)$ **d)** $(a + 2b)(a - 2b)$ **e)** $(9x + 8y)(9x - 8y)$

     $(u + v)(u - v)$ $(d + 1)(d - 1)$ $(x + 1{,}2)(x - 1{,}2)$ $(3x + v)(3x - v)$ $(15a + 13b)(15a - 13b)$

     $(c + d)(c - d)$ $(1 + a)(1 - a)$ $(r + \frac{9}{5})(r - \frac{9}{5})$ $(z + 4x)(z - 4x)$ $(5r + 4s)(5r - 4s)$

     $(y + z)(y - z)$ $(9 + x)(9 - x)$ $(\frac{3}{4} + c)(\frac{3}{4} - c)$ $(u + \frac{2}{3}w)(u - \frac{2}{3}w)$ $(0{,}3u + 0{,}7v)(0{,}3u - 0{,}7v)$

     $(b + a)(b - a)$ $(6 + y)(6 - y)$ $(0{,}9 + z)(0{,}9 - z)$ $(y + \frac{5}{6}x)(y - \frac{5}{6}x)$ $(12c + 11d)(12c - 11d)$

8. a) $(u + v)^2$; $(c - d)^2$; $(a + 8)^2$; $(z - 12)^2$; $(y - 7)^2$; $(6 - b)^2$; $(5 + u)^2$; $(r - 9)^2$; $(3 + x)^2$

b) $(x + 5)^2$; $(r - 4)^2$; $(z + 3)^2$; $(y - 7)^2$; $(a + 6)^2$; $(9 - z)^2$; $(\frac{2}{3} + c)^2$; $(c - 7)^2$; $(2 + d)^2$

c) $(3a + b)^2$; $(8y - z)^2$; $(x + 4z)^2$; $(r - 8s)^2$; $(2z - y)^2$; $(6r + s)^2$; $(a - 5b)^2$; $(c + 3d)^2$; $(7y - x)^2$

d) $(6a - 4b)^2$; $(4r + 3s)^2$; $(7x - 5y)^2$; $(9x - 8y)^2$; $(2a + 10b)^2$; $(6r + 3s)^2$; $(0{,}4a + 0{,}6b)^2$; $(5c + 8d)^2$; $(12z - 15y)^2$

Seite 42

8 Lösen linearer Gleichungen und Ungleichungen

8.1 Umformungsregeln für Gleichungen

1. a) Additionsregel   **b)** Subtraktionsregel   **c)** Divisionsregel   **d)** Multiplikationsregel

2.

x	$2 \cdot x = 6$	w/f	$2 \cdot x + 1 = 6 + 1$	w/f	$2 \cdot x - 3 = 6 - 3$	w/f	$8 \cdot x = 24$	w/f
0	$2 \cdot 0 = 6$	f	$2 \cdot 0 + 1 = 6 + 1$	f	$2 \cdot 0 - 3 = 6 - 3$	f	$8 \cdot 0 = 24$	f
1	$2 \cdot 1 = 6$	f	$2 \cdot 1 + 1 = 6 + 1$	f	$2 \cdot 1 - 3 = 6 - 3$	f	$8 \cdot 1 = 24$	f
2	$2 \cdot 2 = 6$	f	$2 \cdot 2 + 1 = 6 + 1$	f	$2 \cdot 2 - 3 = 6 - 3$	f	$8 \cdot 2 = 24$	f
3	$2 \cdot 3 = 6$	w	$2 \cdot 3 + 1 = 6 + 1$	w	$2 \cdot 3 - 3 = 6 - 3$	w	$8 \cdot 3 = 24$	w
4	$2 \cdot 4 = 6$	f	$2 \cdot 4 + 1 = 6 + 1$	f	$2 \cdot 4 - 3 = 6 - 3$	f	$8 \cdot 4 = 24$	f

8.2 Lineare Gleichungen ohne Klammer

1. a) 3; 0; −16; 0,7; $\frac{1}{4}$; $-\frac{1}{2}$ **b)** 24; −12; 0; $8\frac{1}{4}$; 58,2; $1\frac{1}{6}$

Seite 43

2. a) 12; −8; −7; 8; 9   **b)** 18; −35; −21; 48; $\frac{7}{2}$ **c)** 26; 39; −11; $\frac{3}{2}$; 8   **d)** −5; $\frac{6}{5}$; 6; 2,3; $-\frac{5}{6}$

3. a) 3   **c)** 4   **e)** 6   **g)** −6   **i)** 7   **k)** 3   **m)** 12   **o)** −2   **q)** 9   **s)** $\frac{1}{2}$ **u)** $-\frac{2}{3}$ **w)** $\frac{4}{5}$
    b) 2   **d)** 0   **f)** −5   **h)** 10   **j)** 8   **l)** −35   **n)** 0   **p)** 1   **r)** −1   **t)** $\frac{3}{4}$ **v)** $-\frac{1}{3}$ **x)** $\frac{5}{6}$

4. a) 4   **b)** 15   **c)** 11   **d)** 1   **e)** 3   **f)** 6   **g)** $6\frac{1}{4}$ **h)** 1,7

5. a) 5   **c)** 5   **e)** 8   **g)** 3   **i)** −3   **k)** 8   **m)** 5   **o)** 1
    b) 4   **d)** 9   **f)** 5   **h)** 3   **j)** 7   **l)** 5   **n)** 20

8.3 Lineare Gleichungen mit Klammern

1. a) 1   **c)** 3   **e)** 5   **g)** −6   **i)** −2   **k)** $\mathbb{R}$ **m)** $-\frac{14}{41}$ **o)** $-\frac{1}{3}$ **q)** $\frac{16}{5}$ **s)** 28   **u)** $\frac{3}{5}$
    b) 4   **d)** 9   **f)** 6   **h)** −1   **j)** −4   **l)** 1   **n)** $\frac{1}{2}$ **p)** $-\frac{17}{13}$ **r)** −6   **t)** $-\frac{1}{4}$ **v)** $-\frac{1}{10}$

Seite 44

2. a) 3   **d)** −40   **g)** 48   **j)** $\mathbb{R}$ **m)** −6   **p)** 10   **s)** −1   **v)** $\frac{85}{8}$
    b) −1   **e)** −2   **h)** 15   **k)** 40   **n)** 28   **q)** −2   **t)** $\frac{59}{13}$ **w)** $-\frac{67}{11}$
    c) −8   **f)** −5   **i)** −12   **l)** $\emptyset$ **o)** $\emptyset$ **r)** −30   **u)** $-\frac{7}{59}$

3. a) 14   **b)** 3   **c)** 8   **d)** $\frac{5}{3}$ **e)** 5   **f)** $-\frac{1}{6}$ **g)** 4   **h)** $\frac{1}{4}$ **i)** 1

4. a) 5   **b)** −4   **c)** −1   **d)** 3   **e)** −2   **f)** 10   **g)** −1   **h)** 117   **i)** −75

5. a) 4   **b)** 5   **c)** $\frac{3}{2}$ **d)** 4   **e)** 5   **f)** 2   **g)** −3   **h)** 3

6. a) −2   **b)** 2   **c)** 6   **d)** −2   **e)** −2   **f)** 1   **g)** −7   **h)** 1

Seite 45

8.4 Lineare Ungleichungen

1. a) $x > 4$; $x < 3$; $x < -4$; $a > -3$ **c)** $x < 6$; $x > 12$; $x < -7$; $y > -8$ **e)** $x > -12$; $x < -20$; $x > 7$;
    b) $x < 10$; $x > 18$; $x > -2$; $z < 2$ **d)** $x > 30$; $x > -44$; $x < 39$; $c < -72$ $r < 48$

2. a) $x > 6$ **c)** $x > 3$ **e)** $x < 5$ **g)** $x > 3$ **i)** $x < -1$ **k)** $x > 4$ **m)** $z > -7$ **o)** $x > 3$
    b) $x < 4$ **d)** $x > 1\frac{11}{12}$ **f)** $x > 4$ **h)** $x > -4$ **j)** $x < \frac{2}{3}$ **l)** $y < -4$ **n)** $a > \frac{3}{4}$

3. a) $x < 3$ **c)** $x > 20$ **e)** $x < 11$ **g)** $x < 2$ **i)** $y > 11$ **k)** $z < -2\frac{1}{6}$
    b) $x < 4$ **d)** $x > 2$ **f)** $x > -2$ **h)** $z < 1$ **j)** $x > 3\frac{2}{3}$ **l)** $y > \frac{3}{5}$

4. a) $x < 2$ **b)** $x < -45$ **c)** $x < 3$ **d)** $x > -3$ **e)** $x > 73$ **f)** $\emptyset$

5. a) $x < -6$ **b)** $x < 6$ **c)** $x > -11$ **d)** $x < \frac{1}{4}$ **e)** $x < 10$ **f)** $x > 2$

9 Umformen gebrochenrationaler Terme (Bruchterme)

Seite 46

9.1 Bruchterme

1. a) $\dfrac{a}{7} \cdot \dfrac{b}{4}$ **b)** $\dfrac{a + 3}{b - 4}$ **c)** $\dfrac{\frac{x}{3}}{\frac{y}{5}}$

2. a) $x : 8 + y : 7$ **b)** $(5x + 5y) : (7x - 7y)$ **c)** $(x^2 + y^2) : 7$ **d)** $(a + b) : (x - y)$

3. a) $a \neq -5$ **c)** $x \neq -y$ **e)** $x \neq 0$, $x \neq y$ **g)** $x \neq -y$ **i)** $z \neq 5$, $z \neq -5$
    b) $y \neq 2$ **d)** $x \neq y$ **f)** $r \neq s$ **h)** $a \neq b$, $a \neq -b$ **j)** $a \neq 0$, $a \neq b$

9.2 Kürzen und Erweitern von Bruchtermen

1. a) $\dfrac{5x}{5y}$ **b)** $\dfrac{xy}{y^2}$ **c)** $\dfrac{-x^2}{-xy}$ **d)** $\dfrac{2x^2}{2xy}$ **e)** $\dfrac{xy^2}{y^3}$ **f)** $\dfrac{2x^2y}{2xy^2}$ **g)** $\dfrac{x(x+y)}{y(x+y)} = \dfrac{x^2+xy}{y^2+xy}$

Seite 47

2. a) $\dfrac{18a}{42b}$ **b)** $\dfrac{-15a}{-35b}$ **c)** $\dfrac{3ab}{7b^2}$ **d)** $\dfrac{60a^2}{140ab}$ **e)** $\dfrac{12ab^2}{28b^3}$ **f)** $\dfrac{18a^3b}{42a^2b^2}$

3. a) $\dfrac{49r+28s}{35r-21s}$ **b)** $\dfrac{28r^2+16rs}{20r^2-12rs}$ **c)** $\dfrac{63rs+36s^2}{45rs-27s^2}$ **d)** $\dfrac{14r^2+rs-4s^2}{10r^2-11rs+3s^2}$ **e)** $\dfrac{21r^2+40rs+16s^2}{15r^2+11rs-12s^2}$

4. a) $\dfrac{3a}{3b}$ **b)** $\dfrac{7ab}{7b^2}$ **c)** $\dfrac{9a^3}{9a^2b}$ **d)** $\dfrac{3a(a-b)}{3b(a-b)}$ **e)** $\dfrac{5ab(2a-7b)}{5b^2(2a-7b)}$

5. a) $\dfrac{12x}{28y}$ **b)** $\dfrac{15x}{35y}$ **c)** $\dfrac{3xy}{7y^2}$ **d)** $\dfrac{12x^3}{28x^2y}$ **e)** $\dfrac{21x^3y}{49x^2y^2}$

6. a) $\dfrac{18x-21y}{9x-6y}$ **b)** $\dfrac{a(6x-7y)}{a(3x-2y)}$ **c)** $\dfrac{x^2(6x-7y)}{x^2(3x-2y)}$

7. a) $\dfrac{27(x+y)^2}{27x^2-27y^2}$ **b)** $\dfrac{27(x-y)^2}{27x^2-27y^2}$ **c)** $\dfrac{36xy}{27x^2-27y^2}$ **d)** $\dfrac{15y^2}{27x^2-27y^2}$ **e)** $\dfrac{63x^3(x-y)}{27x^2-27y^2}$

8. a) $\dfrac{15x}{5a}$; $\dfrac{7a^2}{5a}$ **b)** $\dfrac{35y}{10z}$; $\dfrac{18x}{10z}$ **c)** $\dfrac{15x}{24r^2}$; $\dfrac{22y}{24r^2}$ **d)** $\dfrac{13x}{2x^2y^2}$; $\dfrac{5y}{2x^2y^2}$ **e)** $\dfrac{10bx}{45a^2b^2}$; $\dfrac{12ay}{45a^2b^2}$

9. a) $\dfrac{2x}{3y}$ **b)** $\dfrac{11}{3}$ **c)** 6 **d)** -3 **e)** $\dfrac{3}{4b}$ **f)** $-\dfrac{2s}{3t}$ **g)** $\dfrac{5a}{2}$ **h)** $\dfrac{-4y}{3}$ **i)** $\dfrac{1}{2z}$ **j)** $\dfrac{2ab}{5}$ **k)** $\dfrac{5r}{2s}$ **l)** $\dfrac{3xz}{5y}$

10. a) $\dfrac{a-b}{3(r+s)}$ **b)** $\dfrac{3}{5}$ **c)** $\dfrac{6}{7}$ **d)** $-\dfrac{4}{5}$ **e)** $\dfrac{2(x+y)}{3}$ **f)** $\dfrac{2(b-a)}{3}$ **g)** $\dfrac{3}{7}$ **h)** $9a$ **i)** 1 **j)** $\dfrac{2r}{5xa}$

11. a) $\dfrac{a-b}{3}$ **d)** $\dfrac{4c+5d}{3}$ **g)** $\dfrac{3s-4t}{5}$ **j)** $\dfrac{b-a}{5}$ **m)** $4r$ **p)** $\dfrac{1}{4}$ **s)** $\dfrac{1}{4}$ **v)** $\dfrac{4a}{3}$ **y)** $\dfrac{7r}{6s}$

b) $\dfrac{4}{x+y}$ **e)** $\dfrac{4b+7c}{3}$ **h)** $\dfrac{3}{8b^2-5}$ **k)** yz **n)** $\dfrac{1}{7a}$ **q)** 3 **t)** $\dfrac{1}{3}$ **w)** $-\dfrac{8}{9}$ **z)** $\dfrac{5x}{7y}$

c) $\dfrac{3}{2r-s}$ **f)** $\dfrac{9y-7z}{10}$ **i)** $\dfrac{2}{x+y}$ **l)** a **o)** $\dfrac{z+1}{z-1}$ **r)** $\dfrac{z}{y}$ **u)** $\dfrac{12}{5}$ **x)** $\dfrac{b}{a}$

Seite 48

12. a) $\dfrac{1}{a+3}$ **b)** $x-5$ **c)** $\dfrac{z-4}{2}$ **d)** $\dfrac{b+6}{b-6}$ **e)** $\dfrac{a+b}{a-b}$ **f)** $-(x+y)$ **g)** $\dfrac{z}{y-5}$ **h)** 1 **i)** $\dfrac{a-1}{3}$ **j)** $5(x+y)$

9.3 Addition und Subtraktion von Bruchtermen

1. a) $\dfrac{11x}{9}$; $\dfrac{29a}{11}$; $\dfrac{34z}{7}$; $\dfrac{4r^2}{3}$; $-\dfrac{10x^3}{21}$ **b)** $-\dfrac{9}{x}$; $\dfrac{16}{a^2}$; $\dfrac{11}{z}$; $\dfrac{18}{xy}$; $-\dfrac{4}{x^3}$ **c)** $\dfrac{9b}{5a}$; $-\dfrac{3y^2}{4z}$; $-\dfrac{7s}{r}$ **d)** $\dfrac{x}{y}$; $-\dfrac{5y}{7a^2}$; $\dfrac{2z^2}{c^2}$

2. a) $\dfrac{x}{2}$; $\dfrac{2b}{3}$; $-\dfrac{15}{2}$; $-r+s$; $\dfrac{3a+b}{7}$ **c)** $\dfrac{a+4b}{4x}$; $\dfrac{3x+7y}{9rs}$; $\dfrac{y+6z}{13a}$; $\dfrac{x}{3z^2}$; $\dfrac{6r+s}{ab}$

b) $\dfrac{19a-b}{3}$; $r+s$; $\dfrac{10}{11}$; $\dfrac{x^2+3y^2}{15}$; $\dfrac{-a^2-4a+1}{5}$

3. a) $\dfrac{48}{x+y}$; $-\dfrac{6}{a-b}$; **b)** $\dfrac{5x-4}{z-5}$; $\dfrac{11a+2b}{a+b}$

Seite 49

4. a) $\dfrac{18}{3r-s}$; $\dfrac{7}{3a+2b}$; **b)** $\dfrac{x^2+5z}{a^2-b^2}$; $\dfrac{7s-3r}{5x-7y}$ **c)** $\dfrac{2a+21b}{x^2-y^2}$; $r-1$

5. a) $\dfrac{5x-3y}{15}$; $\dfrac{2a+7b}{14}$; $\dfrac{18x+32y-15z}{24}$; $\dfrac{12r-10s+7t}{36}$ **c)** $\dfrac{20x^2z+45y^2z+24yz^2}{30xyz}$; $\dfrac{12xa-32yb+63zc}{72abc}$

b) $\dfrac{7y+5x}{xy}$; $\dfrac{3b^2-2a^2}{a^2b^2}$; $\dfrac{6yz-8xz+9xy}{xyz}$; $\dfrac{24bc-45ac+80ab}{60abc}$ **d)** $\dfrac{8a+4bx-cx}{8x^2}$; $\dfrac{81r-48sy-14ty^2}{18y^3}$

6. a) $\dfrac{5x-3y+8}{6}$; $\dfrac{30a-31b}{12}$; $\dfrac{18r-11s}{48}$; $\dfrac{29-10y}{24}$

b) $\dfrac{2a^2+3a+2ab+b}{ab}$; $\dfrac{2y^2+8xy-4x^2}{xy}$; $\dfrac{b^2+14ab-7a^2}{ab}$; $\dfrac{x^2(7y-8z)+y^2(9z-6x)-z^2(4y+5x)}{xyz}$

c) $\dfrac{-9c^2+bc-5b^2}{75bc}$; $\dfrac{15by(a-x)+4ax(b+y)}{36abxy}$; $\dfrac{x^2(15y+16z)-3y^2(7x+6z)+12z^2(x-y)}{12xyz}$; $\dfrac{r(30a^2-21a-44)-s(36a^2+27a+32)}{24a^3}$

7. a) $\dfrac{5x+y}{x^2-y^2}$; $\dfrac{r-19}{r^2-2r-35}$ **b)** $\dfrac{15xy+15y+20z}{9y^2+12yz}$; $\dfrac{c^2+85c}{c^2-25}$ **c)** $\dfrac{13x+18y}{6(a-b)}$; $\dfrac{7r^2-24s^2}{12r^2+11rs-5s^2}$

8. a) $\dfrac{a^2 + 4a + 5}{a^3 + 6a^2 + 11a + 6}$; $\dfrac{4x - 2y - 2}{x^2 - y^2}$

c) $\dfrac{6a^3 + a^2(14 - b) + a(2b - 4) + 7b}{a^3 + 3a^2 - a - 3}$; $\dfrac{3}{z^2 + 7z + 12}$

b) $\dfrac{-2a(x + xy + 4y)}{x^2 - y^2}$; $\dfrac{2r(2r^2 + 5r - 3)}{r^3 + 7r^2 + 14r + 8}$

9. a) $\dfrac{3x + y + z}{3}$; $\dfrac{ax - b + c}{x}$; $\dfrac{113a}{7}$; $-\dfrac{7y}{5}$

b) $\dfrac{a^2 + 6ab + b^2}{4ab}$; $\dfrac{2y^2}{x - y}$; $\dfrac{rs + 2s^2}{r - s}$; $\dfrac{2a^2 - ab}{a + b}$

c) $\dfrac{11a + 4b}{3a + 2b}$; $-\dfrac{3x^2 - 2xy - y^2}{4x}$

Seite 50

9.4 Multiplikation von Bruchtermen

1. a) $\dfrac{6}{7x}$; $\dfrac{10}{xy}$; $\dfrac{8a}{7c}$; $\dfrac{y^2}{x^2}$; $-\dfrac{ax}{by}$; $-\dfrac{ry}{sz}$

c) $-\dfrac{ac}{df}$; $\dfrac{1}{42a^2b^2}$; $\dfrac{1}{10}$; $\dfrac{xyz}{3}$

b) $\dfrac{2}{3}$; $\dfrac{7ax}{15by}$; $\dfrac{15a^2}{44b^2}$; $\dfrac{4ax}{3br}$; $\dfrac{5az}{2y}$; $-\dfrac{2z}{3x}$

d) $\dfrac{4tu}{3r^2s^2}$; $\dfrac{a^3}{2x^3y^2}$; $\dfrac{ac^4}{b}$; $-\dfrac{y}{2zx}$

2. a) $\dfrac{a^2}{16}$; $\dfrac{9}{x^2}$; $\dfrac{c^2}{25}$

c) $\dfrac{16x^2y^2}{81a^2}$; $\dfrac{36x^2y^2}{49a^2b^2}$; $\dfrac{16r^2s^2}{81y^2z^2}$

e) $\dfrac{64c^2d^2}{9u^2v^2}$

b) $\dfrac{9a^2}{b^2}$; $\dfrac{x^2}{25z^2}$; $\dfrac{4r^2}{49s^2}$

d) $\dfrac{25a^2b^2}{49r^2s^2}$; $\dfrac{49x^2y^2}{9r^2s^2}$; $\dfrac{25a^2z^2}{4b^2x^2}$

3. a) $\dfrac{3}{5}$; $\dfrac{6x}{7y^2}$; $\dfrac{7(x - y)}{5b}$; $\dfrac{a}{a + b}$

b) $\dfrac{21d}{5c}$; $-\dfrac{9cd}{ab}$; $\dfrac{3}{2(x + y)}$; $\dfrac{a(a - 3)}{a - b}$

c) $\dfrac{5}{9}$; $\dfrac{1 + a}{x + y}$

d) $\dfrac{x - 3}{x + 2}$; $\dfrac{(7r + 1)(a + b)}{a - b}$

4. a) $\dfrac{35}{a^2}$; $\dfrac{18x}{11}$; $\dfrac{8a}{3b}$

c) $7a(x + y)$; $9(a^2 - b^2)$; $\dfrac{y^2z}{x - 3}$

b) $20az$; $-\dfrac{3xz}{4y}$; $-\dfrac{96ab}{11}$

d) $(2x + 3y)^2$; $\dfrac{2ab}{5(a - b)}$; $24(5y + 2z)^2$

Seite 51

5. a) $15ax - 21y - 6\frac{2}{3}a^2z$; $20yz + 36xz + 42xy$

c) $2x^2 + 5xy + 3y^2$; $\dfrac{3rs - 5t}{5r - 4s}$

b) $5x^2z - 3xy^2 - 2{,}5xz^2$; $2a^2 - ab - 3b^2$

d) $\frac{15}{2} - \frac{8}{5}x + \dfrac{20x^2}{y^2}$; $\dfrac{4z}{7} - \dfrac{39bz}{35a} - \dfrac{32cy}{5a}$

6. a) $\dfrac{xy - 8x^2 + 9y^2}{3xy}$; $\dfrac{ab - 3a^2 + 2b^2}{6ab}$; $\dfrac{27a^3 + 36a^2b - 48ab^2 - 64b^3}{144ab}$

b) $\dfrac{12a^2 - 9a^3 + 56a - 64}{8a^2}$; $\dfrac{4z^3y^2 + 54z^2y^2 - 54z^2y - 729zy - 90z - 1215}{27y^3z}$; $\dfrac{a^5 - a^4z + 2a^3z^2 - 2a^2z^3 + az^4 - z^5}{z^2a^3}$

c) $\dfrac{b^2 + 2ab + a^2}{a^2b^2}$; $\dfrac{25a^2 - 30ab + 9b^2}{225}$; $\dfrac{64b^2x^2 - 240abxy + 225a^2y^2}{144y^2b^2}$

9.5 Division von Bruchtermen

1. a) $\dfrac{5x}{6}$; $\dfrac{14}{3y}$; $\dfrac{3s}{5r}$; $\dfrac{2a}{xy}$

b) $\dfrac{4a}{bc}$; $\dfrac{22bx}{15ay}$; $\dfrac{3}{2}$; $\dfrac{7a}{10s}$

c) $\dfrac{a}{b}$; $\dfrac{8x}{15y}$; $\dfrac{10ab}{3xy}$; $\dfrac{21r^3s^3}{4x^2y^5}$

d) $\dfrac{2}{x + y}$; $\dfrac{3c}{5d(a - b)}$

2. a) $\dfrac{7b}{a}$; $\dfrac{27}{2z}$; $\dfrac{44s}{3r}$; $\dfrac{15y}{x}$

b) $\dfrac{7x}{3}$; $\dfrac{xy}{4}$; $\dfrac{ac}{b}$; $2s$

c) $39a$; $3y$; $\dfrac{20y}{3}$; $21s$

d) $\dfrac{a^3}{2}$; ts; $15x^2y^2z^2$; $15xy$

3. a) $\dfrac{(x - y)^2(x + y)}{7}$

b) $\dfrac{3c}{a - b}$

c) $\dfrac{(r + s)(r^2 + s^2)}{r - s}$

Seite 52

4. a) $\dfrac{2a}{11b}$; $\dfrac{3x}{14y}$; $\dfrac{z^2}{10x}$; $\dfrac{5r}{28s^3}$

b) $\dfrac{7x}{5y}$; $\dfrac{3ab}{5c}$; $\dfrac{5rs^2}{7t}$; $\dfrac{x^2}{z}$

c) $\dfrac{x}{3y}$; $\dfrac{3y}{11az}$; $\dfrac{11a}{21}$; $\dfrac{3y}{8z}$

d) $\dfrac{4a}{27c}$; $\dfrac{4rs}{39}$; $\dfrac{5x^2y^2}{21z^2}$; $\dfrac{3y^3z^2}{10x^2}$

5. a) $\dfrac{5x}{4}$

b) $\dfrac{2(a + b)}{d}$

c) $\dfrac{2}{z(x - y)}$

6. a) $\dfrac{yz}{x}$

b) $\dfrac{adf}{bce}$

c) $\dfrac{ade}{bcf}$

d) a^4

e) $\dfrac{24}{5}$

f) $\dfrac{4x^2y^2}{7z^6}$

g) $\dfrac{z}{a}$

h) $\dfrac{1}{6c}$

7. a) $\dfrac{2}{39x} - \dfrac{8c}{25yb} + \dfrac{5c}{17za}$

b) $\dfrac{46a}{z} + \dfrac{69a}{y} - \dfrac{115a}{x}$

c) $-\dfrac{3a^2}{4y} + \dfrac{4a}{3x}$

d) $\dfrac{3xy}{40a} - \dfrac{y}{2a} - \dfrac{9}{20}$

8. a) $\dfrac{2(x + y)}{(x - y)^2}$

b) $\dfrac{3a}{5c(a - b)}$

c) $\dfrac{2 - z}{x + 1}$

d) $-\dfrac{x}{3}$

e) $(a + 5)(a + 2)$

f) $\dfrac{r + 2s}{3x - 2}$

9. a) $\dfrac{6}{5}$

b) $\dfrac{x^2}{x + 1}$

c) $\dfrac{z}{z^2 + 1}$

d) $\dfrac{ac - b}{cd}$

e) $\dfrac{2(3x + 2)}{x}$

f) $\dfrac{y}{xy - x}$

g) $2(b + 1)$

h) $\dfrac{2(2a - c)}{d}$

10. a) $\dfrac{(x - 2y)^2}{18xy}$ **b)** $\dfrac{r + s}{x + s}$ **c)** $\dfrac{3(a + 1) - 2a^2(a + 2)}{6a^2(a - 1)}$ **d)** $\dfrac{3(x + y)}{x \cdot y}$

Seite 53

10 Bruchgleichungen und Bruchungleichungen

10.1 Lösen von Bruchgleichungen, die auf lineare Gleichungen führen

1. a) 84 **b)** 42 **c)** 24 **d)** -25 **e)** $\frac{7}{8}$ **f)** $-\frac{11}{5}$ **g)** 24 **h)** -14 **i)** 16 **j)** 113

2. a) 40 **c)** 6 **e)** 42 **g)** $\frac{1}{4}$ **i)** 20 **k)** -630 **m)** $2\frac{2}{3}$ **o)** 1
   b) 36 **d)** 24 **f)** -30 **h)** -3 **j)** 24 **l)** $86\frac{2}{3}$ **n)** $\frac{15}{4}$ **p)** $7\frac{1}{5}$

3. a) 20 **b)** 12 **c)** 24 **d)** 13 **e)** $1\frac{8}{9}$ **f)** $8\frac{1}{2}$ **g)** 162 **h)** 12 **i)** $-\frac{25}{33}$ **j)** 12 **k)** 5 **l)** 23

Seite 54

4. Die Variablen (x, z, y, u) seien ungleich Null.

   a) $\frac{1}{2}$ **b)** $\frac{3}{20}$ **c)** 20 **d)** 8 **e)** $\frac{3}{5}$ **f)** $\frac{1}{4}$ **g)** $\frac{1}{3}$ **h)** $\frac{22}{35}$ **i)** 3 **j)** $\frac{38}{21}$ **k)** -20 **l)** -8

5. a) $10(x \neq -2)$ **c)** $7(z \neq \frac{5}{7})$ **e)** $7(y \neq 0; -\frac{7}{5})$ **g)** $3(x \neq -1, -2)$ **i)** $1(y \neq -5, 5)$ **k)** $1(x \neq 0; \frac{5}{3})$
   b) $6\frac{3}{4}(x \neq 3)$ **d)** $2(x \neq -8; 0)$ **f)** $15(x \neq 0; 5\frac{10}{11})$ **h)** $7(x \neq -\frac{5}{3}, \frac{3}{5})$ **j)** $4(x \neq 0; 3)$ **l)** $6(x \neq 0; \frac{9}{4})$

6. a) $4(x \neq 0; 1; -2)$ **c)** $5(y \neq -1; 1; 2)$ **e)** $-5.5(z \neq -\frac{1}{2}; -\frac{1}{4}; \frac{1}{3})$
   b) $1\frac{1}{11}(x \neq 0; 1; 2)$ **d)** $\frac{5}{13}(x \neq 1; -1; 2)$ **f)** $7(x \neq -1.25; 1.5; 0.4)$

7. a) $7(x \neq 5; -7)$ **c)** $11(z \neq 3; 7)$ **e)** $-2(x \neq 2; -6)$ **g)** $5(x \neq 4; -4)$ **i)** $-2(x \neq 1.5; -1.5)$
   b) $133(x \neq 3; -7)$ **d)** $-5(x \neq -8; -10)$ **f)** $-1(y \neq 1; -3)$ **h)** $3(z \neq 2; -2)$

8. a) $(c - f) \cdot a$ **b)** $d + c$ **c)** $\dfrac{bf - ec}{af - cd}$ **d)** $\dfrac{be}{af + bd}$ **e)** $\dfrac{a + b + ab}{abc}$ **f)** $\dfrac{3b + 2c + abc}{bcd}$

Seite 55

10.2 Lösen von Bruchungleichungen

1. a) $L = \{x \mid x > 6{,}4\}$ **c)** $L = \{x \mid x < 1\frac{19}{43}\}$ **e)** $L = \{x \mid x < 4\frac{2}{11}\}$
   b) $L = \{x \mid x < 4\frac{5}{7}\}$ **d)** $L = \{x < -1\}$ **f)** $L = \{z \mid z > -3\}$

2. a) $L = \{x \mid 0 < x < \frac{1}{5}\}$ **c)** $L = \{z \mid z < 0\} \cup \{z \mid z > \frac{1}{2}\}$ **e)** $L = \{y \mid 0 < y < 3\}$ **g)** $L = \{z \mid z > \frac{22}{73}\} \cup \{z \mid z < 0\}$
   b) $L = \{x \mid -\frac{4}{3} < x < 0\}$ **d)** $L = \{x \mid x < -\frac{1}{5}\} \cup \{x \mid x > 0\}$ **f)** $L = \{x \mid 0 < x < \frac{1}{8}\}$ **h)** $L = \{x \mid x < 0\} \cup \{x \mid x > \frac{5}{42}\}$

3. a) $L = \{x \mid -3 < x < 2\}$ **d)** $L = \{x \mid x > 4\} \cup \{x \mid x < 1\}$ **g)** $L = \{x \mid x < -3\} \cup \{x \mid x > -1\frac{9}{14}\}$
   b) $L = \{x \mid -4 < x < 7\}$ **e)** $L = \{x \mid -12 < x < -2\}$ **h)** $L = \{x \mid x < -9\} \cup \{x \mid x > 3\}$
   c) $L = \{x \mid x > 2\} \cup \{x \mid x < -5\}$ **f)** $L = \{x \mid -2 < x < 1\}$

4. a) $L = \{x \mid 0 < x < 1\}$ **b)** $L = \{x \mid x > 0\} \cup \{x \mid x < -3\}$ **c)** $L = \{x \mid x > 3\} \cup \{x \mid x < \frac{4}{7}\}$ **d)** $L = \{x \mid x < 0\} \cup \{x \mid x > 9\}$

5. a) $L = \{x \mid x < -\frac{19}{2}\} \cup \{x \mid -2 < x < 1\}$ **c)** $L = \{y \mid y < \frac{1}{2}\} \cup \{y \mid \frac{8}{7} < y < 2\}$
   b) $L = \{x \mid x > \frac{49}{13}\} \cup \{x \mid -2 < x < 3\}$ **d)** $L = \{z \mid z < -\frac{2}{3}\} \cup \{z + \frac{2}{3} < z < 0\}$

6. a) $L = \{x \mid 0 < x < 1\}$ **c)** $L = \{x \mid x > \frac{4}{7}\} \cup \{x \mid x > 3\}$
   b) $L = \{x \mid x < -3\} \cup \{x \mid x > -1\frac{3}{5}\}$ **d)** $L = \{x \mid x < 0\} \cup \{x \mid x > 9\}$

Seite 56

11 Lineare Funktionen

2. a) $A_1(0 \mid -1)$ $[A_2(0{,}4 \mid 0)]$; nicht durch P, aber durch Q **c)** $A_1(0 \mid 3)$ $[A_2(2 \mid 0)]$; durch P, nicht durch Q
   b) $A_1(0 \mid 2)$ $[A_2(-\frac{20}{7} \mid 0)]$; weder durch P noch durch Q **d)** $A_1(0 \mid -1{,}5)$ $[A_2(-1 \mid 0)]$; weder durch P noch durch Q

Seite 57

3. – **4. a)** $y = 2x + 1$ **b)** $y = -x + 2$ **c)** $y = -2x - 2$ **d)** $y = 3x - 1$ **e)** $y = \frac{1}{2}x + 1$ **f)** $y = -\frac{3}{2}x + 1$

Seite 58

12 Systeme linearer Gleichungen

12.1 Lineare Gleichungen mit zwei Variablen

1. z. B. a) $(-\frac{1}{2}; 2)$, $(1; 1)$, $(\frac{5}{2}; 0)$, $(4; -1)$, $(\frac{11}{2}; -2)$ **f)** $(-16; -2)$, $(-8; -1)$, $(0; 0)$, $(8; 1)$, $(16; 2)$
   b) $(-2; \frac{1}{2})$, $(-1; 2)$, $(0; \frac{7}{2})$, $(1; 5)$, $(2; \frac{13}{2})$ **g)** $(2{,}6; -2)$, $(2{,}8; -1)$, $(3; 0)$, $(3{,}2; 1)$, $(3{,}4; 2)$,
   c) $(-1; -2)$, $(-0{,}2; -1)$, $(0{,}6; 0)$, $(1{,}4; 1)$, $(2{,}2; 2)$ **h)** $(-15; 2)$, $(-12; 1)$, $(-9; 0)$, $(-6; -1)$, $(-3; -2)$
   d) $(-5; 2)$, $(-3{,}5; 1)$, $(-2; 0)$, $(-0{,}5; -1)$, $(1; -2)$ **i)** $(5; -4)$, $(5; -2)$, $(5; 0)$, $(5; 2)$, $(5; 4)$
   e) $(-3; 2)$, $(-2; 1)$, $(-1; 0)$, $(0; -1)$, $(1; -2)$ **j)** $(-6; 2)$, $(-3; 2)$, $(0; 2)$, $(3; 2)$, $(6; 2)$

136

Seite 59 **12.2 Systeme von zwei linearen Gleichungen mit zwei Variablen**

1. a) $(1; 2)$ **d)** $(-4; -5)$ **g)** $\{\ \}$ **j)** $(3; 5)$ **m)** $(-3; 3)$ **o)** $(\frac{9}{14}; -\frac{19}{7})$
b) $(7; 1)$ **e)** $(3; 0)$ **h)** $\{(x; y) \mid y = \frac{1}{2}x - 5\}$ **k)** $(4; 2)$ **n)** $(2; 3)$ **p)** $(0,5; -1,3)$
c) $(3; -1)$ **f)** $(3; 2)$ **i)** $(4; -3)$ **l)** $(3; -2)$

Seite 60 **12.3 Verfahren zur Lösung linearer Gleichungssysteme**

1. a) $(5; 3)$ **b)** $(5; 7)$ **c)** $(-5; -4)$ **d)** $(1; 8)$ **e)** $(-3; -14)$ **f)** $(-6; -1)$ **g)** $(21; 10)$ **h)** $\{\ \}$

2. a) $(5; 4)$ **b)** $(-15; -5)$ **c)** $(3; -1)$ **d)** $(2; -1)$ **e)** $(3; -2)$ **f)** $(2; 2)$ **g)** $(6; -5)$ **h)** $(6; 0)$

Seite 61 **3. a)** $(5; 7)$ **e)** $(4; 13\frac{2}{3})$ **i)** $(10; 10)$ **m)** $(14; 16)$ **q)** $(-1; 1)$ **u)** $(12; 8)$
b) $(1; 3)$ **f)** $(71; 14)$ **j)** $(0,5; 0)$ **n)** $(7; 9)$ **r)** $(-2; -3)$ **v)** $(12; 4)$
c) $(9; 8)$ **g)** $(-8; -4)$ **k)** $(2\frac{1}{2}; -3\frac{1}{3})$ **o)** $(2; 1)$ **s)** $(-0,75; 0,5)$ **w)** $(7; 6)$
d) $(10; 8)$ **h)** $(10; 3)$ **l)** $(2; -3)$ **p)** $(8; 1)$ **t)** $(11; 10)$ **x)** $(8; 9)$

4. a) $(7; 8)$ **c)** $(4; 3)$ **e)** $(3; 3)$ **g)** $\{(x; y) \mid y = -\frac{1}{3}x + \frac{10}{3}\}$ **i)** $(3; 4)$ **k)** $(3; 2)$
b) $(6; 2)$ **d)** $(0; 1)$ **f)** $(3; -1)$ **h)** $(4; 3)$ **j)** $(1; 1)$ **l)** $(2; 1)$

5. a) $(2; 1)$ **b)** $(9; 6)$ **c)** $(2; 2)$ **d)** $(1; 3)$

Seite 62 **12.4 Systeme von drei linearen Gleichungen mit drei Variablen**

1. a) $(15; 12; 10)$ **c)** $(3; -2; 1)$ **e)** $(2; 2,5; -1,5)$ **g)** $(3\frac{1}{7}; 2\frac{1}{7}; 1\frac{1}{7})$ **i)** $(\frac{531}{433}; \frac{412}{433}; \frac{485}{433})$
b) $(14; -8; 3)$ **d)** $(3; 5; 7)$ **f)** $(7,25; 8,25; 9,25)$ **h)** $(\frac{34}{27}; \frac{52}{9}; -\frac{26}{27})$

Seite 63 **13 Quadratwurzeln – Rechnen mit Quadratwurzeln**

13.1 Quadratwurzelbegriff

1. a) 9   **c)** 5   **e)** 6   **g)** 25   **i)** 21   **k)** 18   **m)** 30   **o)** 70   **q)** 100
b) 10   **d)** 13   **f)** 7   **h)** 20   **j)** 24   **l)** 15   **n)** 50   **p)** 80   **r)** 1 000

2. a) $\frac{1}{2}$ **b)** $\frac{4}{5}$ **c)** $\frac{7}{10}$ **d)** $\frac{6}{9}$ **e)** $\frac{3}{8}$ **f)** $\frac{4}{5}$ **g)** 0,2   **h)** 0,5   **i)** 1,1   **j)** 1,4   **k)** 1,6   **l)** 0,1

3. a) 41; 13; 0,4; 3,8; 12,7; 101   **b)** 17; 3,8; 0,2; 103; 61; 17,6; 0,03; $\frac{17}{18}$

4. a) 5a   **b)** 9b   **c)** 7y   **d)** 12z   **e)** 0,3x   **f)** $\frac{1}{3}$r   **g)** ab   **h)** 4xy   **i)** x + y   **j)** 4(a − b)

5. a) x + y   **b)** a + 4   **c)** 2x + 3   **d)** 3b − 4c

Seite 64 **13.2 Multiplizieren und Dividieren von Quadratwurzeln**

1. a) 8   **b)** 12   **c)** 70   **d)** 5   **e)** 12   **f)** 0,9

2. a) 18   **b)** 108   **c)** 11   **d)** 10,4   **e)** 0,12   **f)** 3,57

3. a) 7   **b)** 9   **c)** 8   **d)** 11   **e)** 4   **f)** 8

4. a) $\frac{6}{7}$ **b)** $\frac{8}{3}$ **c)** $\frac{5}{11}$ **d)** $\frac{14}{15}$ **e)** $\frac{13}{20}$ **f)** $\frac{4}{5}$ **g)** $\frac{1,1}{1,3}$ **h)** $\frac{1,6}{1,9}$ **i)** $\frac{0,3}{0,4} = \frac{3}{4}$ **j)** $\frac{0,03}{0,04} = \frac{3}{4}$

5. a) 9x;   12a;   0,6r   **c)** 4a;   10x;   8ab;   xyz   **e)** a;   6x;   5z   **g)** $\frac{a}{4}$; $\frac{2}{a}$; $\frac{5axy}{8}$

   b) z^2; $6b^2$;   12xy   **d)** $6r^2s$; $7ab^2c^3$; $5x^2yz^4$ **f)** $\frac{x}{y}$;   s;   yz   **h)** $\frac{5y}{4xz^2}$;   1

6. a) $5\sqrt{3}$; $3\sqrt{3}$; $2\sqrt{6}$; $5\sqrt{5}$; $6\sqrt{3}$; $7\sqrt{2}$ **d)** $\frac{1}{6}\sqrt{a}$; $\frac{1}{x}\sqrt{10}$; $\frac{6}{b}\sqrt{2}$; $\frac{3}{y}\sqrt{5x}$; $\frac{5a}{3b}\sqrt{a}$; $\frac{z}{xy^2}\sqrt{11z}$;

   b) $\frac{1}{9}\sqrt{7}$; $\frac{1}{7}\sqrt{5}$; $\frac{2}{11}\sqrt{2}$; $\frac{4}{13}\sqrt{2}$; $\frac{1}{2}\sqrt{2}$; $2\sqrt{0,6} = 2\sqrt{\frac{3}{5}}$ **e)** $\frac{2x^2}{y}\cdot\sqrt{\frac{2}{y}}$; $\frac{a}{b}\sqrt{7}$; $\frac{6}{s}\cdot\sqrt{r}$; $\frac{3}{7}\sqrt{\frac{x}{y}}$; $\frac{9y}{r^2s}\sqrt{\frac{x}{5s}}$;

   c) $4\sqrt{x}$; $x\sqrt{5}$; $5a\sqrt{2}$; $2x\sqrt{7y}$; $ab^2\sqrt{5}$

7. a) $4\sqrt{a-b}$ **b)** $9\sqrt{x+y}$ **c)** $(x+y)\sqrt{5}$ **d)** $(a-b)\sqrt{7}$

Seite 65

14 Quadratische Gleichungen – Wurzelgleichungen

14.1 Quadratische Gleichungen

1. a) $\{9;\ -9\}$ **c)** $\{\sqrt{19};\ -\sqrt{19}\}$ **e)** $\{\ \}$ **g)** $\{\frac{14}{9};\ -\frac{14}{9}\}$ **i)** $\{\frac{8}{7};\ -\frac{8}{7}\}$ **k)** $\{2,5;\ -2,5\}$

    b) $\{11,\ -11\}$ **d)** $\{0\}$ **f)** $\{\frac{8}{7};\ -\frac{8}{7}\}$ **h)** $\{\ \}$ **j)** $\{0,9;\ -0,9\}$ **l)** $\{0,2;\ -0,2\}$

2. a) $\{6;\ -6\}$ **c)** $\{2\sqrt{3};\ -2\sqrt{3}\}$ **e)** $\{\ \}$ **g)** $\{40;\ -40\}$ **i)** $\{5\sqrt{2};\ -5\sqrt{2}\}$

    b) $\{9;\ -9\}$ **d)** $\{5\sqrt{7};\ -5\sqrt{7}\}$ **f)** $\{\frac{1}{12};\ -\frac{1}{12}\}$ **h)** $\{0,8;\ -0,8\}$ **j)** $\{0\}$

3. a) $\{8;\ -8\}$ **b)** $\{\ \}$ **c)** $\{\frac{3}{7};\ -\frac{3}{7}\}$ **d)** $\{7;\ -7\}$ **e)** $\{3\sqrt{3};\ -3\sqrt{3}\}$ **f)** $\{6;\ -6\}$ **g)** $\{0,5;\ -0,5\}$ **h)** $\{2\sqrt{2};\ -2\sqrt{2}\}$

4. a) $\{43;\ -7\}$ **b)** $\{4;\ -18\}$ **c)** $\{8;\ -2\}$ **d)** $\{-2,7;\ -7,3\}$

5. a) $\{11;\ -1\}$ **b)** $\{8;\ -22\}$ **c)** $\{0,5;\ -2,25\}$ **d)** $\{6+\sqrt{13};\ 6-\sqrt{13}\}$ **e)** $\{-9\}$ **f)** $\{\ \}$

Seite 66

6. a) $\{7;\ -9\}$ **d)** $\{10;\ -3\}$ **g)** $\{-1+\sqrt{2};\ -1-\sqrt{2}\}$ **j)** $\{1;\ -0,5\}$ **m)** $\{-5;\ -7\}$

    b) $\{7;\ -13\}$ **e)** $\{\ \}$ **h)** $\{37;\ 3\}$ **k)** $\{0,5;\ 0,25\}$ **n)** $\{-4;\ -6\}$

    c) $\{10;\ 1\}$ **f)** $\{12;\ 5\}$ **i)** $\{3+\sqrt{5};\ 3-\sqrt{5}\}$ **l)** $\{2;\ 1,4\}$ **o)** $\{-1;\ -17\}$

7. a) $\{5;\ \frac{7}{3}\}$ **d)** $\{2\frac{1}{3};\ 0,6\}$ **g)** $\{5,5;\ -\frac{3}{7}\}$ **j)** $\{\frac{3}{5}+\frac{1}{5}\sqrt{7};\ \frac{3}{5}-\frac{1}{5}\sqrt{7}\}$

    b) $\{\frac{5}{7};\ -\frac{9}{13}\}$ **e)** $\{\ \}$ **h)** $\{-6+3\sqrt{6};\ -6-3\sqrt{6}\}$ **k)** $\{\frac{35}{8}+\frac{3}{8}\sqrt{65};\ \frac{35}{8}-\frac{3}{8}\sqrt{65}\}$

    c) $\{\ \}$ **f)** $\{3,5;\ -5\}$ **i)** $\{1+0,5\sqrt{23};\ 1-0,5\sqrt{23}\}$

8. a) $\{7;\ -8\}$ **f)** $\{\ \}$ **k)** $\{3;\ -2\frac{2}{3}\}$ **p)** $\{\frac{3}{7};\ -5,5\}$ **u)** $\{\frac{3}{7};\ -4\}$

    b) $\{10;\ -1\}$ **g)** $\{-\frac{1}{2}+\frac{1}{2}\sqrt{5};\ -\frac{1}{2}-\frac{1}{2}\sqrt{5}\}$ **l)** $\{7;\ -7\frac{1}{7}\}$ **q)** $\{-0,6+0,2\sqrt{7};\ -0,6-0,2\sqrt{7}\}$ **v)** $\{\frac{1}{3};\ -1,5\}$

    c) $\{-3;\ -10\}$ **h)** $\{\frac{7}{2}+\frac{1}{2}\sqrt{3};\ \frac{7}{2}-\frac{1}{2}\sqrt{3}\}$ **m)** $\{-\frac{7}{3};\ -5\}$ **r)** $\{6,2;\ 5\frac{2}{3}\}$ **w)** $\{2\frac{2}{3};\ -3,5\}$

    d) $\{12;\ 5\}$ **i)** $\{-0,5;\ -1\}$ **n)** $\{\frac{9}{13};\ -\frac{5}{7}\}$ **s)** $\{1,5;\ -1\frac{2}{3}\}$ **x)** $\{0,75;\ -0,8\}$

    e) $\{\ \}$ **j)** $\{-0,25;\ -0,5\}$ **o)** $\{\frac{3}{5};\ -\frac{7}{3}\}$ **t)** $\{1,5;\ \frac{2}{3}\}$

9. a) $\{0;\ 7\}$ **b)** $\{0;\ -10\}$ **c)** $\{0;\ 6,5\}$ **d)** $\{0;\ -18\}$ **e)** $\{0;\ 4\}$ **f)** $\{0;\ -7\}$ **g)** $\{0;\ 4,5\}$ **h)** $\{0;\ -7\}$ **i)** $\{0;\ 4\}$

10. a) $\{0;\ -5\}$ **b)** $\{0;\ -24,5\}$ **c)** $\{0;\ -1,425\}$

Seite 67

11. a) $\{4+\sqrt{23};\ 4-\sqrt{23}\}$ **e)** $\{\frac{7}{2}+\frac{1}{2}\sqrt{37};\ \frac{7}{2}-\frac{1}{2}\sqrt{37}\}$ **i)** $\{-6\}$

    b) $\{\ \}$ **f)** $\{4+\sqrt{6};\ 4-\sqrt{6}\}$ **j)** $\{\ \}$

    c) $\{8\}$ **g)** $\{-2,5+0,5\sqrt{33};\ -2,5-0,5\sqrt{33}\}$ **k)** $\{2,5+0,5\sqrt{\frac{47}{3}};\ 2,5-0,5\sqrt{\frac{47}{3}}\}$

    d) $\{\ \}$ **h)** $\{-9,5+0,5\sqrt{329};\ -9,5-0,5\sqrt{329}\}$ **l)** $\{\ \}$

12. a) $\{4;\ -13\}$ **b)** $\{4,2;\ -15\}$ **c)** $\{\ \}$ **d)** $\{8;\ -6,5\}$ **e)** $\{-1,4\}$ **f)** $\{\ \}$

    $\{\ \}$ $\{1,2;\ -3,75\}$ $\{\ \}$ $\{\ \}$ $\{\frac{8}{3};\ -1,2\}$ $\{2,4\}$

13. a) $\{-8;\ 10\}$ **b)** $\{10;\ 2,4\}$ **c)** $\{9;\ 4\}$ **14. a)** $\{3;\ -2\}$ **b)** $\{6;\ -2,4\}$

    $\{12;\ -12\}$ $\{5;\ -3,6\}$ $\{8;\ 2\}$ $\{4;\ 1,1\}$ $\{1;\ 0,44\}$

Seite 68

15. a) $\{7;\ -3\}$ **b)** $\{2;\ -4\}$ **c)** $\{0;\ 6\}$ **d)** $\{12;\ 5\}$ **e)** $\{3;\ 0,5\}$ **f)** $\{11,5;\ 2\}$ **g)** $\{0,25;\ -2\}$ **h)** $\{0;\ -1\}$

14.2 Wurzelgleichungen

Seite 69

1. a) $\{36\}$ **b)** $\{49\}$ **c)** $\{\frac{16}{81}\}$ **d)** $\{56,25\}$ **e)** $\{1,44\}$ **f)** $\{6,76\}$ **g)** $\{25\}$ **h)** $\{16\}$ **i)** $\{36\}$ **j)** $\{32\}$ **k)** $\{48\}$ **l)** $\{18\}$

2. a) $\{2\}$ **b)** $\{1\}$ **c)** $\{4\}$ **d)** $\{2\}$ **e)** $\{-\frac{3}{8}\}$ **f)** $\{44\}$ **g)** $\{10\}$ **h)** $\{3\}$

3. a) $\{2\}$ **b)** $\{1\}$ **c)** $\{7\}$ **d)** $\{7\}$ **e)** $\{9\}$ **f)** $\{3\}$

4. a) $\{25\}$ **c)** $\{12\}$ **5. a)** $\{4\}$ **c)** $\{3\}$ **e)** $\{\ \}$ **6. a)** $\{6\}$ **c)** $\{3\}$

    b) $\{\frac{16}{9}\}$ **d)** $\{\ \}$ **b)** $\{3;\ -3\}$ **d)** $\{4\}$ **f)** $\{10;\ 5\}$ **b)** $\{7\}$

Seite 70

15 Quadratische Funktionen

1. a) Näherungswerte: 0,35; 1,95; 7,3; 0,15; 2,55; 5,75

    b) Näherungswerte: 2,2; 2,1; 2,45; 2,7; 0,9; 0

2. a) P_5 **b)** P_1 **c)** P_3 **d)** P_2 **e)** P_4

3. a) $x_1 = \sqrt{3}$; $x_2 = -\sqrt{3}$ [nie; $x = 0$]

  b) $x_1 = \sqrt{30}$; $x_2 = -\sqrt{30}$ [nie; $x = 0$]

  c) nie; [$x_1 = \sqrt{5}$, $x_2 = -\sqrt{5}$; $x = 0$]

  d) nie; [$x_1 = 2\sqrt{10}$, $x_2 = -2\sqrt{10}$; $x = 0$]

Seite 71 **4. a)** $\sqrt{3}$; $-\sqrt{3}$

  b) keine NS

  c) 2,5; $-2,5$

  d) keine NS

  e) keine NS

  f) 1; -1

5. a) $y = x^2 + 1,8$ **b)** $y = x^2 - 2,4$

Seite 72 **6. a)** $y = x^2 - 6x + 7$

  b) $y = x^2 + 7x + 13,75$

  c) $y = x^2 - x + 3,25$

  d) $y = x^2 + 3x + 1,25$

  e) $y = x^2 - 5x + 3,75$

7. a) $S(-\frac{1}{2} \mid -2\frac{1}{4})$; $P(0 \mid -2)$; $N_1(1 \mid 0)$ $N_2(-2 \mid 0)$

  b) $S(2 \mid 1,5)$; $P(0 \mid 5,5)$; keine NS

  c) $S(-\frac{7}{4} \mid -\frac{1}{16})$; $P(0 \mid 3)$; $N_1(-2 \mid 0)$; $N_2(-\frac{3}{2} \mid 0)$

8. a) $y = x^2 + 2x + 3$ **b)** $y = x^2 - 3x + 1$ **9.** $S(2,2 \mid 2,24)$

10. a) $y = x^2 - 2x + 3$ **c)** $y = x^2 + 4x + 8$ **e)** $y = x^2 - 2x - 0,2$

  b) $y = x^2 - 4x + 3$ **d)** $y = x^2 + 3x + 3,05$ **f)** $y = x^2 + 1,4x - 0,61$

Seite 73 **16 Potenzen mit natürlichen Hochzahlen**

16.1 Potenzbegriff

1. a) 243 und 15   **b)** 125 und 15   **c)** 16 und -8 **d)** $\frac{8}{27}$ und 2

2. a) 25 und 32   **b)** 81 und 64   **c)** 16 und -16 **d)** 243 und -243

3. a) 64; 625; 256; 1; 0; 729; 64; 1 000 000; 729; 1 024; 216; 5

  b) $\frac{1}{8} = 0,125$; $\frac{25}{81}$; $\frac{1}{10\,000}$; $\frac{27}{125}$; $\frac{625}{81}$; $\frac{36}{49}$; $\frac{343}{216}$; $\frac{243}{1\,024}$; $\frac{729}{64}$

  c) 0,008; 0,36; 0,064; 0,0004; 0,000001; 0,00000256; 1,44; 2,25; 4,8; 10,24; 0,0081

  d) -8; 36; 81; $-1\,024$; ; -1; 1; $\frac{1}{16}$; $-\frac{32}{243}$; $-0,00032$

  e) $4\sqrt{2}$; 9; $7\sqrt{7}$; $36\sqrt{6}$; 32; $27\sqrt{3}$; $25\sqrt{5}$; 49; $\sqrt{8}$

4. a) 2^5 **b)** 5^3 **c)** 8^2; 4^3; 2^6 **d)** 16^2; 4^4; 2^8 **e)** 10^3 **f)** 2^{10} **g)** 25^2 **h)** 12^2

5. a) 41   **b)** 14   **c)** 1 225   **d)** 418   **e)** 269   **f)** 95   **g)** 198   **h)** 2 308

6. a) 16   **b)** 5 145   **c)** $-1 029$ **d)** 0,8125   **e)** 180   **f)** 24,5   **g)** 0,375   **h)** $2\frac{2}{3}$

Seite 74 **7. a)** $2x^2$ **b)** $16y^3$ **c)** $2b^3$ **d)** $-1,8a^4$ **e)** $-7x^5$ **f)** $8z^8$

8. a) $3,54 \cdot 10^3$ **b)** $2,85 \cdot 10^4$ **c)** $8,64 \cdot 10^5$ **d)** $1,23 \cdot 10^6$ **e)** $5,41 \cdot 10^8$ **f)** $2,98 \cdot 10^{11}$

9. a) 1 200   **b)** 960 000   **c)** 310   **d)** 74 500   **e)** 5 140   **f)** 638   **g)** 2 470 000   **h)** 418 000 000

16.2 Potenzgesetze – Rechnen mit Potenzen

1. a) 5^6 **c)** $(\frac{2}{3})^6$ **e)** $(-2)^8$ **g)** a^6 **i)** c^{12} **k)** $35x^7$ **m)** $\frac{27}{4}v^8$ **o)** $72z^9$ **q)** $r^8 s^6$ **s)** $6a^3 b^3$

  b) 10^6 **d)** $2,4^7$ **f)** z^{12} **h)** $(-x)^7$ **j)** n^{10} **l)** $45y^{22}$ **n)** $0,28b^{10}$ **p)** $x^7 y^7$ **r)** $288a^5 b^6$

2. a) $(x + y)^5$ **b)** $(a - b)^8$ **c)** $7(y + z)^5$ **d)** $a(x - y)^5$

3. a) $\dfrac{a^7 b^{19}}{12}$ **b)** $\dfrac{x^7 y^4}{10}$ **c)** $\dfrac{5r^3 s^3}{2}$ **d)** $90a^5 y^6$ **e)** $\dfrac{b^3 x^7 y^5}{20}$ **f)** $\dfrac{r^3 s^2}{3}$ **g)** $\dfrac{a^5 b^{16}}{c^9}$ **h)** $\dfrac{2x^{14} y^{10}}{z^7}$

4. a) $10a^4 + 18a^5$ **c)** $10z^6 + 6z^7 + z^8$ **e)** $21a^5b^5c^7 - 30a^3b^7c^{10} + 36a^6b^9c^{12}$
   b) $3x^{10} - 5x^{12}$ **d)** $4r^{10} + 28r^8 - 36r^6$ **f)** $0{,}6x^3y^6z^6 - 0{,}96x^2y^7z^9 + 1{,}44x^2y^6z^8$

5. a) $a^3 - 1$ **c)** $125x^3 - 64y^3$ **e)** $16a^6b^2 - 20a^5b^3 + 20a^5b^4 - 25a^4b^5$
   b) $z^3 + 1$ **d)** $125x^3 + 64y^3$ **f)** $4x^6y - \frac{8}{3}x^5y^2 + 2x^4y^3 + \frac{3}{2}x^3y^3 - x^2y^4 + \frac{3}{4}xy^5$

Seite 75

6. a) $a^6(a^2 - 1)$; $x^4(1 - x^3)$; $y^3(y^6 - 1)$ **c)** $6y(8y^5 - 5y^3 + 2y + 1)$; $9b^2(b^2 + 3b^3 - 2 - 5b^5)$
   b) $4x^2(3x^7 - 2)$; $5a^3(3 + 2a^6)$; $12z(2 - 3z^4)$ **d)** $\frac{4}{3}x(\frac{2}{3}x^4 + \frac{4}{27}x^3 - \frac{8}{9}x - 1)$; $\frac{2}{5}z^2(z - \frac{2}{3} + 2z^3 - \frac{6}{5}z^2)$

7. a) 11^5 **e)** $2{,}4^3$ **i)** b^2 **m)** $(x + y)^5$ **q)** $\dfrac{2y^{15}}{3}$ **u)** $a^3(a + b)^3$

   b) 7^6 **f)** -2 **j)** $(2b)^3$ **n)** $(a - b)^7$ **r)** $\dfrac{2x^2y^8}{3}$ **v)** $(x - y)^3 z^5$

   c) 5^3 **g)** a^3 **k)** $(rs)^2$ **o)** $2a^6$ **s)** $\dfrac{2r^2s^6}{3}$ **w)** $(x + y)^6 (y - z)^3$

   d) $\left(\frac{4}{5}\right)^5$ **h)** x^{10} **l)** $(abc)^3$ **p)** $3z^9$ **t)** $\dfrac{7a^3b^9}{12}$

8. a) x^2y^2 **b)** $\dfrac{ab^2}{2}$ **c)** $\dfrac{35x^2z^4}{12}$ **d)** $\dfrac{3rs^3xy^2}{2}$ **e)** a^4b^2 **f)** $\dfrac{12x^5}{25z^2}$ **g)** $\dfrac{2a^3b^2x^2y}{3}$ **h)** $\dfrac{r^2s^4}{18}$

9. a) $a^3 - a^2 + a$ **d)** $2z - \frac{3}{2}z^2 - 3z^3$ **g)** $x^3 - 2x^2 - 3x$
   b) $x^6 + 3x^5 - x$ **e)** $10r^3 - 6r^2 + 8r$ **h)** $xy^3 - y^2 + x^2y$
   c) $y^3 - 5y^2 - y^5$ **f)** $4a^2 + 6a - 8$ **i)** $s - r + r^2s^2$

10. a) 180 **d)** $42\sqrt{42}$ **g)** $128x^7y^7$ **j)** $81x^4y^4z^4$ **m)** x^3y^3 **p)** $x^2(y^2 + 2yz + z^2)$
   b) $-1\,024\sqrt{2}$ **e)** $9a^2$ **h)** $625a^4c^4$ **k)** $-1\,000x^3y^3$ **n)** $25(a^2 + 2ab + b^2)$ **q)** $a^2(b - c)^2$
   c) 225 **f)** $32x^5$ **i)** $\frac{1}{8}u^3v^3$ **l)** $\frac{4}{25}a^2b^2$ **o)** $64(x - y)^3$ **r)** $8r^3(s + t)^3$

Seite 76

11. a) $1\,024a^7b^4$ **b)** $108r^5s^3$ **c)** $5\,488x^5s^2$ **d)** $512a^7b^5c^2$

12. a) $1\,000$ **c)** $1\,000\,000\,000$ **e)** 36 **g)** $10\,000$ **i)** 625 **k)** $-1\,000$
   b) $160\,000$ **d)** 16 **f)** 125 **h)** 8 **j)** 27

13. a) $(ab)^2$ **b)** $(xy)^5$ **c)** $(-yz)^3$ **d)** $(ab)^4$ **e)** $(a^2 - 1)^3$ **f)** $(x^2 - 4)^4$ **g)** $(9a^2 - b^2)^2$

14. a) $\left(\dfrac{a - b}{a + b}\right)^4$ **b)** $\left(\dfrac{x - y}{x + y}\right)^5$ **c)** 8 **d)** $\left(\dfrac{7r^2}{r - s}\right)^4$ **e)** 9 **f)** $\dfrac{8}{27}$

15. a) $\dfrac{8}{125}$ **c)** $\dfrac{4}{81}$ **e)** $\dfrac{400}{49}$ **g)** $\dfrac{x^3}{27}$ **i)** $\dfrac{4a^2}{b^2}$ **k)** $\dfrac{81x^4}{16y^4}$ **m)** $\dfrac{25c^2}{49d^2}$ **o)** $\dfrac{81r^4}{256x^4y^4}$

   b) $\dfrac{16}{25}$ **d)** $\dfrac{125}{27}$ **f)** $\dfrac{8\sqrt{3}}{45\sqrt{5}}$ **h)** $\dfrac{y^4}{625}$ **j)** $\dfrac{1}{64x^3}$ **l)** $\dfrac{27a\sqrt{a}}{64b\sqrt{b}}$ **n)** $\dfrac{8a^3b^3}{27x^3y^3}$ **p)** $\dfrac{a^5b^2\sqrt{b}}{x^5y^2\sqrt{y}}$

16. a) $\dfrac{1}{x^3y^2}$ **b)** $\dfrac{72}{a^3b^2c^4}$ **c)** $\dfrac{a^2b}{162c^3}$ **d)** $\dfrac{27x^7y}{32}$

17. a) 9 **c)** $10\,000$ **e)** 256 **g)** 9 **i)** 243 **k)** $\frac{1}{36}$ **m)** $\frac{4\,096}{50\,625}$ **o)** 27
   b) 729 **d)** $\frac{1}{64}$ **f)** $100\,000$ **h)** $-\frac{8}{27}$ **j)** $\frac{8}{125}$ **l)** $2\,187$ **n)** $\frac{1}{32}$ **p)** 9

18. a) $\left(\dfrac{x}{2}\right)^4$ **b)** $\left(\dfrac{a}{2}\right)^6$ **c)** $\left(\dfrac{2}{z}\right)^5$ **d)** $\left(\dfrac{3c}{10}\right)^4$

Seite 77

19. a) $125a^3$ **b)** $\dfrac{289}{16}$ **c)** 81 **d)** a^{10} **e)** $\dfrac{1}{y^7}$ **f)** $\dfrac{y^8}{256}$ **g)** $(a - b)^3$ **h)** 243 **i)** 64

20. a) 81 **b)** 64 **c)** $1\,000\,000$ **d)** 64 **e)** $100\,000\,000$ **f)** $\frac{1}{1\,024}$ **g)** $-\frac{1}{512}$ **h)** $1\,024$ **i)** $\frac{1}{64}$

21. a) 6^{10} **b)** 2^{15} **c)** 10^{12} **d)** 3^8 **e)** 5^{21}

22. a) x^{12} **b)** z^{12} **c)** g^{10} **d)** b^{15} **e)** a^{49} **f)** c^{48} **g)** x^6 **h)** a^{12} **i)** $(a + b)^{15}$

23. a) $81a^8$ **c)** $32z^{20}$ **e)** $16a^2b^2$ **g)** x^6 **i)** $-z^{21}$ **k)** x^8y^{12} **m)** $9u^4v^6$ **o)** $a^{10}b^{20}c^{20}$
   b) $25x^6$ **d)** $16x^{12}$ **f)** $-27a^6y^3$ **h)** a^{20} **j)** a^6b^6 **l)** $r^{21}s^{28}$ **n)** $-64x^3y^6$ **p)** $-x^{21}y^{35}z^{14}$

24. a) $\dfrac{1}{81x^{16}}$ **b)** $\dfrac{243x^{15}}{32y^{10}}$ **c)** a^9 **d)** $\dfrac{x^9}{125y^2}$ **e)** $\dfrac{x^{23}}{y^{16}}$ **f)** $b^{18}c^7$ **g)** $\dfrac{a^8}{b^6c}$ **h)** $\dfrac{1}{12x^6y^8z^{11}a^7b^6}$

140

25. a) $\dfrac{a^6b^3(729b^9 + 8)}{64c^6}$ **c)** $\dfrac{s^{12}t^8(s^4t^8 - 2^8 \cdot 3^4)}{2^8r^8}$ **e)** $\dfrac{z^2(z^2 + x^6)}{x^8y^4}$ **g)** $\dfrac{675x^4y^2z^4 + 32x^6y^9}{108z^6}$ **i)** $\dfrac{r^6s^3(r^2s^9 + uv^2)}{u^4v^8}$

b) $\dfrac{y^4z^2(25 + 81z^6)}{16x^4}$ **d)** $\dfrac{r^4 + r^3t}{s^6t^4}$ **f)** $\dfrac{a^2b^2(c^2d^8 - a^2b^2)}{c^8d^{12}}$ **h)** $\dfrac{-72a^3b^6 - 25a^4b^4c^4}{9c^6}$

26. a) $25x^4 - 40x^2y^2 + 16y^4$ **c)** $a^4b^6 - 2a^2b^3cd^4 + c^2d^8$ **e)** $25x^8y^{10} - 70x^9y^9 + 49y^8x^{10}$

b) $49x^6 + 84a^3b^3 + 36b^6$ **d)** $4a^4b^6 + 12a^2b^3c^3d^4 + 9c^6d^8$ **f)** $36a^4b^8c^6 + 108a^7b^6c^9 + 81a^{10}b^4c^{12}$

27. a) $a^6 - b^6$ **b)** $x^{10} - y^6$ **c)** $4x^{12} - 9y^{10}$

28. a) a^2 **b)** $\dfrac{x^4}{1 + 2x}$ **c)** $\dfrac{6 + 3y}{y^2}$

Seite 78   **17 Potenzen mit ganzzahligen Hochzahlen**

17.1 Potenzen mit der Hochzahl 0 und mit negativen Hochzahlen

1. a) $1;\ 1;\ 1;\ 1;\ 1;\ 1;\ 2$ **d)** $-\dfrac{1}{8};\ \dfrac{1}{9};\ -\dfrac{1}{125};\ -\dfrac{1}{3};\ -\dfrac{1}{16};\ -\dfrac{1}{1\,000\,000}$ **g)** $\dfrac{2}{125};\ \dfrac{7}{16};\ \dfrac{3}{32};\ \dfrac{3}{125}$

b) $1;\ 1;\ 1;\ 1;\ 2;\ 1$ **e)** $8;\ \dfrac{5}{4};\ \dfrac{16}{625};\ 100\,000;\ \dfrac{81}{16};\ -32$ **h)** $8;\ 32;\ 1\,000\,000;\ \dfrac{27}{4};\ \dfrac{64}{81};\ 1\,250\,000$

c) $\dfrac{1}{8};\ \dfrac{1}{9};\ \dfrac{1}{25};\ \dfrac{1}{10\,000};\ \dfrac{1}{11};\ \dfrac{1}{1\,024};\ \dfrac{1}{81}$ **f)** $\dfrac{1}{4};\ \dfrac{1}{3\sqrt{3}};\ \dfrac{1}{125};\ -\dfrac{1}{2\sqrt{2}};\ \dfrac{1}{9}$

2. a) $2^{-2};\ \ 3^{-2};\ \ 2^{-4};\ \ 2^{-5};\ \ 10^{-3};\ \ 5^{-3};\ \ 9^{-2} = 3^{-4};\ \ 8^{-2} = 2^{-6};\ \ 10^{-1};\ \ 10^{-2}$

b) $10^{-3};\ \ 2 \cdot 5^{-1};\ \ 2^5 \cdot 10^{-3};\ \ 2^4 \cdot 10^{-4} = 5^{-4};\ \ 5 \cdot 2^{-1};\ \ 8^2 \cdot 10^{-2} = 4^2 \cdot 5^{-2};\ \ 6^2 \cdot 10^{-1};\ \ 9^2 \cdot 10^{-3} = 3^4 \cdot 10^{-3}$

3. a) $\dfrac{1}{y^2}$ **c)** $\dfrac{2}{z^3}$ **e)** $\dfrac{1}{x^3y^2}$ **g)** a^3 **i)** $\dfrac{r^4}{16}$ **k)** $\dfrac{1}{x^3y^5}$ **m)** $2 + \dfrac{1}{a^3}$

b) $\dfrac{1}{a^5}$ **d)** $\dfrac{a^2}{b^3}$ **f)** $\dfrac{s^5}{r^4}$ **h)** $\dfrac{y}{x}$ **j)** a^2b^3 **l)** $\dfrac{1}{(x + y)^3}$ **n)** $\dfrac{1}{x^2} - \dfrac{1}{y^3}$

4. a) $3 \cdot x^{-1}$ **c)** z^{-3} **e)** $x^2 \cdot y^{-2}$ **g)** $5 \cdot x^{-4}y^{-4}$ **i)** $a \cdot z^{-8}$ **k)** $2z(a - b)^{-2}$

b) $8 \cdot y^{-2}$ **d)** $x \cdot y^{-1}$ **f)** $2 \cdot 3^{-1}a^{-1}$ **h)** $x \cdot y^{-2}z^{-3}$ **j)** $4(x + y)^{-1}$ **l)** $z^{-1} - 3$

m) $5x^{-1} - 4x^{-2} = (5x - 4)\,x^{-2}$ **o)** $7a^{-3} + 3a^{-5} = a^{-3}(7 + 3a^{-2})$

n) $2y^{-2} - 4z \cdot y^{-5} = (2y^3 - 4z)\,y^{-5}$ **p)** $ax^{-2} + bx^{-4} = x^{-2}(a + bx^{-2})$

Seite 79   **5. a)** $5{,}8 \cdot 10^{-3}$ **c)** $8{,}9 \cdot 10^{-4}$ **e)** $7{,}3 \cdot 10^{-6}$ **g)** $7{,}1 \cdot 10^{-7}$ **i)** $4{,}7 \cdot 10^{-9}$

b) $4{,}83 \cdot 10^{-2}$ **d)** $1{,}23 \cdot 10^{-3}$ **f)** $2{,}59 \cdot 10^{-5}$ **h)** $9{,}43 \cdot 10^{-6}$ **j)** $1{,}4 \cdot 10^{-10}$

6. a) $0{,}07$ **b)** $0{,}0024$ **c)** $0{,}000041$ **d)** $0{,}000314$

17.2 Potenzgesetze – Rechnen mit Potenzen mit ganzzahligen Hochzahlen

1. a) $2^3 = 8$ **c)** 5^{-5} **e)** 7^{-2} **g)** $(-3)^{-5}$ **i)** a^{-2} **k)** 1 **m)** $6x^{-3}$ **o)** $-x^{-5}$

b) $3^2 = 9$ **d)** 3^{-3} **f)** $(-2)^{-2} = 2^{-2}$ **h)** $(-5)^{-11}$ **j)** y^{-5} **l)** b^{-10} **n)** $-12a^3$

2. a) $2^2 = 4$ **c)** $2^{10} = 1\,024$ **e)** z^{-10} **g)** c^8 **i)** y^{-15} **k)** $(x + y)^2$

b) $3^3 = 27$ **d)** a^8 **f)** x **h)** r^3 **j)** b^{-4} **l)** $(a - b)^6$

3. a) $\dfrac{4}{3}x^{-2}$ **c)** $2r^{-3}s^{-3}$ **e)** $2^6x^{-5}y^{-3}$ **g)** $\dfrac{20}{9}r^{-4}sxy^9$

b) $\dfrac{3}{5}a^{-2}b^{-2}$ **d)** $0{,}4x^{-6}y^{-5}$ **f)** $\dfrac{5}{18}a^{-1}b^{-5}x^{-1}y^4$ **h)** $\dfrac{21}{20}a^{-2}b^{-6}x^{-4}z^{-6}$

Seite 80   **4. a)** $12a^{-8} - 8a^{-10} + 10a^{-3}$ **b)** $10x^{-1} - 15x - 8x^{-6}$ **c)** $4z^{-7} + 3z^3 - 6z^{-8}$ **d)** $8a^{-2} + 7a^4 - 2a^{-1}$

5. a) $20^{-2} = \dfrac{1}{20^2} = \dfrac{1}{400}$ **b)** $6^{-1} = \dfrac{1}{6}$ **c)** 10^{-2} **d)** 2^{-4} **e)** $(xy)^{-7}$ **f)** $(rs)^{-4}$ **g)** $(a^2 - b^2)^{-3}$

6. a) 3^{-3} **b)** 2^{-5} **c)** 3^3 **d)** 2^{-4} **e)** $\left(\dfrac{x}{y}\right)^{-7}$ **f)** a^{-6} **g)** y^{-1} **h)** rs^2 **i)** $(x - y)^{-2}$ **j)** $a + b$

7. a) 10^{-6} **c)** 10^{-12} **e)** x^{-15} **g)** z^{24} **i)** 2^{-6} **k)** $2^{-5}a^{-10}$ **m)** $a^{10}b^{-20}$ **o)** r^2s^6

b) 2^{-10} **d)** 2^{12} **f)** y^{-12} **h)** a^4 **j)** $3^{-3}z^{12}$ **l)** $-x^{-15}$ **n)** $x^{-8}y^{-12}$ **p)** y^6

8. a) 3^{n+7} **d)** a^{2k+n+1} **g)** $32 \cdot x^{3m-3}$ **j)** $3a^{n+7}$ **m)** z^{-8n} **p)** $(x \cdot y \cdot z)^n$ **s)** $(a \cdot b)^{1-n}$

b) $25 \cdot 30^m$ **e)** c^{4m} **h)** z^{6k} **k)** a^{6n} **n)** $-a^{8k+4}$ **q)** $(a \cdot b \cdot c)^5$ **t)** z^{3n-9}

c) x^{m+3n} **f)** $-21 \cdot a^{3n+3}$ **i)** x^{12n-15} **l)** x^{-8n} **o)** b^{-2mn} **r)** $30(x \cdot y \cdot c)^k$

9. a) a^n **d)** b^{4-n} **g)** y^{3m-2n} **j)** $a + b$ **m)** 5^{-k} **p)** $\left(\dfrac{2ab}{5cd}\right)^n$ **s)** $(b + c)^n$

b) x^{3n} **e)** a^{k-10} **h)** r^{n-2} **k)** a^k **n)** $\left(\dfrac{n}{2}\right)^m$ **q)** $(\tfrac{2}{5}a^{-3}b^{-1}c^{-2}d^2)^m$ **t)** $(x - y)^{1-n}$

c) z^3 **f)** c^{2n} **i)** $(x + y)^{n+1}$ **l)** $\left(\dfrac{xz}{y}\right)^n$ **o)** $\left(\dfrac{y}{3}\right)^{-n} = \left(\dfrac{3}{y}\right)^n$ **r)** $\left(\dfrac{1}{a+b}\right)^{n-1} = (a+b)^{1-n}$

10. a) $9a^{-4} + 24a^{-2}b^{-3} + 16b^{-6}$ **c)** $81r^{10} + 126r^5s^{-5} + 49s^{-10}$ **e)** $x^{-4}y^{-8} + 2x^{-1}y^{-7} + x^2y^{-6}$

   b) $25x^{-8} - 20x^{-4}y^3 + 4y^6$ **d)** $a^{-2}b^{-2} - 2a^{-1}bcd^{-2} + c^2d^{-4}$ **f)** $4a^{-2}b^{-4} - 24a^{-4}b^{-3} + 36a^{-6}b^{-2}$

11. a) $12x^{-8} - 8x^{-10} + 10x^{-3}$ **c)** $10y^{-1} - 15y - 8y^{-6}$ **e)** $\frac{3}{2}r^5 + \frac{4}{3}r^7 - \frac{6}{5}r^{-2}$

   b) $3a^{-2} + 4{,}6a^{-3} - 2{,}6a$ **d)** $4z^{-7} + 3z^3 - 6z^{-8}$ **f)** $3a^7 - 5a^{-1} - 7a^{-2}$

Seite 81   **18 Potenzen mit rationalen Exponenten — Wurzeln**

18.1 Begriff der n-ten Wurzel

1. a) 2 **c)** 6 **e)** 0 **g)** $\frac{1}{2}$ **i)** $\frac{2}{3}$ **k)** $\frac{4}{10}$ **m)** 0,2 **o)** 0,4 **q)** 20 **s)** 30

   b) 3 **d)** 1 **f)** 10 **h)** $\frac{1}{4}$ **j)** $\frac{6}{5}$ **l)** 0,1 **n)** 0,5 **p)** 0,7 **r)** 50 **t)** 40

2. a) 5 **c)** 3 **e)** 10 **g)** $\frac{3}{4}$ **i)** 0,3 **k)** 1 **m)** 2 **o)** 0,1 **q)** 1 **s)** 2

   b) 1 **d)** 0 **f)** 4 **h)** $\frac{5}{2}$ **j)** 0,5 **l)** 0 **n)** 3 **p)** 0,2 **r)** 0 **t)** 2

3. a) 100 **c)** 2,5 **e)** 1,5 **g)** 12 **i)** 0,2 **k)** 3,4 **m)** 3 **o)** 8 **q)** 10

   b) 348 **d)** 26 **f)** $\frac{3}{4}$ **h)** $\frac{2}{3}$ **j)** 3 **l)** 19 **n)** 6 **p)** 4 **r)** $\frac{1}{2}$

4. a) x; a; r **b)** z; y; x **c)** $a + b$; $x - y$; $2r + 3s$ **d)** ab; rs; xyz **e)** x^2; y^3; z^{-2}

Seite 82   **18.2 Begriff der Potenz mit rationalen Exponenten**

1. a) $\sqrt[3]{5}$ **d)** $\sqrt[3]{9}$ **g)** $\sqrt[5]{\frac{1}{3}}$ **j)** $\sqrt[2]{a}$ **m)** $\sqrt[4]{c^3}$ **p)** $\sqrt[5]{x^2}$ **s)** $\sqrt[5]{x+y}$

   b) $\sqrt[3]{4}$ **e)** $\sqrt[6]{32}$ **h)** $\sqrt[3]{\frac{1}{36}}$ **k)** $\sqrt[5]{z}$ **n)** $\sqrt[5]{y^3}$ **q)** $\sqrt[5]{y^6}$ **t)** $\sqrt[3]{(1-a)^2}$

   c) $\sqrt[4]{\frac{2}{3}}$ **f)** $\sqrt[4]{2{,}5^3}$ **i)** $\sqrt[5]{7^{-6}}$ **l)** $\sqrt[3]{\frac{1}{y}}$ **o)** $\sqrt[3]{\frac{1}{a^2}}$ **r)** $\sqrt[7]{z^{-5}}$ **u)** $\sqrt[5]{a^{-4}b^{-4}}$

2. a) $3^{\frac{1}{2}}$ **d)** $5^{\frac{3}{2}}$ **g)** $a^{\frac{1}{3}}$ **j)** $a^{\frac{7}{3}}$ **m)** $(x-y)^{\frac{1}{4}}$ **p)** $x^{-\frac{1}{3}}$ **s)** $x^{\frac{8}{4}}$

   b) $2^{\frac{1}{3}}$ **e)** $2^{\frac{4}{3}}$ **h)** $b^{\frac{1}{4}}$ **k)** $c^{\frac{5}{6}}$ **n)** $(a+b)^{\frac{2}{3}}$ **q)** $a^{-\frac{3}{4}}$ **t)** $a^{\frac{2}{m}}$

   c) $5^{\frac{1}{4}}$ **f)** $5^{\frac{3}{4}}$ **i)** $z^{\frac{3}{2}}$ **l)** $b^{\frac{3}{4}}$ **o)** $(r-s)^{\frac{1}{2}}$ **r)** $(x+y)^{-\frac{3}{2}}$ **u)** $z^{\frac{-p}{3}}$

3. a) 4 **c)** 2 **e)** 3 **g)** 4 **i)** 3 125 **k)** $\frac{1}{27}$ **m)** 0,6 **o)** 0,25 **q)** $\frac{1}{8}$

   b) 3 **d)** 1 **f)** 2 **h)** 8 **j)** 8 **l)** 256 **n)** $\frac{1}{0{,}7}$ **p)** 125 **r)** 8

4. a) $\frac{1}{3}$ **b)** $\frac{3}{2}$ **c)** $\frac{1}{3}$ **d)** $\frac{64}{729}$ **e)** $\frac{343}{8}$ **f)** $\frac{9}{25}$ **g)** $\frac{2}{3}$ **h)** $\frac{5}{6}$ **i)** $\frac{2}{5}$ **j)** $\frac{27}{343}$ **k)** $\frac{4}{9}$ **l)** 1 331

5. a) $x > 1$ **c)** $x > 4$ **e)** $x > -\frac{2}{3}$ **g)** $x > \frac{3}{5}$ **i)** $x < \frac{3}{5}$ **k)** $x < \frac{5}{2}$

   b) $x > -2$ **d)** $x > -3$ **f)** $x > -\frac{1}{4}$ **h)** $x > \frac{5}{2}$ **j)** $x < 3$

6. a) $x > \frac{y}{3}$ **c)** $r > -7s$ **e)** $x > -\frac{5}{4}y$ **g)** $r > -\frac{5}{2}s$ **i)** $x > \frac{4}{3}y$ **k)** $r < \frac{3}{5}s$

   b) $a > \frac{-b}{7}$ **d)** $a > 2b$ **f)** $a > \frac{4}{3}b$ **h)** $c > \frac{3}{7}d$ **j)** $a > -\frac{3}{2}b$

7. a) $\sqrt[4]{(x+1)^3}$ $(x > -1)$ **c)** $\sqrt[3]{(3-z)^2}$ $(z < 3)$ **e)** $\sqrt{\dfrac{1}{(5x-10)^3}}$ $(x > 2)$

   b) $\sqrt[4]{\dfrac{1}{(y-2)^3}}$ $(y > 2)$ **d)** $\sqrt{(3x+12)^3}$ $(x > -4)$

Seite 83   **18.3 Potenzgesetze für rationale Zahlen als Exponenten**

1. a) $7^{\frac{3}{4}}$ **c)** $5^{\frac{17}{12}}$ **e)** $x^{\frac{1}{4}}$ **g)** $c^{-\frac{3}{8}}$ **i)** $a^{-\frac{2}{5}}$ **k)** z **m)** $a^{\frac{29}{12}}$

   b) $6^{\frac{5}{8}}$ **d)** $a^{\frac{5}{6}}$ **f)** $z^{\frac{3}{8}}$ **h)** $y^{-\frac{17}{12}}$ **j)** $x^{\frac{1}{5}}$ **l)** 1 **n)** $r^{\frac{1}{6}}$

2. a) $x^{\frac{3}{5}}y^{\frac{3}{5}}z^{\frac{3}{5}}$ **b)** $r^{\frac{1}{2}}s^{\frac{1}{4}}t^{-\frac{1}{5}}$ **c)** $a^{\frac{1}{2}}b^2c^{-1}$ **d)** $x^{\frac{1}{8}}y^{-\frac{17}{12}}$ **e)** $a^{-\frac{17}{30}}b^{\frac{1}{8}}$ **f)** $rs^{2{,}2}$

3. a) $3^{\frac{1}{4}}$ **c)** $a^{\frac{1}{6}}$ **e)** $c^{\frac{1}{8}}$ **g)** $z^{\frac{1}{4}}$ **i)** $r^{\frac{1}{8}}$ **k)** $x^{-\frac{1}{6}}$ **m)** $a^{-\frac{1}{8}}$

   b) $4^{\frac{1}{6}}$ **d)** $z^{\frac{1}{12}}$ **f)** $y^{\frac{7}{8}}$ **h)** $b^{-\frac{1}{2}}$ **j)** $s^{-\frac{1}{2}}$ **l)** $y^{\frac{1}{4}}$ **n)** $c^{\frac{1}{4}}$

4. a) 4 **c)** $(a \cdot b)^{\frac{1}{3}}$ **e)** $(x \cdot y)^{\frac{2}{3}}$ **g)** 8 **i)** $\left(\dfrac{x}{y}\right)^{\frac{3}{8}}$ **k)** $(cd)^{\frac{5}{3}}$ **m)** $(ab)^{\frac{5}{6}}$

   b) 64 **d)** $(y \cdot z)^{\frac{1}{4}}$ **f)** $(r \cdot s)^{\frac{3}{4}}$ **h)** 4 **j)** $\left(\dfrac{a}{b}\right)^{\frac{8}{9}}$ **l)** $(cd)^{\frac{7}{8}}$ **n)** $(ab)^{\frac{1}{6}}$

5. a) $a^{\frac{7}{2}}$ **c)** $x^{\frac{1}{2}}$ **e)** r^4 **g)** $a^{\frac{1}{4}}$ **i)** z **k)** x^{-6} **m)** $y^{\frac{1}{3}}$

   b) b^5 **d)** z^3 **f)** $y^{\frac{21}{4}}$ **h)** $b^{\frac{1}{2}}$ **j)** $a^{-\frac{5}{3}}$ **l)** $z^{-\frac{3}{2}}$ **n)** $e^{-\frac{1}{2}}$

6. a) $(x^3y)^{\frac{1}{3}}$ **c)** $(r^5 \cdot s)^{\frac{1}{6}}$ **e)** $(a^2 \cdot b)^{\frac{1}{4}}$ **g)** $(x^2y^3)^{\frac{1}{4}}$ **i)** $(a^6b^5)^{\frac{1}{8}}$ **k)** $\left(\dfrac{a^2}{b}\right)^{\frac{1}{3}}$ **m)** $\left(\dfrac{a^2}{b}\right)^{\frac{1}{4}}$

b) $(y^2 \cdot z)^{\frac{1}{3}}$ **d)** $(a^2 \cdot b^3)^{\frac{1}{5}}$ **f)** $(r^3 \cdot s^2)^{\frac{1}{6}}$ **h)** $(r^6s^4)^{\frac{1}{6}}$ **j)** $\left(\dfrac{x^2}{y}\right)^{\frac{1}{5}}$ **l)** $\left(\dfrac{r^7}{s^5}\right)^{\frac{1}{8}}$ **n)** $\left(\dfrac{x}{z}\right)^{\frac{1}{2}}$

7. a) $x^{\frac{1}{3}}y^{\frac{1}{5}}$ **c)** $x^{-3} \cdot y^{-\frac{1}{10}}$ **e)** $x^{-\frac{3}{10}}y^{\frac{9}{8}}$ **g)** $a^{\frac{5}{3}} \cdot y^{-\frac{5}{2}}$ **i)** $c^{-\frac{1}{4}} \cdot d^{\frac{3}{8}}$

b) $r^3 \cdot s^4$ **d)** $a^{\frac{5}{6}}b^{\frac{2}{3}}$ **f)** $x^{\frac{1}{2}} \cdot y^{-\frac{3}{4}}$ **h)** r^4s^{-1}

Seite 84   18.4 Wurzelrechnung

1. a) 10 **c)** $5\sqrt{6}$ **e)** 3 **g)** 6 **i)** $30\sqrt{10}$ **k)** 15 **m)** $\sqrt[5]{56}$
b) 14 **d)** $\frac{3}{35}\sqrt{14}$ **f)** 4 **h)** $\sqrt[3]{\frac{3}{10}}$ **j)** 600 **l)** $2 \cdot \sqrt[4]{4} = 2 \cdot \sqrt[2]{2}$ **n)** 2

2. a) $a\sqrt{3}$ **c)** $6x^2\sqrt{10}$ **e)** $378a\sqrt{3}$ **g)** 3a **i)** $5x^4\sqrt{3x}$ **k)** $x^3 \cdot \sqrt[3]{75}$ **m)** $2a^2\sqrt[4]{4a}$
b) 12b **d)** $28x\sqrt{15}$ **f)** $2a\sqrt{3}$ **h)** $5x\sqrt[3]{10x}$ **j)** $24a^7$ **l)** $20z^3\sqrt[3]{36}$

3. a) 44 **b)** $3\sqrt{2} - \sqrt{6}$ **c)** $21\sqrt[3]{4} - 15\sqrt[3]{12} - 9\sqrt[3]{10} + 24\sqrt[3]{5}$ **d)** $16\sqrt[3]{25} - 28\sqrt[3]{50} - 12\sqrt[3]{60} + 12\sqrt[3]{180}$

4. a) $\sqrt{21} - \sqrt{14} - 3 + \sqrt{6}$ **c)** $12 + \sqrt{6}$ **e)** $5 + \sqrt[3]{12} + \sqrt[3]{18}$
b) $3\sqrt{2} - 2\sqrt{3} - \sqrt{6} + 3$ **d)** $205 - 56\sqrt{35}$ **f)** $2\sqrt[3]{18} - 3\sqrt[3]{12}$

5. a) 16 **c)** $5 + 2\sqrt{6}$ **e)** $7 + 5\sqrt{2}$ **g)** $1 - 3 \cdot \sqrt[3]{18} + 3\sqrt[3]{12}$
b) 1 **d)** $5 - 2\sqrt{6}$ **f)** $8\sqrt{5} - 16$ **h)** $1 - 3\sqrt[3]{100} + 6\sqrt[3]{10}$

6. a) $a + 2\sqrt{ab} + b$ **c)** $a^2 + 2a\sqrt{b} + b$ **e)** $x + 2\sqrt{xy} + y$ **g)** $4x + 12\sqrt{xy} + 9y$
b) $x - 2\sqrt{xy} + y$ **d)** $a^2 - 2a\sqrt{b} + b$ **f)** $a - 2\sqrt{ab} + b$ **h)** $25r - 70\sqrt{rs} + 49s$

Seite 85

7. a) 8 **c)** 20 **e)** 3x **g)** ab **i)** 9rs **k)** $5ab^2$ **m)** $xy^2\sqrt[4]{25b}$ **o)** 2ab
b) 12 **d)** $9z^2$ **f)** $2z\sqrt[4]{4}$ **h)** xyz **j)** xy **l)** $3xy^3$ **n)** $3rs^2$ **p)** ab

8. a) 20x **b)** $11xy + 8yz$

9. a) 5 **c)** 2 **e)** $\sqrt[3]{7a}$ **g)** $\sqrt{2}$ **i)** $\frac{2}{7}a$ **k)** $\sqrt[3]{a}$ **m)** $\frac{5}{2}\sqrt[3]{\frac{x^2}{9}}$ **o)** $\frac{b}{a}$

b) 5 **d)** a **f)** z^2 **h)** $\sqrt[3]{\frac{v}{w}}$ **j)** yz **l)** $\sqrt[3]{x+y}$ **n)** $a\sqrt[4]{\frac{40b}{3}}$ **p)** $\frac{1}{x}\sqrt{\frac{7y}{x}}$

10. a) $\frac{5}{7}$ **c)** $\frac{9}{4}$ **e)** $\frac{3}{2}$ **g)** $\frac{4r^3}{9s^2}$ **i)** $\frac{3x}{2y^2}$ **k)** $\frac{2r^2st^3}{p^3q^2}$ **m)** $x\sqrt{x^2+y^2}$ **o)** $\frac{3(x+y)}{\sqrt[3]{x^3+y^3}}$

b) $\frac{4}{3}$ **d)** $\frac{3}{4}$ **f)** $\frac{5}{2}$ **h)** $\frac{3}{7ab}$ **j)** $\frac{2a^2b}{3xy^3z^2}$ **l)** $\frac{2xy^2z^4}{5a^2bc^3}$ **n)** $\frac{1}{4c}\sqrt[3]{a^3-b^3}$ **p)** $\frac{2c}{a}\sqrt[4]{a^4+b^4}$

11. a) 9 **b)** $15 - 2\sqrt{2}$ **c)** 8 **d)** 1 **e)** $a\sqrt{b} - b\sqrt{c}$ **f)** $\sqrt{b} + \sqrt{c}$

12. a) 2 **c)** $\sqrt{6}$ **e)** x **g)** $ay^2\sqrt[3]{2}$ **i)** $x\sqrt[3]{3}$ **k)** $u\sqrt[3]{5v}$ **m)** $\sqrt{2}$ **o)** $\sqrt{x}$
b) 5 **d)** $\sqrt[3]{9}$ **f)** a^2 **h)** $s\sqrt[3]{r^2}$ **j)** $\sqrt[5]{2ab^3}$ **l)** $2xy^2$ **n)** $\sqrt[6]{a^5}$ **p)** $\sqrt[5]{y}$

13. a) x **b)** $\sqrt[24]{a}$ **c)** $\sqrt[16]{x}$ **d)** z^2 **e)** $\sqrt{c}$

14. a) $a - 2 + \frac{1}{a}$ **b)** $\frac{a}{a+b} - 2a\sqrt{\frac{1}{a^2+b^2}} + \frac{a}{a-b}$ **c)** $(a-b)\sqrt[3]{\frac{1}{a}}$

15. a) $\sqrt[2n]{x}$ **b)** $\sqrt[2\cdot n]{x}$ **c)** $\sqrt[3\cdot n]{y}$ **d)** $\sqrt[4n]{a}$ **e)** $\sqrt[6]{z^2}$

Seite 86   19 Logarithmen

19.1 Begriff des Logarithmus

1. a) bis e) 2 **g)** 7 **i)** 3 **k)** 4 **m)** 0 **o)** 2 **q)** 0 **s)** n
f) 3 **h)** 1 **j)** 5 **l)** 3 **n)** 1 **p)** 3 **r)** 0 **t)** x

2. a) bis c) -2 **e)** -7 **g)** $\frac{1}{2}$ **i)** $\frac{1}{3}$ **k)** $\frac{1}{2}$ **m)** $\frac{1}{3}$ **o)** $-n$
d) -5 **f)** -2 **h)** $\frac{1}{2}$ **j)** $\frac{1}{3}$ **l)** $\frac{1}{4}$ **n)** -3

3. a) 64 **c)** 49 **e)** 128 **g)** 125 **i)** 3 125 **k)** 16 **m)** 4 **o)** $\frac{1}{16}$ **q)** $\frac{1}{9}$
b) 64 **d)** 10 000 **f)** 1 024 **h)** 256 **j)** 4 **l)** 2 **n)** $\frac{1}{8}$ **p)** 81 **r)** $\frac{1}{1\,000\,000}$

4. a) 27 **b)** 16 **c)** 4 **d)** 1 **e)** 4 **f)** 2 **g)** 5 **h)** 6 **i)** 10 **j)** n

5. a) 5; 7; 3; 2 **b)** 5; 10; 7; 6 **c)** 7; 3; 5; 8 **d)** 2; 3; 5; 6 **e)** $\frac{1}{9}$; $\frac{1}{5}$; $\frac{1}{3}$; $\frac{1}{2}$

6. a) 11 **b)** 7 **c)** $-\frac{5}{2}$ **d)** 11

Seite 87 19.2 Logarithmengesetze

1. a) $\log_a x + \log_a y$
b) $\log_a x + \log_a y + \log_a z$
c) $\log_a x + \log_a (y + z)$
d) $\log_a (u + v) + \log_a (r + s)$
e) $\log_a x - \log_a y$

f) $\log_a x - \log_a y - \log_a z$
g) $\log_a x + \log_a y - \log_a r - \log_a s$
h) $\log_a x + \log_a y + \log_a z - \log_a r$
i) $\log_a (x + y) - \log_a z$
j) $\log_a (x + y) - \log_a (r - s)$

k) $\log_a x + \log_a (y + z) - \log_a s - \log_a t$
l) $\log_a x + \log_a (y + z) - \log_a r - \log_a (s - t)$
m) $-\log_a x - \log_a y$
n) $-\log_a x - \log_a (y + z)$

2. a) $4 \log_a x$
b) $7 \log_a z$
c) $n \cdot \log_a y$
d) $2 \log_a x + 2 \log_a y$
e) $2 \log_a x - 2 \log_a y$
f) $3 \log_a x + 5 \log_a y$
g) $-3 \log_a x$
h) $-2 \log_a z$

i) $4 \log_a x - 7 \log_a y$
j) $-2 \log_a x - 3 \log_a y$
k) $\log_a 6 + 3 \log_a x - \log_a 7 - \log_a z$
l) $\frac{1}{3} \log_a x$
m) $\frac{1}{4} \log_a y$
n) $\frac{1}{2} \log_a x - \frac{1}{3} \log_a y$
o) $\frac{1}{3} \log_a x + \frac{1}{3} \log_a y - \frac{1}{3} \log_a z$
p) $\frac{3}{4} \log_a x$

q) $-\frac{2}{3} \log_a x$
r) $2 \log_a (x + y)$
s) $-2 \log_a (x - y)$
t) $\log_a x + \frac{1}{2} \log_a (y - z)$
u) $\frac{2}{3} \log_a x + 2 \log_a y$
v) $2 \log_a r + 3 \log_a s + \frac{3}{4} \log_a u + \frac{1}{2} \log_a v$

3. a) $\log_a \dfrac{xy}{z}$ **b)** $\log_a \dfrac{x^3 y^5}{z^3}$ **c)** $\log_a \dfrac{x^3}{\sqrt{y} \cdot \sqrt[3]{z}}$ **d)** $\log_a \left((x - y)^2 \cdot \sqrt{x + y}\right)$ **e)** $\log_a \dfrac{\sqrt[3]{x^2 + y^2}}{x^3}$

4. a) $\dfrac{\log_{10} 14}{\log_{10} 5} \approx 1,6$
b) $\dfrac{\log_{10} 48}{\log_{10} 16} \approx 1,4$
c) $\dfrac{\log_{10} 30}{\log_{10} 3} + 2 \approx 5,1$
d) $-\dfrac{\log_{10} 8}{\log_{10} 2} = -3$
e) $\dfrac{\log_{10} 3 - 4 \log_{10} 7}{\log_{10} 7 - 2 \log_{10} 5} \approx 5,25$
f) $7 + \dfrac{\log_{10} 5}{\log_{10} 2} \approx 9,3$
g) $\dfrac{\log_{10} 7 - \log_{10} 8}{\log_{10} 12 - 1} + 1 \approx 0,3$
h) $\dfrac{\log_{10} 17 - \log_{10} 4}{3 \log_{10} 3} - \dfrac{5}{3} \approx -1,23$

Seite 88 20 Potenzfunktionen — Wurzelfunktionen

1. a) 0,064 [0,0256]; −0,064 [0,0256]; 4,913 [8,3521]; −4,913 [8,3521]; 54,872 [208,5136]; −54,872 [208,5136]
b) $y = 3$ für $x = \sqrt{3} \approx 1,44$ $[\sqrt[4]{3} \approx 1,32; \ -\sqrt[4]{3} \approx -1,32]$; $y = -2$ für $x = -\sqrt[3]{2} \approx -1,26$ [nie]

2. zum Graphen der Funktion mit $y = x^3$ gehören P_1, P_4; zum Graphen der Funktion mit $y = x^4$ gehören P_5, P_6

Seite 89 3. 0,84 [0,89]; 1,14 [1,09]; 2,12 [1,65]; 2,47 [1,83]

4. $y = 1,5$ für $x = 2,25$ [3,375]; $y = 0,5$ für $x = 0,25$ [0,125]

5. $\frac{4}{3}$ $[\frac{8}{9}]$; $-\frac{4}{3}$ $[\frac{8}{9}]$; $\frac{2}{3}$ $[\frac{4}{9}]$; $-\frac{2}{3}$ $[\frac{4}{9}]$; $\frac{1}{4}$ $[\frac{1}{16}]$; $-\frac{1}{4}$ $[\frac{1}{16}]$

6. $y = 2$ für $x = \frac{1}{2}$ $[\sqrt{\frac{1}{2}}]$; $y = \frac{1}{4}$ für $x = 4$ [2]; $y = -2$ für $x = -\frac{1}{2}$ [nie]; $y = -\frac{1}{4}$ für $x = -4$ [nie]

7. P_1, P_3 $[P_5, P_6]$

Seite 90 21 Exponentialfunktionen — Logarithmusfunktionen

1. a) 5,2; 0,2; 0,6; 1,7; 13,95; 0,1; 0,05; 19,4 **b)** −0,65; 0,35; 1; 1,65 [0,65; −0,35; −1; −1,65]

2. a) $\cdot 3$ [: 3] **b)** $\cdot 9$ [: 9] **c)** $\cdot 81$ [: 81] **d)** : 3 [$\cdot 3$] **e)** : 81 [$\cdot 81$] **f)** potenziert mit 2 [2. Wurzel]

3. a) 4 **b)** $\frac{1}{5}$ **c)** 2,5 **d)** 0,1

Seite 91 4. a) −0,65; 0,65; 0,85; −0,85; 1,45; −1,45

4. b) 1,75 [0,6]; 5,2 [0,2]; 0,6 [1,75]; 0,1 [9]

5. a) $+\log_3 2 [+\log_{\frac{1}{3}} 2]$ **c)** $+\log_3 \frac{1}{2} = -\log_3 2 [+\log_{\frac{1}{3}} \frac{1}{2} = -\log_{\frac{1}{3}} 2]$
b) $+1$ $[-1]$ **d)** -1 $[+1]$

6. a) $\sqrt[8]{2}$ **b)** 3 **c)** $\frac{5}{10}$ **d)** 2

Seite 92 22 Längenverhältnis zweier Strecken — Strahlensätze

22.1 Längenverhältnis zweier Strecken

1. a) $\frac{2}{3}$ **b)** $\frac{3}{5}$ **c)** $\frac{1}{2}$ **d)** $\frac{6}{5}$ **e)** $\frac{2}{3}$ **f)** 2

2. a) $\frac{a}{b} = 3, \frac{b}{a} = \frac{1}{3}$ **b)** $\frac{a}{b} = \frac{6}{5}, \frac{b}{a} = \frac{5}{6}$ **c)** $\frac{a}{b} = \frac{3}{5}, \frac{b}{a} = \frac{5}{3}$ **d)** $\frac{a}{b} = \frac{2}{3}, \frac{b}{a} = \frac{3}{2}$ **e)** $\frac{a}{b} = \frac{3}{8}, \frac{b}{a} = \frac{8}{3}$ **f)** $\frac{a}{b} = \frac{4}{3}, \frac{b}{a} = \frac{3}{4}$

144

4. a) $|AB| = 18$ cm   **b)** $|AB| = 40$ m   **c)** $|CD| = 120$ dm   **d)** $|CD| = 108$ mm

5. $\dfrac{a}{b} = \dfrac{3}{2}$, $\dfrac{a}{c} = \dfrac{2}{3}$, $\dfrac{b}{a} = \dfrac{2}{3}$, $\dfrac{b}{c} = \dfrac{4}{9}$, $\dfrac{c}{a} = \dfrac{3}{2}$, $\dfrac{c}{b} = \dfrac{9}{4}$

Seite 93   **22.2 Projektionssatz – Teilung einer Strecke**

Seite 94   **22.3 Strahlensätze**

1. a) $\dfrac{|ZA|}{|ZB|} = \dfrac{|AR|}{|BS|}$ **c)** $\dfrac{|AR|}{|BS|} = \dfrac{|ZR|}{|ZS|}$ **e)** $\dfrac{|ZT|}{|ZS|} = \dfrac{|ZC|}{|ZB|}$ **g)** $\dfrac{|AR|}{|CT|} = \dfrac{|ZA|}{|ZC|}$ **i)** $\dfrac{|ZB|}{|ZC|} = \dfrac{|ZS|}{|ZT|}$ **k)** $\dfrac{|BS|}{|CT|} = \dfrac{|ZB|}{|ZC|} = \dfrac{|ZS|}{|ZT|}$

b) $\dfrac{|ZR|}{|ZS|} = \dfrac{|AR|}{|BS|}$ **d)** $\dfrac{|ZC|}{|ZA|} = \dfrac{|ZT|}{|ZR|}$ **f)** $\dfrac{|CT|}{|BS|} = \dfrac{|ZT|}{|ZS|}$ **h)** $\dfrac{|ZT|}{|ZR|} = \dfrac{|ZC|}{|ZA|}$ **j)** $\dfrac{|ZA|}{|ZC|} = \dfrac{|ZR|}{|ZT|}$ **l)** $\dfrac{|ZA|}{|AB|} = \dfrac{|ZR|}{|RS|}$

3. a) $a_2 = 3{,}5$ cm, $c_2 = 5{,}6$ cm   **c)** $a_1 = 4$ cm, $b_1 = 6$ cm   **e)** $a_1 = 4{,}5$ cm, $c_1 = 3{,}3$ cm
    b) $a_2 = 9{,}9$ cm, $b_1 = 5{,}4$ cm   **d)** $b_2 = 7{,}2$ cm, $c_1 = 2{,}6$ cm   **f)** $b_1 = 6$ cm, $c_2 = 5{,}4$ cm

Seite 95   **23 Flächensätze am rechtwinkligen Dreieck**

1. a) 15 cm   **c)** 25,96 dm   **e)** 3,75 km   **g)** 2,67 cm   **i)** 9,35 dm
    b) 8,66 mm   **d)** 12,96 m   **f)** 5,08 cm   **h)** 5,57 m

Seite 96   **2. a)** $e = 9{,}85$ cm   **b)** $e = 12{,}08$ dm   **c)** $e = 2{,}82$ km   **d)** $a = 3{,}46$ m   **e)** $e = 128{,}82$ mm   **f)** $b = 0{,}77$ km

3. a) 8,49 cm [d = 0,42 cm]   **b)** 7,07 cm [a = 0,71 m]   **c)** 12,5 cm² [A = 0,03 m²]

4. a) 5,83 cm   **b)** 6 mm   **c)** 2,88 m   **d)** 7,71 km   **e)** 0,25 m   **f)** 0,92 km

5. a) 3 cm   **b)** 4,55 m   **c)** 9,17 dm   **d)** 3,15 km   **e)** 29 mm   **f)** 0,72 km

6. a) h = 6,93 cm; A = 27,71 cm² [h = 0,78 m; A = 0,35 m²]   **7.** 93,53 cm²
    b) a = 6,93 m; A = 20,79 m² [a = 3,7 m; A = 5,91 m²]   **8. a)** a = 11,94 cm   **b)** h = 4,33 cm
    c) a = 8,6 cm; h = 7,44 cm [a = 1,05 cm; h = 0,91 cm]

Seite 97   **9. a)** 3,47 cm   [0,39 m]   **b)** 3,6 cm

10. a) b = 6,71 cm   c = 9 cm   q = 5 cm   h = 4,47 cm   **e)** a = 3,16 cm   b = 9,49 cm   c = 10 cm   q = 9 cm
    b) a = 3,35 cm   c = 4,5 cm   p = 2,5 cm   h = 2,24 cm   **f)** a = 8,94 cm   b = 4,47 cm   c = 10 cm   h = 4 cm
    c) b = 3,75 cm   c = 6,25 cm   q = 2,25 cm   p = 4 cm   **g)** a = 3,35 cm   b = 3 cm   p = 2,5 cm   h = 2,24 cm
    d) a = 9,37 cm   b = 7,81 cm   c = 12,2 cm   p = 7,2 cm   **h)** b = 6,87 cm   p = 2,94 cm   q = 5,56 cm   h = 4,04 cm
    i) a = 6 cm   p = 3,6 cm   q = 6,4 cm   h = 4,8 cm
    j) 2 Lösungen: I) a = 7,21 cm   b = 10,82 cm   p = 4 cm   q = 9 cm
                  II) a = 10,82 cm   b = 7,21 cm   p = 9 cm   q = 4 cm
    k) b = 5,44 cm   c = 7,39 cm   p = 3,39 cm   h = 3,68 cm   **l)** a = 9,82 cm   c = 12,06 cm   q = 4,06 cm   h = 5,70 cm

11. 4,8 cm

12. a) $d_{ab} = 5$ cm   **b)** $d_{ab} = 20$ mm   **c)** $d_{ab} = 15$ m   **d)** $d_{ab} = 5{,}83$ dm   **e)** $d_{ab} = 8{,}49$ cm   **f)** $d_{ab} = 6{,}13$ cm
      $d_{ac} = 12{,}37$ cm $d_{ac} = 26{,}40$ mm $d_{ac} = 10{,}30$ m $d_{ac} = 3{,}61$ dm $d_{ac} = 9{,}22$ cm $d_{ac} = 4{,}47$ cm
      $d_{bc} = 12{,}65$ cm $d_{bc} = 24{,}19$ mm $d_{bc} = 13$ m $d_{bc} = 5{,}39$ dm $d_{bc} = 9{,}22$ cm $d_{bc} = 5{,}87$ cm
      $d_R = 13$ cm $d_R = 29$ mm $d_R = 15{,}81$ m $d_R = 6{,}16$ dm $d_R = 11$ cm $d_R = 6{,}78$ cm

13. Flächendiagonale: $d_A = 8{,}49$ cm   Raumdiagonale: $d_R = 10{,}39$ cm

14. a) 6,78 cm   **b)** 7,42 cm   **c)** 22,25 cm²   **15. a)** 3,71 m   **b)** 7,87 m

Seite 98   **24 Berechnungen an Vielecken und am Kreis**

24.1 Berechnungen an Vielecken

1. a) A = 45 cm²;   u = 28 cm   **e)** A = 17,94 cm²;   u = 20,2 cm   **h)** A = 1 247 m²;   u = 144 m
    b) A = 77 cm²;   u = 36 cm   **f)** A = 19,04 cm²;   u = 18 cm   **i)** A = 28,8 km²;   u = 21,8 km
    c) A = 667 mm²;   u = 104 mm   **g)** A = 442 m²;   u = 86 m   **j)** A = 112,66 km²;   u = 43,4 km
    d) A = 666 mm²;   u = 110 mm

2. a) b = 4 cm;   u = 20 cm   **c)** a = 6 mm;   u = 34 mm   **e)**   b = 12 cm;   A = 48 cm²
    b) b = 2,3 m;   u = 13 m   **d)** a = 6,2 cm;   u = 18,2 cm   **f)**   a = 10,4 m;   A = 81,12 m²
    g) a = 3 mm;   b = 5 mm   oder   a = 5 mm;   b = 3 mm

3. 707,44 m²   **4.** 6 630 m² = 66,3 a;   362 m   **5.** 614,15 €   **6.** 387,57 €   **7.** 240

145

Seite 99

8. a) $A = 36 \text{ cm}^2$; $u = 24 \text{ cm}$
b) $A = 196 \text{ mm}^2$; $u = 56 \text{ mm}$
c) $A = 33,64 \text{ cm}^2$; $u = 23,2 \text{ cm}$
d) $A = 625 \text{ m}^2$; $u = 100 \text{ m}$
e) $A = 5,76 \text{ km}^2$; $u = 9,6 \text{ km}$
f) $A = 25 \text{ km}^2$; $u = 20 \text{ km}$
g) $A = 125,44 \text{ m}^2$; $u = 44,8 \text{ m}$
h) $A = 54,0225 \text{ m}^2$; $u = 29,4 \text{ m}$
i) $A = 14,44 \text{ km}^2$; $u = 15,2 \text{ km}$
j) $A = 82,81 \text{ cm}^2$; $u = 36,4 \text{ cm}$

9. a) $A = 20,25 \text{ m}^2$; $u = 18 \text{ m}$
b) $a = 7 \text{ cm}$; $u = 28 \text{ cm}$
c) $a = 2,5 \text{ km}$; $u = 10 \text{ km}$
d) $a = 6,5 \text{ cm}$; $u = 26 \text{ cm}$
e) $a = 3 \text{ cm}$; $A = 9 \text{ cm}^2$
f) $a = 6,5 \text{ m}$; $A = 42,25 \text{ m}^2$
g) $a = 7,3 \text{ km}$; $A = 53,29 \text{ km}^2$

10. a) $A = 9 \text{ cm}^2$; $u = 12,8 \text{ cm}$
b) $A = 16,8 \text{ cm}^2$; $u = 18,2 \text{ cm}$
c) $A = 12,4 \text{ cm}^2$; $u = 14,8 \text{ cm}$
d) $A = 9,8 \text{ cm}^2$; $u = 13,6 \text{ cm}$

11. a) $A = 9,1 \text{ cm}^2$
b) $A = 42,34 \text{ cm}^2$
c) $A = 1,92 \text{ km}^2$
d) $A = 87,33 \text{ dm}^2$
e) $A = 1\,081 \text{ mm}^2$
f) $A = 5\,336 \text{ cm}^2$
g) $A = 68\,328 \text{ m}^2$

Seite 100

12. a) $h = 3 \text{ cm}$
b) $h = 4,5 \text{ cm}$
c) $h = 5,1 \text{ m}$
d) $h = 6,9 \text{ km}$
e) $g = 12 \text{ cm}$
f) $g = 7,5 \text{ m}$
g) $g = 8,4 \text{ km}$

13. a) $A = 11,7 \text{ m}^2$ **b)** $775,13 \text{ €}$ **14. a)** $A = 92\,250 \text{ m}^2$ **b)** $55\,350 \text{ €}$

15. a) $A = 18 \text{ cm}^2$; $u = 21,1 \text{ cm}$ **b)** $A = 12 \text{ cm}^2$; $u = 17,2 \text{ cm}$ **c)** $A = 14,4 \text{ cm}^2$; $u = 18 \text{ cm}$ **d)** $A = 8 \text{ cm}^2$; $u = 13 \text{ cm}$

16. a) $A = 53,32 \text{ cm}^2$
b) $A = 56,7 \text{ cm}^2$
c) $A = 4,2 \text{ km}^2$
d) $A = 9,145 \text{ dm}^2$
e) $A = 672 \text{ mm}^2$
f) $A = 4\,306,5 \text{ cm}^2$
g) $A = 262\,725 \text{ m}^2$

Seite 101

17. a) $h = 3 \text{ cm}$
b) $h = 2,5 \text{ cm}$
c) $h = 7 \text{ m}$
d) $h = 4,3 \text{ km}$
e) $g = 9 \text{ cm}$
f) $g = 8,5 \text{ m}$
g) $g = 13,8 \text{ km}$

18. a) $A = 84 \text{ m}^2$ **b)** Kosten: $6\,720 \text{ €}$ **19. a)** $A = 0,75 \text{ m}^2$ **b)** Kosten: $37,80 \text{ €}$

20. a) $A = 22 \text{ cm}^2$; $u = 20,5 \text{ cm}$
b) $A = 52,5 \text{ cm}^2$; $u = 30,5 \text{ cm}$
c) $A = 32,5 \text{ cm}^2$; $u = 24,2 \text{ cm}$
d) $A = 67,2 \text{ cm}^2$; $u = 36,7 \text{ cm}$

21. a) $A = 48 \text{ cm}^2$
b) $A = 3\,136 \text{ m}^2$
c) $A = 31,36 \text{ km}^2$
d) $A = 4\,187 \text{ mm}^2$
e) $A = 242 \text{ dm}^2$
f) $A = 2,73 \text{ m}^2$
g) $A = 38\,377,5 \text{ m}^2$

Seite 102

22. a) $h = 3 \text{ cm}$ **b)** $h = 3,6 \text{ cm}$ **c)** $h = 2,5 \text{ km}$ **d)** $c = 6 \text{ cm}$ **e)** $c = 4,1 \text{ m}$ **f)** $a = 11 \text{ m}$ **g)** $a = 4,6 \text{ cm}$

23. a) $A = 5\,100 \text{ cm}^2$ **b)** Kosten: $72,93 \text{ €}$ **24. a)** $7\,092,75 \text{ €}$ **b)** $2\,354,60 \text{ €}$ **c)** $9\,408,75 \text{ €}$

24.2 Berechnungen am Kreis

Im folgenden ist für π der Näherungswert eines Taschenrechners benutzt worden.

1. a) $A = 19,63 \text{ cm}^2$; $u = 15,71 \text{ cm}$
b) $A = 102,07 \text{ cm}^2$; $u = 35,81 \text{ cm}$
c) $A = 17,80 \text{ m}^2$; $u = 14,95 \text{ m}$
d) $A = 0,07 \text{ km}^2$; $u = 0,94 \text{ km}$
e) $A = 1\,017,88 \text{ mm}^2$; $u = 113,1 \text{ mm}$
f) $A = 38,48 \text{ m}^2$; $u = 21,99 \text{ m}$
g) $A = 4,91 \text{ km}^2$; $u = 7,85 \text{ km}$
h) $A = 36,32 \text{ dm}^2$; $u = 21,36 \text{ dm}$
i) $A = 5\,541,77 \text{ mm}^2$; $u = 263,89 \text{ mm}$
j) $A = 30,19 \text{ cm}^2$; $u = 19,48 \text{ cm}$

2. a) $r = 1,43 \text{ cm}$; $A = 6,45 \text{ cm}^2$
b) $r = 0,48 \text{ m}$; $A = 0,72 \text{ m}^2$
c) $r = 0,32 \text{ km}$; $A = 0,32 \text{ km}^2$
d) $r = 1,18 \text{ dm}$; $A = 4,36 \text{ dm}^2$
e) $r = 26,26 \text{ m}$; $A = 2\,166,50 \text{ m}^2$

Seite 103

3. a) $r = 4,3 \text{ cm}$; $u = 27 \text{ cm}$
b) $r = 0,56 \text{ m}$; $u = 3,54 \text{ m}$
c) $r = 1,32 \text{ dm}$; $u = 8,3 \text{ dm}$
d) $r = 31,92 \text{ m}$; $u = 200,53 \text{ m}$
e) $r = 1\,092,55 \text{ m}$; $u = 6\,864,68 \text{ m}$

4. $17,51 \text{ cm}$ $[0,43 \text{ m}$; $1,1 \text{ m}]$; $240,72 \text{ cm}^2$ $[0,15 \text{ m}^2$; $0,95 \text{ m}^2]$

5. $7,98 \text{ mm}$ $[1,13 \text{ cm}$; $0,94 \text{ mm}]$ **6. a)** $62,83 \text{ cm}^2$ **b)** $4,47 \text{ cm}$ **7.** 2 cm $[3,17 \text{ cm}]$

8. a) $b_\alpha = 5,24 \text{ cm}$
$A_\alpha = 13,10 \text{ cm}^2$
b) $b_\alpha = 5 \text{ m}$
$\alpha = 71,62°$
c) $\alpha = 229,18°$
$A_\alpha = 0,5 \text{ m}^2$
d) $r = 41,25 \text{ mm}$
$A_\alpha = 371,28 \text{ mm}^2$
e) $b_\alpha = 4 \text{ m}$
$\alpha = 45,84°$
f) $r = 5,64 \text{ cm}$
$b_\alpha = 7,09 \text{ cm}$
g) $r = 6 \text{ m}$
$\alpha = 143,24°$
h) $\alpha = 286,48°$
$A_\alpha = 160 \text{ cm}^2$
i) $r = 12,73 \text{ m}$
$A_\alpha = 381,97 \text{ m}^2$
j) $r = 2,62 \text{ dm}$
$A_\alpha = 2,10 \text{ dm}^2$

9. a) $3,26 \text{ cm}^2$ **b)** $10,27 \text{ cm}^2$ **c)** $22,11 \text{ cm}^2$

146

Seite 104 **25 Berechnungen an Körpern**

25.1 Berechnungen am Quader

1. a) $V = 420 \text{ cm}^3$ $O = 358 \text{ cm}^2$ $d = 14,76 \text{ cm}$ **f)** $V = 0,126 \text{ m}^3$ $O = 1,62 \text{ m}^2$ $d = 0,97 \text{ m}$
   b) $V = 4\,896 \text{ dm}^3$ $O = 2\,328 \text{ dm}^2$ $d = 42,05 \text{ cm}$ **g)** $V = 12,586 \text{ cm}^3$ $O = 34,78 \text{ cm}^2$ $d = 4,47 \text{ cm}$
   c) $V = 70\,200 \text{ mm}^3$ $O = 18\,930 \text{ mm}^2$ $d = 136,77 \text{ cm}$ **h)** $V = 7,668 \text{ dm}^3$ $O = 31,98 \text{ dm}^2$ $d = 7,257 \text{ dm}$
   d) $V = 60\,750 \text{ cm}^3$ $O = 12\,150 \text{ cm}^2$ $d = 101,73 \text{ cm}$ **i)** $V = 0,7967 \text{ m}^3$ $O = 8,2787 \text{ m}^2$ $d = 2,864 \text{ cm}$
   e) $V = 945 \text{ m}^3$ $O = 606 \text{ m}^2$ $d = 18,84 \text{ m}$ **j)** $V = 23,52 \text{ m}^3$ $O = 57,68 \text{ m}^2$ $d = 6,505 \text{ cm}$

2. a) $c = 11 \text{ cm}$ **b)** $a = 2 \text{ m}$ **c)** $b = 0,02 \text{ dm}$ **d)** $c = 7 \text{ cm}$ **e)** $a = 0,7 \text{ m}$

3. a) $55,65 \text{ m}^3$ **b)** $69,76 \text{ m}^2$ **4. a)** $0,6094 \text{ m}^3$ **b)** $4,475 \text{ m}^2$

Seite 105 **5.** $356\,345 \text{ €}$ **6.** $2\,362,5 \text{ m}^3$ **7.** $335,61 \text{ m}^3$ **8. a)** $40\,704 \text{ €}$ **b)** $2\,160 \text{ €}$

25.2 Berechnungen am Würfel

1. a) $V = 125 \text{ cm}^3$; $O = 150 \text{ cm}^2$; $d = 8,66 \text{ cm}$ **f)** $V = 0,343 \text{ m}^3$; $O = 2,94 \text{ m}^2$; $d = 1,21 \text{ m}$
   b) $V = 9\,261 \text{ dm}^3$; $O = 2\,646 \text{ dm}^2$; $d = 36,37 \text{ dm}$ **g)** $V = 2,744 \text{ dm}^3$; $O = 11,76 \text{ dm}^2$; $d = 2,42 \text{ dm}$
   c) $V = 2,744 \text{ m}^3$; $O = 11,76 \text{ m}^2$; $d = 242,49 \text{ cm}$ **h)** $V = 6,859 \text{ cm}^3$ $O = 21,66 \text{ cm}^2$; $d = 3,29 \text{ cm}$
   d) $V = 166\,375 \text{ cm}^3$; $O = 18\,150 \text{ cm}^2$; $d = 95,26 \text{ cm}$ **i)** $V = 42,875 \text{ m}^3$; $O = 73,5 \text{ m}^2$; $d = 6,06 \text{ m}$
   e) $V = 125 \text{ m}^3$; $O = 150 \text{ m}^2$; $d = 8,66 \text{ m}$ **j)** $V = 20,796875 \text{ m}^3$; $O = 45,375 \text{ m}^2$; $d = 4,76 \text{ m}$

2. a) $a = 2 \text{ m}$ **b)** $a = 5 \text{ cm}$ **c)** $a = 3 \text{ dm}$ **d)** $a = 4 \text{ mm}$ **e)** $a = 0,6 \text{ m}$

3. a) $a = 5 \text{ cm}$ **b)** $a = 13 \text{ dm}$ **c)** $a = 3,5 \text{ m}$ **d)** $a = 5,099 \text{ cm}$ **e)** $a = 6,338 \text{ m}$

4. a) $a = 1,732 \text{ m} \left(\sqrt{3} \text{ m}\right)$ **b)** $a = 2,309 \text{ dm}$ **c)** $a = 3,464 \text{ m}$ **d)** $a = 8,66 \text{ cm}$ **e)** $a = 19,63 \text{ cm}$

5. $V = 0,343 \text{ m}^3$; $O = 2,94 \text{ m}^2$; $d = 1,21 \text{ m}$

Seite 106 ### 25.3 Berechnungen am Prisma

1. a) $V = 35,568 \text{ cm}^3$; $O = 92,04 \text{ cm}^2$ **b)** $V = 23,06 \text{ cm}^3$; $O = 72,19 \text{ cm}^2$ **c)** $V = 79,8 \text{ cm}^3$; $O = 131,96 \text{ cm}^2$

2. $h_D = 5,20 \text{ m}$; $V = 124,8 \text{ m}^3$; $O = 175,2 \text{ m}^2$

3. a) $M = 75,35 \text{ cm}^2$; $O = 94,05 \text{ cm}^2$ **c)** $G = 88,5 \text{ cm}^2$; $h = 30,12 \text{ cm}$ **4.** $36\,270 \text{ m}^3$
   b) $u = 19,82 \text{ m}$; $O = 354,435 \text{ m}^2$ **d)** $M = 1\,200,6 \text{ dm}^2$; $G = 117,135 \text{ dm}^2$

Seite 107 **5.** $2\,580,75 \text{ kg}$ **6. a)** $268,8\,l$ **b)** $2,08 \text{ m}^2$ **7.** $356,6 \text{ m}^3$

25.4 Berechnungen am Zylinder

1. a) $V = 3\,141,59 \text{ cm}^3$ $M = 1\,256,64 \text{ cm}^2$ $O = 1\,413,72 \text{ cm}^2$ **f)** $V = 3\,463,61 \text{ cm}^3$ $M = 1\,979,20 \text{ cm}^2$ $O = 2\,056,17 \text{ cm}^2$
   b) $V = 56\,548,67 \text{ mm}^3$ $M = 7\,539,82 \text{ mm}^2$ $O = 8\,953,54 \text{ mm}^2$ **g)** $V = 6\,283,19 \text{ mm}^3$ $M = 3\,141,59 \text{ mm}^2$ $O = 3\,242,12 \text{ mm}^2$
   c) $V = 942,48 \text{ dm}^3$ $M = 376,99 \text{ dm}^2$ $O = 534,07 \text{ dm}^2$ **h)** $V = 9\,500,18 \text{ dm}^3$ $M = 3\,166,73 \text{ dm}^2$ $O = 3\,392,92 \text{ dm}^2$
   d) $V = 339,29 \text{ m}^3$ $M = 226,19 \text{ m}^2$ $O = 282,74 \text{ m}^2$ **i)** $V = 1\,256,64 \text{ m}^3$ $M = 628,32 \text{ m}^2$ $O = 728,85 \text{ m}^2$
   e) $V = 35,29 \text{ m}^3$ $M = 58,81 \text{ m}^2$ $O = 67,86 \text{ m}^2$ **j)** $V = 144,03 \text{ m}^3$ $M = 151,61 \text{ m}^2$ $O = 174,30 \text{ m}^2$

2. a) $V = 326,73 \text{ cm}^3$ $M = 163,36 \text{ cm}^2$ $O = 263,89 \text{ cm}^2$ **f)** $r = 1,26 \text{ dm}$ $M = 39,63 \text{ dm}^2$ $O = 49,63 \text{ dm}^2$
   b) $r = 0,5 \text{ m} \ (\approx 0,497 \text{ m})$ $V = 6,22 \text{ m}^3$ $O = 26,55 \text{ m}^2$ **g)** $V = 942\,477,8 \text{ cm}^3$ $M = 75\,398,22 \text{ cm}^2$ $O = 79\,325,21 \text{ cm}^2$
   c) $r = 0,36 \text{ m}$ $h = 0,18 \text{ m}$ $V = 0,07 \text{ m}^3$ **h)** $h = 25,46 \text{ cm}$ $M = 400 \text{ cm}^2$ $O = 439,27 \text{ cm}^2$
   d) $h = 1,39 \text{ dm}$ $M = 8,72 \text{ dm}^2$ $V = 4,36 \text{ dm}^3$ **i)** $r = 0,5 \text{ m}$ $h = 0,38 \text{ m}$ $O = 2,77 \text{ m}^2$
   e) $h = 2,65 \text{ cm}$ $M = 50 \text{ cm}^2$ $O = 106,55 \text{ cm}^2$ **j)** $r = 0,08 \text{ m}$ $V = 0,08 \text{ m}^3$ $M = 1,96 \text{ m}^2$

3. a) $298,65\,l$ **b)** $60,27 \text{ cm}$

Seite 108 **4.** $0,8796 \text{ m}^2 \approx 0,88 \text{ m}^2$ **5.** $15,78 \text{ m}$ **6.** $9,1 \text{ m}^2$ **7.** $\approx 96,52 \text{ m}^2$ **8.** $19,23 \text{ m}^3$ **9.** $589,564 \text{ kg}$

25.5 Berechnungen an der Pyramide

1. a) $V = 132 \text{ m}^3$ **b)** $V = 54,621 \text{ m}^3$ **c)** $V = 32 \text{ cm}^3$ **d)** $V = 621 \text{ mm}^3$ **e)** $V = 235,468 \text{ m}^3$
   $M = 136,82 \text{ m}^2$ $M = 69,32 \text{ m}^2$ $M = 50,60 \text{ cm}^2$ $M = 421,85 \text{ mm}^2$ $M = 198,618 \text{ m}^2$
   $O = 172,82 \text{ m}^2$ $O = 95,33 \text{ m}^2$ $O = 66,60 \text{ cm}^2$ $O = 502,85 \text{ mm}^2$ $O = 253,378 \text{ m}^2$

2. $V = 27,993 \text{ m}^3$; $M = 42,65 \text{ m}^2$; $O = 69,31 \text{ m}^2$

147

Seite 109 **3.** $V = 39{,}911 \text{ cm}^3$; $M = 61{,}97 \text{ cm}^2$; $O = 77{,}97 \text{ cm}^2$ **4. a)** $V = 11{,}7045 \text{ m}^3$ **b)** $V = 25{,}194 \text{ m}^3$

5. $V = 11{,}547 \text{ m}^3$; $M = 30{,}79 \text{ m}^2$; $O = 37{,}72 \text{ m}^2$ **6.** $7\,329{,}37 \,€ \approx 7\,330 \,€$

25.6 Berechnungen am Kegel

1. a) $V = 94{,}25 \text{ m}^3$
$M = 98{,}40 \text{ m}^2$
$O = 126{,}67 \text{ m}^2$

  c) $V = 28{,}48 \text{ dm}^3$
$M = 54{,}62 \text{ dm}^2$
$O = 104{,}88 \text{ dm}^2$

  e) $V = 432{,}60 \text{ m}^3$
$M = 295{,}33 \text{ m}^2$
$O = 358{,}95 \text{ m}^2$

  g) $V = 3\,591{,}36 \text{ dm}^3$
$M = 1\,169{,}02 \text{ dm}^2$
$O = 1\,452{,}55 \text{ dm}^2$

  i) $V = 243{,}74 \text{ m}^3$
$M = 212{,}43 \text{ m}^2$
$O = 250{,}92 \text{ m}^2$

b) $V = 2\,881{,}89 \text{ cm}^3$
$M = 1\,099{,}25 \text{ cm}^2$
$O = 1\,300{,}31 \text{ cm}^2$

  d) $V = 30\,999{,}14 \text{ mm}^3$
$M = 5\,024{,}27 \text{ mm}^2$
$O = 6\,158{,}39 \text{ mm}^2$

  f) $V = 5\,277{,}88 \text{ cm}^3$
$M = 1\,394{,}87 \text{ cm}^2$
$O = 1\,847{,}26 \text{ cm}^2$

  h) $V = 3\,329{,}04 \text{ mm}^3$
$M = 1\,196{,}68 \text{ mm}^2$
$O = 1\,423{,}66 \text{ mm}^2$

  j) $V = 199{,}45 \text{ m}^3$
$M = 189{,}73 \text{ m}^2$
$O = 221{,}90 \text{ m}^2$

2. a) $s = 3{,}61 \text{ cm}$
$V = 12{,}57 \text{ cm}^3$
$M = 22{,}65 \text{ cm}^2$
$O = 35{,}22 \text{ cm}^2$

  c) $h = 5{,}29 \text{ cm}$
$V = 199{,}48 \text{ cm}^3$
$M = 150{,}8 \text{ cm}^2$
$O = 263{,}89 \text{ cm}^2$

  e) $r = 0{,}455 \text{ m}$
$h = 0{,}532 \text{ m}$
$V = 0{,}115 \text{ m}^3$
$O = 1{,}65 \text{ m}^2$

  g) $r = 13{,}058 \text{ cm}$
$s = 19{,}145 \text{ cm}$
$M = 785{,}402 \text{ cm}^2$
$O = 1\,321{,}117 \text{ cm}^2$

  i) $r = 0{,}564 \text{ m}$
$s = 1{,}975 \text{ m}$
$h = 1{,}892 \text{ m}$
$V = 0{,}631 \text{ m}^3$

b) $r = 3 \text{ dm}$
$V = 37{,}70 \text{ dm}^3$
$M = 47{,}12 \text{ dm}^2$
$O = 75{,}40 \text{ dm}^2$

  d) $h = 14{,}92 \text{ cm}$
$M = 425{,}50 \text{ cm}^2$
$O = 626{,}56 \text{ cm}^2$
$s = 16{,}93 \text{ cm}$

  f) $s = 1{,}61 \text{ m}$
$h = 1{,}582 \text{ m}$
$V = 0{,}149 \text{ m}^3$
$M = 1{,}517 \text{ m}^2$

  h) $r = 2{,}371 \text{ dm}$
$h = 1{,}838 \text{ dm}$
$V = 10{,}82 \text{ dm}^3$
$M = 22{,}343 \text{ dm}^2$

  j) $h = 5{,}775 \text{ cm}$
$s = 13{,}77 \text{ cm}$
$M = 540{,}736 \text{ cm}^2$
$O = 1\,031{,}61 \text{ cm}^2$

Seite 110 **3.** $9{,}549 \text{ cm}$ **4. a)** $89{,}907 \text{ m}^3$ **b)** $94{,}248 \text{ m}^2$ **c)** $\approx 7\,351{,}33 \,€$

25.7 Berechnungen an der Kugel

1. a) $268{,}08 \text{ cm}^3$; $201{,}06 \text{ cm}^2$

  e) $623{,}615 \text{ m}^3$; $352{,}989 \text{ m}^2$

  h) $65{,}45 \text{ dm}^3$; $78{,}54 \text{ dm}^2$

b) $195\,432{,}196 \text{ mm}^3$; $16\,286{,}016 \text{ mm}^2$

  f) $179{,}594 \text{ cm}^3$; $153{,}938 \text{ cm}^2$

  i) $1\,767{,}146 \text{ m}^3$; $706{,}858 \text{ m}^2$

c) $17\,157{,}285 \text{ dm}^3$; $3\,216{,}991 \text{ dm}^2$

  g) $41\,629{,}768 \text{ mm}^3$; $5\,808{,}805 \text{ mm}^2$

  j) $421{,}16 \text{ m}^3$; $271{,}716 \text{ m}^2$

d) $904{,}779 \text{ m}^2$; $452{,}389 \text{ m}^2$

2. a) $V = 2{,}145 \text{ m}^3$; $O = 8{,}042 \text{ m}^2$

  c) $r = 6{,}204 \text{ cm}$; $O = 483{,}597 \text{ cm}^2$

  e) $r = 1{,}337 \text{ m}$; $O = 22{,}447 \text{ m}^2$

b) $r = 0{,}282 \text{ dm}$; $V = 0{,}094 \text{ dm}^3$

  d) $r = 0{,}564 \text{ m}$; $V = 0{,}752 \text{ m}^3$

3. $2\,171{,}469 \text{ cm}^2$ **4.** $2 \cdot 10^{-3} \text{ mm}$ **5.** $2{,}21 \cdot 10^{10} \text{ km}^3$; $3{,}8 \cdot 10^7 \text{ km}^2$ **6.** $1{,}08 \cdot 10^{12} \text{ km}^3$; $5{,}1 \cdot 10^8 \text{ km}^2$ **7.** $10{,}47 \text{ kg}$

Seite 111 ## 26 Trigonometrie

26.1 Sinus, Kosinus, Tangens für den Bereich $0 \leq \alpha \leq 360°$

1. a) $\sin \alpha = 0{,}923$; $\sin \beta = 0{,}3846$; $\cos \alpha = 0{,}3846$; $\cos \beta = 0{,}923$; $\tan \alpha = 2{,}4$; $\tan \beta = 0{,}4167$
b) $\sin \alpha = 0{,}8$; $\sin \beta = 0{,}6$; $\cos \alpha = 0{,}6$; $\cos \beta = 0{,}8$; $\tan \alpha = 1{,}33$; $\tan \beta = 0{,}75$
c) $\sin \alpha = 0{,}4706$; $\sin \beta = 0{,}8824$; $\cos \alpha = 0{,}8824$; $\cos \beta = 0{,}4706$; $\tan \alpha = 0{,}533$; $\tan \beta = 1{,}875$

2. a) $\sin \alpha = 0{,}47$; $\cos \alpha = 0{,}88$; $\tan \alpha = 0{,}53$ **d)** $\sin \alpha = 0{,}98$; $\cos \alpha = 0{,}21$; $\tan \alpha = 4{,}07$
b) $\sin \alpha = 0{,}67$; $\cos \alpha = 0{,}74$; $\tan \alpha = 0{,}90$ **e)** $\sin \alpha = 0{,}98$; $\cos \alpha = 0{,}17$; $\tan \alpha = 5{,}67$
c) $\sin \alpha = 0{,}87$; $\cos \alpha = 0{,}5$; $\tan \alpha = 1{,}73$

3. a) $\alpha = 19{,}5°$ **b)** $\alpha \approx 37°$ **c)** $\alpha \approx 37°$

4. a) $\sin 12° = \cos 78°$; $\sin 27° = \cos 63°$; $\sin 34° = \cos 56°$; $\sin 48° = \cos 42°$; $\sin 67° = \cos 23°$
b) $\cos 19° = \sin 71°$; $\cos 33° = \sin 57°$; $\cos 41° = \sin 49°$; $\cos 58° = \sin 32°$; $\cos 82° = \sin 8°$

Seite 112 **5. a)** $\cos \alpha$: $\dfrac{4}{5}$ $\left[\dfrac{\sqrt{21}}{5};\; \dfrac{12}{13};\; 0{,}95;\; 0{,}97;\; 0{,}94\right]$ **b)** $\sin \alpha$: $\dfrac{\sqrt{21}}{5}$ $\left[\dfrac{1}{2}\sqrt{3};\; \dfrac{1}{4}\sqrt{15};\; \dfrac{24}{25};\; 0{,}98;\; 0{,}99\right]$

  $\tan \alpha$: $\dfrac{3}{4}$ $\left[\dfrac{2}{\sqrt{21}};\; \dfrac{5}{12};\; 0{,}31;\; 0{,}25;\; 0{,}36\right]$ $\tan \alpha$: $\dfrac{\sqrt{21}}{2}$ $\left[\sqrt{3};\; \sqrt{15};\; 3\dfrac{3}{7};\; 4{,}9;\; 8{,}27\right]$

6. a) $0{,}4384$ **e)** $-0{,}1736$ **i)** $-0{,}1908$ **m)** $0{,}6428$ **q)** $-8{,}1443$ **u)** $0{,}3640$
b) $0{,}6820$ **f)** $-0{,}5$ **j)** $-0{,}6293$ **n)** $-0{,}7986$ **r)** $-2{,}9042$ **v)** $-1{,}8040$
c) $0{,}9848$ **g)** $-0{,}8660$ **k)** $-0{,}0349$ **o)** $0{,}9945$ **s)** $-0{,}4663$ **w)** $-0{,}3443$
d) $0{,}0872$ **h)** $-0{,}2588$ **l)** $-0{,}9781$ **p)** $-0{,}4540$ **t)** $-1{,}3270$ **x)** $-2{,}3559$

7. a) $\{26°;\; 154°\}$ **c)** $\{54°;\; 126°\}$ **e)** $\{50°;\; 310°\}$ **g)** $\{48°;\; 312°\}$ **i)** $\{60°;\; 240°\}$
b) $\{195°;\; 345°\}$ **d)** $\{17°;\; 163°\}$ **f)** $\{170°;\; 190°\}$ **h)** $\{83°;\; 277°\}$ **j)** $\{139°;\; 319°\}$

148

26.2 Berechnungen am rechtwinkligen Dreieck

Seite 113

1. a) $a = 1,62$ cm; $\quad c = 7,18$ cm; $\quad \beta = 77°$ 　　　**i)** $a = 119,10$ m; $\quad \beta = 35,1°$; $\quad \gamma = 54,9°$
b) $a = 6,31$ cm; $\quad c = 4,61$ cm; $\quad \gamma = 47°$ 　　　**j)** $b = 360,79$ m; $\quad \alpha = 18,3°$; $\quad \gamma = 71,7°$
c) $a = 94,54$ m; $\quad c = 170,55$ m; $\quad \alpha = 29°$ 　　　**k)** $b = 225$ mm; $\quad \alpha = 50,4°$; $\quad \beta = 39,6°$
d) $a = 33,92$ cm; $\quad b = 21,2$ cm; $\quad \alpha = 58°$ 　　　**l)** $c = 264,31$ cm; $\quad \alpha = 14°$; $\quad \gamma = 76°$
e) $a = 28,99$ m; $\quad c = 35,39$ m; $\quad \alpha = 55°$ 　　　**m)** $b = 115,85$ m; $\quad c = 238,96$ m; $\quad \beta = 29°$
f) $c = 33,17$ m; $\quad \beta = 56,4°$; $\quad \gamma = 33,6°$ 　　　**n)** $a = 18,89$ m; $\quad c = 10,83$ m; $\quad \gamma = 35°$
g) $a = 236,20$ cm; $\quad b = 90,67$ cm; $\quad \alpha = 69°$ 　　　**o)** $a = 207,60$ m; $\quad b = 105,78$ m; $\quad \beta = 27°$
h) $b = 93,52$ m; $\quad \alpha = 27,2°$; $\quad \gamma = 62,8°$ 　　　**p)** $b = 788,672$ km; $\quad c = 685,582$ km; $\quad \beta = 49°$

2. $47,98° \approx 48°$ 　　　**3.** $100,29$ m 　　　**4.** $35,26°$ 　　　**5. a)** $33,69°$ 　　**b)** $47,97°$

26.3 Berechnungen am gleichschenkligen Dreieck

Seite 114

1. a) $h = 12$ m; $\quad \alpha = 53,13°$; $\quad \gamma = 73,74°$ 　　　**d)** $c = 60,78$ m; $\quad h = 62,30$ m; $\quad \alpha = 64°$
b) $s = 89,01$ m; $\quad h = 39,02$ m; $\quad \alpha = 26°$ 　　　**e)** $h = 24,23$ cm; $\quad c = 209,88$ cm; $\quad \gamma = 154°$
c) $s = 57,65$ m; $\quad h = 56,59$ m; $\quad \gamma = 22°$ 　　　**f)** $s = 41,84$ m; $\quad c = 68,55$ m; $\quad \gamma = 110°$

2. 7 cm; $\quad 73,74°$; $\quad 106,26°$ 　　　**3.** $6,57$ cm; $\quad 8,57$ cm

4. a) $\beta = 102°$; 　　　**b)** $\alpha = 109,91°$; 　　　**c)** $\alpha = 29,86°$;
$e = 95,74$ m; 　　　　$\beta = 70,09°$; 　　　　$\beta = 150,24°$;
$f = 77,53$ m; 　　　　$e = 78,55$ km; 　　　　$a = 0,78$ m;
$A = 3\,711,64$ m^2 　　　$A = 4\,398,80$ km^2 　　　$A = 0,3$ m^2

5. $\beta = 93,64°$; $\quad \gamma = 66,72°$; $\quad \delta = 93,64°$; $\quad e = 7,62$ cm; $\quad f = 6,71$ cm

6. $s = 4,59$ cm; $\quad h = 2,51$ cm 　　　**7.** $\alpha = 38,211°$; $\quad h = 4,33$ m

26.4 Berechnungen an beliebigen Dreiecken

Seite 115

Seite 116

1. a) $b = 29,45$ m; $\quad c = 27,16$ m; $\quad \gamma = 63°$ 　　　**f)** $b = 6,38$ km; $\quad c = 6,10$ km; $\quad \alpha = 66°$
b) $a = 117,36$ cm; $\quad c = 128,81$ cm; $\quad \gamma = 113°$ 　　　**g)** $a = 1\,028,90$ m; $\quad c = 1\,077,06$ m; $\quad \gamma = 73°$
c) $a = 38,88$ cm; $\quad b = 32,58$ cm; $\quad \gamma = 85°$ 　　　**h)** $a = 9,79$ cm; $\quad b = 9,56$ cm; $\quad \alpha = 56°$
d) $b = 6,07$ m; $\quad c = 8,95$ m; $\quad \alpha = 15°$ 　　　**i)** $b = 104,90$ m; $\quad \alpha = 22,45°$; $\quad \beta = 115,55°$
e) $a = 40,17$ m; $\quad c = 42,23$ m; $\quad \beta = 32°$ 　　　**j)** $c = 12,81$ cm; $\quad \beta = 13,84°$; $\quad \gamma = 16,16°$
k) $\alpha_1 = 80,6°$; $\quad \gamma_1 = 74,4°$; $\quad c_1 = 68,83$ m; $\quad \alpha_2 = 99,4°$; $\quad \gamma_2 = 55,6°$; $\quad c_2 = 58,96$ m
l) $\beta = 27,01°$; $\quad \gamma = 33,99°$; $\quad c = 144,65$ m
m) $\alpha_1 = 92,25°$; $\quad \gamma_1 = 52,75°$; $\quad a_1 = 11,18$ km; $\quad \alpha_2 = 17,75°$; $\quad \gamma_2 = 127,25°$; $\quad a_2 = 3,41$ km
n) $\beta = 59,70°$; $\quad \gamma = 40,30°$; $\quad c = 47,94$ m
o) $\alpha_1 = 76,53°$; $\quad \beta_1 = 67,47°$; $\quad a_1 = 11,58$ cm; $\quad \alpha_2 = 31,47°$; $\quad \beta_2 = 112,53°$; $\quad a_2 = 6,22$ cm
p) $\alpha = 120,93°$; $\quad \gamma = 23,07°$; $\quad a = 4,38$ km

2. $1,428$ km 　　　**3.** Höhe: $112,81$ m; $\quad$ von A (bei α): $213,89$ m; $\quad$ von B (bei β): $245,70$ m

4. $2\,726,85$ m 　　　**5.** $45,81$ m 　　　**6.** $64,62$ m 　　　**7.** $42,37$ m

Seite 118

8. a) $a = 18,08$ cm; $\quad \beta = 78,44°$; $\quad \gamma = 60,56°$ 　　　**h)** $\alpha = 60,61°$; $\quad \beta = 78,58°$; $\quad \gamma = 40,81°$
b) $c = 136,49$ m; $\quad \alpha = 35,16°$; $\quad \beta = 40,84°$ 　　　**i)** $\alpha = 53,97°$; $\quad \beta = 78,83°$; $\quad \gamma = 47,20°$
c) $b = 6,02$ m; $\quad \alpha = 85,33°$; $\quad \gamma = 79,67°$ 　　　**j)** $\alpha = 10,83°$; $\quad \beta = 45,77°$; $\quad \gamma = 123,40°$
d) $a = 3,77$ km; $\quad \beta = 80,01°$; $\quad \gamma = 51,99°$ 　　　**k)** $\alpha = 130,45°$; $\quad \beta = 12,68°$; $\quad \gamma = 36,87°$
e) $c = 1,65$ cm; $\quad \alpha = 69,46°$; $\quad \beta = 79,54°$ 　　　**l)** $\alpha = 90°$; $\quad \beta = 53,13°$; $\quad \gamma = 36,87°$
f) $c = 9,19$ m; $\quad \alpha = 36,94°$; $\quad \beta = 30,06°$ 　　　**m)** $\alpha = 24,76°$; $\quad \beta = 32,79°$; $\quad \gamma = 122,45°$
g) $b = 13,16$ cm; $\quad \alpha = 14,32°$; $\quad \gamma = 4,68°$ 　　　**n)** $\alpha = 0°$; $\quad \beta = 0°$; $\quad \gamma = 180°$

9. $7,554$ km 　　　**10.** $\approx 32°$ 　　　**11.** $710,3$ m 　　　**12. a)** in A: $96,53°$ $\quad$ in B: $26,4°$ 　　**b)** $1\,573,4$ m

13. a) $b = 16,72$ cm; $\quad f = 32,42$ cm; $\quad \alpha = 138°$ 　　　**c)** $b = 3,7$ cm; $\quad f = 20,21$ cm; $\quad \beta = 142°$
b) $f = 13,82$ cm; $\quad \alpha = 84,92°$; $\quad \beta = 95,08°$ 　　　**d)** $e = 5,63$ cm; $\quad f = 7,31$ m; $\quad \alpha = 105°$

14. a) $d = 6,7$ cm; $\quad \alpha = 68°$; $\quad \gamma = 136°$; $\quad \delta = 112°$ 　　　**c)** $\alpha = 77,36°$; $\quad \beta = 51,32°$; $\quad \gamma = 128,68°$; $\quad \delta = 102,64°$
b) $c = 1,77$ cm; $\quad d = 7,97$ cm; $\quad \gamma = 101°$; $\quad \delta = 142°$

15. $e = 11,26$ cm; $\quad f = 11,36$ cm; $\quad \alpha = 67,59°$; $\quad \gamma = 107,52°$; $\quad \delta = 119,89°$

Seite 119 **27 Trigonometrische Funktionen**

27.1 Bogenmaß eines Winkels

1. a) 0,59; 2,20; 3,58; 5,48; −0,30; −1,69; −4,21; −4,99; 6,89; 10,80; 13,37; 17,87
  b) 53,89°; 100,84°; 259,55°; 342,06°; −33,23°; −103,71°; −221,73°; −292,78°; 454,93°; 601,61°; 796,41°; 1 186,02°

27.2 Sinus- und Kosinusfunktion

Seite 120 **1.** Gerundet auf 4 Nachkommastellen:
  a) 0,3894; 0,9211 **b)** −0,2955; 0,9553 **c)** 0,9917; −0,1288 **d)** −0,9463; −0,3233 **e)** 0,2392; −0,9710 **f)** −0,9989; −0,0460

2. Gerundet auf 2 Nachkommastellen:
a) 0,10; 3,04	**b)** 0,27; 2,87	**c)** 0,60; 2,55	**d)** 0,48; 2,66
3,24; 6,18	1,30; 4,99	0,98; 5,31	1,09; 5,19
1,27; 5,02	3,60; 5,83	3,88; 5,55	3,77; 5,65
1,88; 4,40	2,03; 4,26	2,30; 3,98	2,20; 4,08

3. a) Wertebereich: $\{y \in \mathbb{R} \mid -2{,}5 \leq y \leq 2{,}5\}$
  b) Wertebereich: $\{y \in \mathbb{R} \mid -0{,}75 \leq y \leq 0{,}75\}$

4. a) $y = 1{,}5 \cdot \sin x$ **b)** $y = 0{,}6 \cdot \sin x$

Seite 121 **5. b)** 6π **c)** $-6\pi,\ -3\pi,\ 0,\ 3\pi,\ 6\pi,\ 9\pi,\ 12\pi$

6. b) $\frac{1}{2}\pi$ **c)** $-2\pi,\ -1\frac{3}{4}\pi,\ -1\frac{1}{2}\pi,\ -1\frac{1}{4}\pi,\ -\pi,\ -\frac{3}{4}\pi,\ -\frac{1}{2}\pi,\ -\frac{1}{4}\pi,\ 0,\ \frac{1}{4}\pi \ldots 2\pi$

7. b) $-\frac{3}{2}\pi,\ -\frac{1}{2}\pi,\ \frac{1}{2}\pi,\ \frac{3}{2}\pi,\ \frac{5}{2}\pi,\ \frac{7}{2}\pi\ \left[-\frac{3}{2}\pi,\ -\frac{1}{2}\pi,\ \frac{1}{2}\pi,\ \frac{3}{2}\pi,\ \frac{5}{2}\pi,\ \frac{7}{2}\pi\right]$

Maßeinheiten und ihre Umrechnung

Längen	Flächeninhalte		Volumina	
$10 \text{ mm} = 1 \text{ cm}$	$100 \text{ mm}^2 = 1 \text{ cm}^2$	$100 \text{ m}^2 = 1 \text{ a}$	$1\,000 \text{ mm}^3 = 1 \text{ cm}^3$	$1 \text{ cm}^3 \quad = 1 \text{ ml}$
$10 \text{ cm} = 1 \text{ dm}$	$100 \text{ cm}^2 = 1 \text{ dm}^2$	$100 \text{ a} \quad = 1 \text{ ha}$	$1\,000 \text{ cm}^3 = 1 \text{ dm}^3$	$1 \text{ dm}^3 \quad = 1\,l$
$10 \text{ dm} = 1 \text{ m}$	$100 \text{ dm}^2 = 1 \text{ m}^2$	$100 \text{ ha} = 1 \text{ km}^2$	$1\,000 \text{ dm}^3 = 1 \text{ m}^3$	$1\,000 \text{ ml} = 1\,l$
$1\,000 \text{ m} \quad = 1 \text{ km}$				

Gewichte (Massen)

$1\,000 \text{ mg} = 1 \text{ g}$
$1\,000 \text{ g} \quad = 1 \text{ kg}$
$1\,000 \text{ kg} \ = 1 \text{ t}$

Zeitspannen

$60 \text{ s} \quad = 1 \text{ min}$
$60 \text{ min} = 1 \text{ h}$
$24 \text{ h} \quad = 1 \text{ d}$

Verzeichnis mathematischer Symbole

Mengen

{1, 2, 3}	Menge mit den Elementen 1, 2, 3		$\mathbb{Z}$	Menge der ganzen Zahlen
{ }	leere Menge		$\mathbb{Q}$	Menge der rationalen Zahlen
$\mathbb{N}_0[\mathbb{N}]$	Menge der natürlichen Zahlen [ohne Null]		$\mathbb{R}$	Menge der reellen Zahlen
$A \cup B$	Vereinigungsmenge			
$A \cap B$	Schnittmenge			
$A \setminus B$	Differenzmenge (A ohne B)			

Geometrie

$\overline{AB}$	Strecke mit den Endpunkten A und B
$\overline{AB}$	Halbgerade mit dem Anfangspunkt A durch den Punkt B
AB	Gerade durch A und B
$|AB|$	Länge der Strecke $\overline{AB}$
$g \parallel h$	g ist parallel zu h
$g \perp h$	g ist senkrecht zu h
$P(x \mid y)$	Punkt mit den Koordinaten x und y

Griechisches Alphabet

α A	β B	γ Γ	δ Δ	ε E	ζ Z	η H	ϑ Θ
Alpha	Beta	Gamma	Delta	Epsilon	Zeta	Eta	Theta
ι I	κ K	λ Λ	μ M	ν N	ξ X	o O	π Π
Jota	Kappa	Lambda	My	Ny	Xi	Omikron	Pi
ϱ P	σ Σ	τ T	υ Y	φ Φ	χ X	ψ Ψ	ω Ω
Rho	Sigma	Tau	Ypsilon	Phi	Chi	Psi	Omega

Formeln

Prozent- und Zinsrechnung

$P = G \cdot \frac{p}{100}$ (Prozentwert P, Grundwert G, Prozentsatz p)

$Z = K \cdot p\% \cdot i$ (Jahreszinsen Z, Kapital K, Zinssatz p%, Zeitfaktor i)

Potenzgesetze (a, b > 0)

$a^p \cdot a^r = a^{p+r}$ $a^r \cdot b^r = (a \cdot b)^r$ $(a^p)^r = a^{p \cdot r}$

$a^p : a^r = a^{p-r}$ $a^r : b^r = \left(\dfrac{a}{b}\right)^r$

Logarithmengesetze

$\log_a (b \cdot c) = \log_a b + \log_a c$ $\log_a (b : c) = \log_a b - \log_a c$

$\log_a (b^r) = r \cdot \log_a b$

Flächeninhalte

Rechteck	$A = a \cdot b$
Parallelogramm	$A = g \cdot h$
Trapez	$A = \dfrac{a+c}{2} \cdot h$
Kreis	$A = \pi \cdot r^2$ (Umfang $u = \pi \cdot 2r = \pi \cdot d$)

Oberfläche O und Volumen V von Körpern

Quader	$O = 2(ab + bc + ac)$	$V = a \cdot b \cdot c$
Prisma	$O = 2G + u \cdot h$	$V = G \cdot h$ (G = Grundfläche)
Zylinder	$O = 2\pi r(r + h)$	$V = \pi r^2 \cdot h$
Pyramide	$O = G + M$	$V = \frac{1}{3} G \cdot h$ (G = Grundfläche, M = Mantel)
Kegel	$O = \pi r(r + s)$	$V = \frac{1}{3} \pi r^2 h$ (s = Seitenlinie)
Kugel	$O = 4\pi r^2$	$V = \frac{4}{3} \pi r^3$